DAS HAUS DER ZUKUNFT

BARBARA BRUBACHER

CALLWEY

INHALT

VORWORT

DES BUNDESVERBANDS DEUTSCHER FERTIGBAU E.V. (BDF)

BEIM HAUSBAU AN DIE ZUKUNFT DENKEN

VON **PROF. DR. MATHIAS SCHÄFER UND NORBERT RÖHL**

Wer sich das Haus der Zukunft vorstellt, denkt an persönliche Wünsche wie einen Wellness-Tempel, an technische Trends wie smarte Lösungen für ein behagliches Raumklima und an gesellschaftliche Megathemen wie den Klimawandel, die Energiewende oder auch die Digitalisierung. Dies alles und sicher noch einiges mehr fließt mit ein, wenn Menschen sich ein Bild vom Haus der Zukunft machen. Für den Bundesverband Deutscher Fertigbau (BDF) sind Qualität, Nachhaltigkeit und Komfort Kernanforderungen an moderne Häuser und werden es auch in Zukunft sein – und das zu einem attraktiven Preis-Leistungs-Verhältnis für Bauherren.

Gerade jetzt befinden wir uns in einer Zeit, in der alles auf dem Prüfstand der Transformation steht – natürlich auch der Gebäudesektor, denn spätestens im Jahr 2045 soll er klimaneutral sein. Den allermeisten Menschen ist längst klar, dass es dafür Anpassungen altbewährter Lebens- und auch Bauweisen bedarf; und dass der Wandel einer Konsum- bzw. zum Teil auch noch einer Wegwerfgesellschaft hin zu einem bewussten und nachhaltigen Umgang mit Ressourcen persönlich und allgemein guttut und den Blick für wesentliche Dinge schärft. Jetzt ist die Zeit, in der wir Häuser für die Zukunft planen und bauen. Qualität, Nachhaltigkeit und Komfort bleiben dabei wesentlich. Überhaupt wird ein eigenes zukunftsfähiges Haus auch in Zukunft wesentlich für das empfundene Glück der Menschen sein, denn schon immer ist das Eigenheim ihre beliebteste Wohnform.

Seit Jahren steigt dabei der Anteil der Bauherren, die sich für ein Fertighaus entscheiden. Rund jedes vierte neu genehmigte Eigenheim in Deutschland wird heute in Fertigbauweise errichtet, in Süddeutschland sind es teils schon über 40 Prozent Fertigbauanteil. Gleichwohl beschäftigen wir uns auch intensiv mit neuen Geschäftsfeldern, denn wir registrieren auch hier ein steigendes Interesse an unseren Lösungen sowie am Bauen mit Holz ganz allgemein.

Ein Mehr an Holzbau ist unausweichlich, um die Klimaschutzziele zu erreichen. Holz ist ein Baustoff, der aus nachhaltiger Forstwirtschaft stammt, der direkt vor der Tür nachwächst und der von der Fertighausindustrie ressourcenschonend verbaut wird. Im Ergebnis speichern Fertighäuser aus Holz dauerhaft klimaschädliches CO_2 und erreichen dank ihres intelligenten Wandaufbaus und ausgeklügelten Zusammenspiels aller baulichen und haustechnischen Komponenten immer öfter eine positive Energiebilanz. Sie erzeugen also durch eigene Energiegewinnung mehr Strom am Gebäude selbst als ihre Bewohnerinnen und Bewohner im Jahresverlauf verbrauchen.

Es wird deutlich, dass moderne Holz-Fertighäuser schon heute wichtige Anforderungen erfüllen, welche die Politik und welche wir alle an ein zukunftsfähiges Haus stellen. Es wird ebenfalls deutlich, was den Kern moderner Fertighäuser ausmacht: nämlich eine ganzheitliche Planung, die das Ziel verfolgt, alle hochwertigen Einzelteile, Arbeitsschritte und am Bau beteiligten Akteure zu einem optimalen Gesamtergebnis zusammenzuführen. Durch Standardisierung und konsequente Digitalisierung werden die Planungs- und Fertigungsmethoden im Holz-Fertigbau fortlaufend optimiert, um ein attraktives Preis-Leistungs-Angebot für Bauherren zu erreichen und zu bewahren. Qualität, Nachhaltigkeit und Komfort sowie Planungs- und Kostensicherheit in der Bau- und Wohnphase sind Gegenwart und Zukunft in den Gebäuden der Mitgliedsunternehmen des BDF.

Insgesamt über 150 Haushersteller sowie Zuliefer- und Partnerunternehmen haben sich im BDF zusammengeschlossen, um den Fertigbaugedanken gemeinsam weiter zu stärken. Durch diese Einigkeit und die Interessenvertretung im BDF kann jedes Unternehmen mehr erreichen, sei es in der Politik, in der Normung, im Branchenmarketing oder gegenüber Banken und Berufsgenossenschaften. Durch diese Einigkeit erhalten aber auch Bauherren ein umso besseres Haus, das vom Keller bis zum Dach, vom Boden bis zur Decke, vom Schaltschrank bis zu smarten Schaltern, Steckdosen und Haushaltsgeräten durchdacht und optimiert ist. Einige Unternehmen und wichtige Einzelkomponenten moderner Holz-Fertighäuser möchten wir Ihnen in diesem Buch vorstellen, um ein Gefühl dafür zu vermitteln, wie beim Fertighausbau kleine Rädchen und große Räder ineinandergreifen. Aber auch, um die Innovationskraft der Fertighausindustrie und ihrer Partnerunternehmen aufzuzeigen.

Die Idee, Bauelemente zum Teil bereits inklusive technischer Komponenten so weit wie möglich digital zu planen und seriell im Werk vorzufertigen, um daraus wertige, individuelle Gebäude verschiedener Größe und Ausstattung, dabei mit mit einheitlich hohem Qualitätsniveau zu schaffen, war, ist und bleibt genial und besonders zukunftsfähig. Diese Art zu bauen, noch dazu mit dem klimaschonenden Baustoff Holz, zeichnet unseren BDF und seine Mitgliedsunternehmen schon immer aus. Wir sind Vorreiter für nachhaltiges, serielles Bauen und bringen unsere jahrzehntelang bewährten Konzepte und Prozesse aus dem Segment der Ein- und Zweifamilienhäuser auch immer öfter beim mehrgeschossigen Wohnungs- und Objektbau sowie der innerstädtischen Nachverdichtung, bei der Quartiersentwicklung und beim seriellen Sanieren ein. Deutschland braucht dringend neuen Wohnraum, der im Einklang mit dem Klimaschutz geschaffen wird. Unsere Vision für den Holz-Fertigbau lautet daher, nachhaltiges Bauen noch mehr in der Breite zu etablieren und für Bauherren, Investoren und Entscheider erschwinglicher zu machen. Denn das Interesse am Bauen mit Holz nimmt immer weiter zu, und immer öfter sind Klimaschutzziele ohne mehr Holzbau schlichtweg nicht zu erreichen.

Ein Nachhaltigkeitsziel der Fertighausindustrie ist es, nicht möglichst viel Holz, sondern das Naturmaterial möglichst effizient zu verbauen in schlanken und hochgedämmten Konstruktionen vor allem in Holz-Tafelbauweise, die zu einem gesunden Gleichgewicht zwischen Menschen und Umwelt beitragen. Aus hochgedämmten, standardisierten Bauteilen, die industriell vorgefertigt und präzise miteinander verbunden werden, entstehen Fertighäuser mit überdurchschnittlich hoher Energieeffizienz und mit einem behaglichen Raumklima. Das Wenige an Energie, das Bewohnerinnen und Bewohner von Fertighäusern verbrauchen, wird seit Jahren überwiegend mit Technologien gedeckt, die auf erneuerbaren Energieträgern aufbauen. Die meisten Fertighäuser werden heute sparsam und zugleich smart realisiert. Sie werden mit moderner Heiztechnik, Lüftungsanlage und intelligenter Haussteuerung sowie mit einer Photovoltaikanlage auf dem Dach ausgestattet. Umso besser fallen der persönliche CO_2-Fußabdruck und die laufenden Energiekosten für das Haus aus.

Im Zuge der Qualitätssicherung zukunftsfähiger Holz-Fertighäuser erfüllen die BDF-Mitgliedsunternehmen höchste Anforderungen in den Bereichen Energieeffizienz, Ökologie, Ökonomie, Bautechnik und Nachhaltigkeit. Dafür steht das QDF-Siegel der Qualitätsgemeinschaft Deutscher Fertigbau, das die BDF-Unternehmen exklusiv tragen und mit dem sie Bauherren 36 Qualitätsversprechen geben. Alle Kriterien werden regelmäßig an den Stand der Technik angepasst, damit die Zukunftsfähigkeit und Gesamtqualität moderner Holz-Fertighäuser zu jeder Zeit gegeben sind. Sie setzt sich zusammen aus Anforderungen in den Bereichen Prozessqualität, ökonomische Qualität, ökologische Qualität, soziokulturelle und funktionale Qualität sowie technische Qualität. Alles in allem können Fertighäuser mit QDF-Siegel so bei verantwortungsvoller Pflege problemlos eine Lebensdauer von 100 Jahren und mehr erreichen. Dass das mit dem Baumaterial Holz sehr gut möglich ist, belegen jahrhundertealte Fachwerkhäuser.

Das Haus der Zukunft vereint bewährte Bautradition mit innovativen Produkten. Es vereint Zimmermannskunst mit industriellen Routinen. Es vereint Nachhaltigkeit mit Genuss und Komfort. Und es vereint die Kompetenz von über 150 Unternehmen, die im Bundesverband Deutscher Fertigbau für die höchste Qualität und das beste Gesamtergebnis für jede Bauherrin und jeden Bauherrn mit ihren individuellen Anforderungen zusammenarbeiten. Wir hoffen, dieses Buch kann Ihnen Anregungen und hilfreiche Informationen für Ihre Vorstellung vom Haus der Zukunft geben.

Prof. Dr. Mathias Schäfer
Präsident des Bundesverbands Deutscher Fertigbau

Norbert Röhl
Vertreter der Fördermitglieder im Vorstand des Bundesverbands Deutscher Fertigbau

DIE ZUKUNFT BEGINNT – MIT EINEM FERTIGHAUS ...

VON **BARBARA BRUBACHER**

Die Zukunft vorherzusagen, ist natürlich schwierig. Aber es lohnt sich, intensiv darüber nachzudenken – insbesondere, wenn ein Hausbauprojekt ansteht. Ob ein klassisches Einfamilienhaus, die Doppelhaushälfte, ein Mehrgenerationenhaus oder Haus mit Einliegerwohnung, das Tiny House oder der Bungalow: Je nach aktueller (und zukünftiger) Lebenssituation gibt es eine Vielzahl an möglichen Lösungen, genauso wie bei der individuellen Ausstattung. Die gute Nachricht: Wenn ein Fertighaus ins Spiel kommt, ist die Zukunft gleich mit inbegriffen. Mit der nachhaltigen Bauweise, den zukunftsfähigen Energie- und Smart-Home-Lösungen und dem hohen Individualisierungsgrad sind Fertighäuser geradezu perfekte Häuser der Zukunft.

Zum einen spielen die Themen Nachhaltigkeit und Ressourcenschonung bei den in serieller Holzbauweise gefertigten Häusern schon immer eine wichtige Rolle. Die Holztafelbauweise mit Holz aus zertifizierten und nachhaltig bewirtschafteten Wäldern schont die Umwelt und verringert den CO_2-Fußabdruck. Darüber hinaus gehören Fertighäuser wegen ihrer innovativen Dämmlösungen zu den Helden im Bereich Dichtigkeit. Und punkten dadurch natürlich auch im Bereich Ressourcenschonung und Nachhaltigkeit. Viele Häuser werden jetzt schon als Plus-Energie-Häuser, die mehr Energie produzieren, als sie verbrauchen, und nach den höchsten Effizienzstandards gebaut. Ausgestattet mit Smart-Home-Technologien, werden sie zu echten Komforthäusern und sind noch dazu intelligent und „lernfähig“: Über modernste Sensoren überwachen sie nicht nur die Funktion ihrer Systeme, sondern können sie auch noch autonom steuern und anpassen, um Ressourcen effektiver zu nutzen. Perfekte Voraussetzungen also für ein zukunftsfähiges Haus.

Das Beste ist: Fertighaushersteller wie Zulieferer arbeiten unermüdlich an Verbesserungen und Weiterentwicklungen, die wir in zehn Themenfeldern des Buchs vorstellen – vom Dach & Außenhaut über Wände & Böden bis hin zur Haustechnik, Fenster, Türen & Sicherheit, Energie & Beleuchtung, Das digitale Haus 4.0, Durch die Räume, Küche & Bad, Garage & Keller und Draußen.

Links Bei Fertighäusern sind innovative Neuerungen immer inklusive.

Zu diesen Bereichen zeigen Zulieferer ihre innovativen Produkte, etwa neue, designpreisgekrönte Architekturpanels für die Fassade, wohngesundes Echtholzparkett oder die Neuheit HPL-Treppe, eine Dünnwangentreppe mit dem Verbundstoff HPL im hochwertigen Design. Oder innovative Kaminöfen in platzsparender Bauweise und mit ausgezeichneten Abgaswerten sowie sogenannte Lichtfluter, die Wohnraumqualität in Kellerräume bringen. Es gibt also allerhand Spannendes zu entdecken! Darüber hinaus haben wir Experten befragt, darunter Produktexperten, Architekten, Professoren, Handwerker, eine Altersforscherin und einen Smart-Home-Profi, wie das Wohnen der Zukunft aussehen könnte. Eine schöne Antwort lieferte dazu die Münchner Innenarchitektin Susanne Brückner: „Die wahre Herausforderung besteht darin, einen Raum zu gestalten, der nicht nur ein Zuhause ist, sondern eine Quelle der Inspiration, des Wohlbefindens und der Erfüllung für alle Bewohner – ein Ort, an dem das Leben in all seinen Facetten gelebt, gefühlt und genossen wird."

Das alles ist möglich im Fertighausbau, durch flexible Grundrisslösungen, einen hohen Individualisierungsgrad von Fassaden, Dächern und der Innenausstattung. Kombiniert mit nachhaltiger Energieerzeugung, smarten Lösungen für Komfort, Sicherheit und Energieeffizienz, wird daraus ein Heim, das idealerweise mehrere Lebensabschnitte und sogar Generationen überdauern wird. Gerade, wenn es auch später flexibel bleibt – interessant sind in diesem Zusammenhang natürlich Mehrgenerationen-Lösungen mit Einliegerwohnungen und sogenannte „Flying Spaces": Tiny Houses, die entweder allein stehen können oder zu einem bestehenden Haus ergänzt und sogar mit einem Dachgarten versehen werden können. Denn auch das ist Trend: mehr Grün und klimaresiliente Außenflächen, auf die wir im Kapitel „Draußen" näher eingehen.

Oben Helle und lichtdurchflutete Räume schaffen Wohlfühl-Atmosphäre im Haus.

Oben Zukunftshäuser produzieren ihren eigenen Strom mit der Kraft der Sonne.

Alfred Biolek
Marokko

01

DACH & AUSSENHAUT

DIE PASSENDE HÜLLE ZUM RAUMKONZEPT

Dach und Außenhaut geben dem Gebäude nach außen ein „Gesicht" – das völlig unterschiedlich und sehr individuell sein kann. Von der Stadtvilla mit Walm- oder Satteldach bis zum Kubus mit Flachdach, im Skandi-Stil, mit alpenländischem Flair oder einer minimalistisch-reduzierten Fassade ausgeführt: Im Fertighausbau gibt es fast unendlich viele Möglichkeiten, Häuser durch Farbe, Materialwahl oder Oberflächentechnologie auf die ästhetischen und funktionalen Ansprüche ihrer Bauherren „maßzuschneidern". Gleichzeitig sind Tragkonstruktion, Dämmung, Fassadenbekleidung und Dacheindeckung die elementarsten Bausteine eines stabilen und zukunftsfähigen Hauses. Hier werden innovative Materialien und Verfahren zunehmend zu einem wichtigen Faktor. Vor allem, wenn es darum geht, Gebäude energieeffizienter, langlebiger und nachhaltiger zu gestalten.

Etwa durch vergrünungsfreie Dachsteine aus Hightech-Material, begrünbare Dachpfannen oder die Integration von Photovoltaik (PV)-Technologie in Dachmaterialien. So wird aus einem Schutzdach ein Nutzdach, das auch in Sachen Design und Optik überzeugt. Ebenso sind moderne Dämmstoffe entscheidend für den Komfort und Energieverbrauch des Gebäudes – etwa aus aerogelbasierten Materialien oder in Form von Vakuumisolationspaneelen (VIPs). Viele der neuen, innovativen Materialien sind bei vergleichbaren Dämmwerten deutlich dünner, was zu schlankeren Konstruktionen und mehr nutzbarem Raum führt. Eine klare Entscheidung für die Zukunft und immer mehr im Trend sind optisch interessante Designfassaden aus langlebigem Faserzement. Ob in Holzoptik oder mit glatter Struktur, modernen Oberflächenstilen mit linearer oder texturierter Struktur sowie in vielen verschiedenen Farben – jeder gewünschte Look bleibt bei minimalem Pflegebedarf lang erhalten. Das spart nicht nur künftige Renovierungskosten, sondern auch wertvolle Ressourcen. Dazu gehören auch innovative Entwicklungen wie wasser- und schmutzabweisende Fassadenfarben: Hier hat Sto sich die Natur zum Vorbild genommen und die geniale Technik des Nebeltrinker-Käfers aus der Namib-Wüste nachgeahmt. Dieser kann den Nebel, der auf seinem Rücken kondensiert, direkt in seinen Mund fließen lassen. Diese Drainagetechnik wurde mit der StoColor Dryonic® in eine Fassadenfarbe übersetzt: Die Mikrostruktur der Oberfläche, die durch eine Bindemittel-Füllstoff-Architektur gebildet wird, führt zu einer extrem schnellen Wasserabweisung. Die Fassade wird so umweltschonend und langfristig vor Algen- und Pilzbefall bewahrt. Noch Zukunftsmusik im privaten Hausbau sind intelligente Fassadensysteme, die Sensortechnologie mit automatisierten Steuerungen verbinden. Sie können auf äußere Bedingungen reagieren, indem sie beispielsweise Lamellen öffnen oder schließen, um den Lichteinfall zu regulieren oder die Belüftung zu verbessern. Oder Fassadenbegrünungen auf Basis textiler Substrate – etwa mit Moosen oder Mikroalgen, an denen Wissenschaftler derzeit forschen. Durch sie ließen sich sich das Mikroklima verbessern und große Regenmengen auffangen. Genauso wie klimaaktive Fassaden, die, beschichtet mit Titandioxid, das Stickstoffdioxid in der Luft neutralisieren.

Intelligente Lösungen für energiesparende Fassadenbauteile werden zwar laufend entwickelt, kommerziell erhältlich sind aber erst wenige. Wie etwa Glasfassadenelemente, die wie ein Wärmespeicher funktionieren und je nach Witterung große Mengen an Wärme auf- oder abgeben. Oder neuartige (solar-)thermische Fassadenelemente aus Beton, die das Fraunhofer-Institut für Solare Energiesysteme im Projekt „TABSOLAR" erforscht. Von vorne betrachtet, sehen die Betonplatten aus wie herkömmliche vorgehängte hinterlüftete Fassadenelemente. Auf der Rückseite wird der nachhaltige Zusatznutzen sichtbar: In den Elementen befinden sich Kanäle, durch die eine Solarflüssigkeit aus Wasser und Glykol fließt. Diese nehmen die gewonnene Wärme auf und geben sie über einen Wärmetauscher an den Wärmepumpenkreislauf ab.

ZUKUNFTSFÄHIGE BEDACHUNGEN

Die Wahl der Dachform ist nicht nur eine Frage der Optik und des gewünschten architektonischen Stils, sondern auch der Funktionalität. Flachdächer bieten zusätzlichen Raum für Dachterrassen oder Gründächer. Sattel- und Walmdächer schaffen mehr Stauraum im Dachgeschoss. Je nach Höhe können sie auch als zusätzlicher Wohnraum genutzt werden. Wer seinem Haus ein Pultdach aufsetzt, hat im Obergeschoss nur eine Dachschräge, die meist deutlich flacher ausfällt als bei einem Satteldach. Dadurch entstehen ein luftiger, hoher Raum und mehr Wohnfläche als bei doppelt geneigten Dächern. Bei entsprechender Ausrichtung eignet sich das Pultdach für die Installation von Solaranlagen – wegen der größeren Fläche sogar besser als alle anderen Dachformen. Ein Haus mit Zwerchgiebel verschönert das Einfamilienhaus nicht nur optisch, sondern hat auch wohnliche Vorteile: Dafür wird das Bauelement wie ein eigenes kleines Haus mit Dach und Fenstern vor die Fassade des Haupthauses gesetzt. So gewinnt ein Satteldach zusätzliche Raumhöhe in der Dachschräge, und gleichzeitig entsteht eine gemütliche Nische im Raum. Gut zu wissen: Bei Fertighäusern ist es möglich, das Dachgeschoss zum Ausbau vorbereiten zu lassen und den Ausbau zu einem späteren Zeitpunkt zu realisieren. Die Dacheindeckung schützt die Dachkonstruktion und die darunterliegende Dämmung vor direkter Sonneneinstrahlung, Frost und Hitze. Dafür sorgen nicht nur die klassischen Dachpfannen, sondern auch Dachsteine aus Beton oder Dachplatten aus Metall oder Faserzement. Die Vielfalt ist insbesondere bei den Belägen aus Ton schier unendlich: von Flachdach-, Reform-, Biberschwanz-, Turmalin- bis Rautenziegeln, erhältlich in Naturrot, Matt, Seidenmatt oder Hochglanz. Sie bieten beste Voraussetzungen, um jedem Haus seinen ganz individuellen Charakter zu verleihen. Die BMI Group stellt sie mit ihrer Marke Braas zu 100 Prozent aus heimischen Tonen her. Welche spannenden Neuerungen es noch für Dächer der Zukunft gibt, zeigt der zu den in Deutschland führenden Unternehmen für Steil- und Flachdachsysteme zählende Hersteller auf den nächsten Seiten.

Ein ideal ausgerichtetes Dach mit Solarpanels unterstützt bei der Energieautarkie.

DACHSYSTEME: BMI DEUTSCHLAND / BRAAS

Als einziger Hersteller bietet BMI aus einer Hand Steil- und Flachdachsysteme für Wohn- und Nutzgebäude. Die Basis: über 2.000 Mitarbeiter, 17 Produktionsstandorte, ein Forschungs- und Entwicklungszentrum und die fünf starken Marken: Braas, Icopal, Vedag, Wolfin und Klöber. Das Unternehmen verfügt über jahrzehntelange Erfahrung rund um das Dach und legt seinen internationalen Fokus auf innovative Dach- und Bauwerkslösungen, die für mehr Wohnkomfort, Werterhalt, Sicherheit und Schutz sorgen.

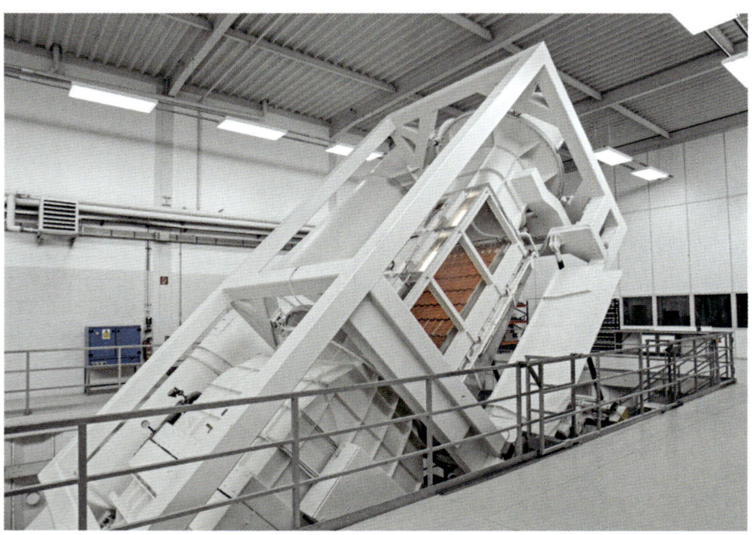

Blick auf das Firmengebäude und die Entwicklungsabteilung

Blick in die Historie Fünf Marken, ein Dach: Jede der Marken unter dem BMI-Dach hat ihre eigene Geschichte. 1846 wurde Vedag gegründet, 1851 begann in Bamberg die Herstellung von Dachpappe, 1882 die Produktion von Dachbahnen in Rollen. Die Icopal-Historie startete 1876, als Zimmermeister Jens Villadsen in Kopenhagen das Unternehmen gründete, das 1934 das Patent für die erste „echte“ Schweißbahn erhielt. Und 1963 wurde mit Wolfin IB die erste polymere Kunststoff-Abdichtungsbahn entwickelt.

Braas prägt seit 1954 mit dem klassischen Profil der Frankfurter Pfanne die deutsche Dachlandschaft. Seitdem folgte eine Innovation der nächsten. Auf dem Weg vom reinen Schutzdach zum Nutzdach mit dem Mehrwert zahlreicher Zusatzfunktionen setzen die BMI-Marken mit ihren aufeinander abgestimmten Systemkomponenten bis heute Maßstäbe.

Neue Zeiten sorgen mit neuen Anforderungen für neue Lösungen. Der Blick auf die Dächer heutzutage zeigt schon, dass diese mehr bieten als den reinen Schutz vor Sonne und Regen. Immer wichtiger wird, dass sie zu einer nachhaltigen Zukunft beitragen. Mit Solarmodulen und Begrünung werden Sonne und Regen nicht nur ferngehalten, sondern positiv genutzt.

Mit BMI zur Energiewende

Sonne, Wind, Wasserkraft – der Trend geht zu nachhaltiger Energiegewinnung. Heute und erst recht in Zukunft. Auf dem Dach ist es die Sonne, die problemlos energetisch zu nutzen ist und die dazu noch kostenlos zur Verfügung steht. BMI bietet Photovoltaik-Lösungen im System: fürs Flachdach PV easywave, fürs Steildach und „fürs Auge" die in die Dachfläche integrierten Systeme PV Premium und PV Indax.

Einzigartiges Design ausgezeichnet

Das Indach-System PV Indax ist die universelle Lösung für perfekt ins Steildach integrierte PV-Module. Es eignet sich für Dächer mit allen gängigen Dachpfannen, beim Neubau ebenso wie bei Sanierungen. Das gilt auch für PV Premium. Vor allem in Verbindung mit dem Design-Dachstein Tegalit vereint PV Premium höchste Ansprüche an Ästhetik mit größter Effizienz: Die Module werden anstelle von Dachpfannen ins Dach eingesetzt. So entsteht ein absolut harmonisches und schönes Deckbild. Das gilt auch für die jüngste Innovation, den Tegalit Aerlox, einen Vollwert-Dachstein light. Mit seiner geradlinigen Form, seiner schlichten Eleganz, seinem innovativen Material und höchster Funktionalität begeisterte der Tegalit Aerlox bei seiner Einführung 2023 nicht nur Dachdecker, Architekten und Bauherren. Die Begeisterung erfasste auch die 132 internationalen Juroren des iF-Design-Wettbewerbs. Sie zeichneten den Tegalit Aerlox in der Kategorie Produktdesign mit dem iF-Design-Award 2024 aus.

Frankfurter Pfanne Flora bringt auch steile Dächer zum Blühen

Neben den bereits bekannten Gründachsystemen für Flachdächer lässt nun eine weitere Innovation aus dem Hause BMI auch das Steildach ergrünen. Die Frankfurter Pfanne Flora ist die neue Basis für begrünte Steildächer. Sie hat alle Vorteile und die komplette Funktionalität der bewährten Frankfurter Pfanne. Das sieht nicht nur gut aus und schafft natürliche Biotope, sondern trägt enorm zu einer nachhaltigen Zukunft bei.

INNOVATIVE MÖGLICHKEITEN FÜR NACHHALTIGE NUTZDÄCHER

In einer Welt, in der Nachhaltigkeit und Umweltschutz immer größere Bedeutung erlangen, rückt auch die Gestaltung unserer städtischen Landschaften in den Fokus. Eine Schlüsselrolle spielen dabei die Dächer unserer Gebäude, die weit mehr sein können als nur Schutz vor den Elementen. Unter dem Motto „vom Schutzdach zum Nutzdach" eröffnen sich Architekten/Planern und Bauherren neue Horizonte, um die Zukunft unserer Städte nachhaltig zu gestalten.

Das Dach als reines Schutzelement war gestern. Heute und in der Zukunft steht es im Dienste der Nachhaltigkeit und der Nutzung erneuerbarer Energien. Eine der vielversprechendsten Innovationen auf diesem Gebiet ist die Integration von Photovoltaik-Anlagen in die Dachlandschaft. Durch die Nutzung der Sonnenenergie können Gebäude nicht nur ihren eigenen Energiebedarf decken, sondern auch Überschussstrom ins Netz einspeisen und somit aktiv zum Ausbau erneuerbarer Energien beitragen.

Doch nicht nur die Energieerzeugung, auch die Begrünung von Dächern spielt eine entscheidende Rolle auf dem Weg zu einer nachhaltigen Zukunft. Gründächer bieten zahlreiche ökologische und ökonomische Vorteile: Sie verbessern das Mikroklima, reduzieren den Energieverbrauch für Heizung und Kühlung, fördern die Artenvielfalt und tragen zur Regenwasserrückhaltung bei. Zudem bieten sie zusätzlichen Lebensraum für Pflanzen, Tiere und sogar Menschen in urbanen Umgebungen.

Die Kombination aus Photovoltaik und Gründach eröffnet ganz neue Möglichkeiten für die Gestaltung und Nutzung von Dachflächen. So können beispielsweise extensive Gründächer mit flachen Neigungen ideal mit Photovoltaik-Modulen kombiniert werden, während intensive Gründächer mit einer höheren Traglast auch größere Begrünungsflächen und zusätzliche Nutzungen wie Dachgärten oder -terrassen ermöglichen.

Wie sehen die Dächer der Zukunft aus? Eine spannende Frage, der auch BMI sich angenommen hat und mit diesen „Zukunftsreferenzen" einen Blick auf morgen wirft. Architekten und Planer stehen vor der spannenden Herausforderung, die vielen innovativen Möglichkeiten in ihre Entwürfe zu integrieren und so nachhaltige Gebäudekonzepte zu entwickeln, die nicht nur ästhetisch ansprechend, sondern auch ökologisch und ökonomisch sinnvoll sind. Dabei ist es wichtig, von Anfang an eine ganzheitliche Planung zu verfolgen, die die verschiedenen Aspekte wie Energieeffizienz, Begrünung und Nutzungsmöglichkeiten in Einklang bringt. Sie sind aber nicht alleine: BMI hilft – mit kompletten Lösungen im System und einem Garantieversprechen, damit die Zukunft unbesorgt kommen kann.

Links Auch Steildächer haben ein großes Potenzial für die Stromgewinnung.

Oben Flachdächer spielen eine wichtige Rolle im Kampf gegen den Klimawandel.

DÄCHER DER ZUKUNFT

Im Gespräch mit Franz Schick, Key Account Manager bei BMI Group

Wie werden wir in 20 Jahren wohnen?

FS Ohne Glaskugel sind Voraussagen bekanntlich schwierig. Eines lässt sich aber sicher sagen: Der Mensch und seine Bedürfnisse ändern sich nicht, und so wird auch das Wohnen an sich in 20 Jahren nicht viel anders aussehen als heute. Was sich aber ändert, sind die gesellschaftlichen, ökologischen und ökonomischen Rahmenbedingungen. Besser gesagt, das Bewusstsein dafür. Wir wissen heute mehr als früher, wie groß unser Einfluss auf die Klimaveränderung ist, wie schädlich die zunehmende Versiegelung unserer Naturflächen ist und wie begrenzt unsere natürlichen Ressourcen sind. In diesem Jahr war der Überlastungstag, also der Tag, an dem Deutschland seine jährlichen Ressourcen aufgebraucht hat, schon am 2. Mai. Der symbolische Tag, vom Global Footprint Network errechnet, lag für Deutschland noch einmal früher als 2023. Deshalb müssen wir uns in allen Lebensbereichen umstellen. Auch beim Bauen im Allgemeinen und auf dem Dach im Besonderen.

Wie werden sich denn die Bedachungen aus Ihrer Sicht noch weiterentwickeln?

FS So wie wir in der Vergangenheit gelernt haben, das Raumpotenzial unter dem Dach zu nutzen, also aus weitgehend ungenutzten Räumen Wohnraum zu machen, werden wir den Blick jetzt mehr auf das Potenzial eine Etage höher richten. Dass Dächer dem Schutz von Kälte, Wind und Regen dienen, ist richtig, aber sie können sehr viel mehr. Und das wollen wir sichtbar machen und aus unseren Kunden „Dachentdecker" machen. Die Dächer der Zukunft werden multifunktionale Dächer sein und ein entscheidender Teil der energetisch optimierten Gebäudehülle. Die Ansätze haben wir schon heute. In Zukunft sollten Dächer noch mehr als heute zur Energiegewinnung durch Solarenergie genutzt werden. Nicht erst in 20 Jahren, sondern schon 2035 muss die Stromversorgung nahezu klimaneutral sein, um das 1,5°-Ziel zu erreichen. Daher wird es allerhöchste Zeit.

Ein weiterer Punkt ist die Begrünung auf dem Dach. Extensive oder intensive Begrünung trägt zur Entsiegelung und zur besseren Regenwasserretention bei. Eine ideale Kombination sind Grün- und Solardächer, wobei das Gründach das Mikroklima verbessert und das Solardach dem Makroklima hilft.

Welche innovativen Zukunftsprodukte haben Sie jetzt schon im Portfolio?

FS Wir arbeiten regelmäßig daran, unseren Kunden mit ressourcenschonenden Produkten das Leben zu erleichtern. So haben wir schon erfolgreich leichte Dachbahnen und leichte Dachsteine – Beispiel Tegalit Aerlox – auf den Markt gebracht. Außerdem unterstützen wir mit unseren Produkten aktiv die Reduktion der Klimawandelfolgen: Durch die in die Oberfläche eingearbeiteten, infrarotlichtreflektierenden Pigmente leistet die zukunftsweisende Protegon-Technologie einen aktiven Beitrag zum sommerlichen Wärmeschutz. Unsere Oberlage Eco-Activ wandelt mit ihrer katalytisch wirkenden Noxite-Bestreuung schädliche Stickoxide aus der Luft in Nitratione um. Und wir arbeiten stetig an Entwicklungen in Richtung nachhaltige Kreislaufwirtschaft, denn wir haben bereits jetzt (im Flachdach) für alle Produkte entsprechende EPDs und stellen unsere Produkte mit erheblichen Recyclinganteilen her, Tendenz steigend. Unsere neue Frankfurter Pfanne Flora ist außerdem ein exzellentes Beispiel für unsere innovativen Entwicklungen in Richtung Nachhaltigkeit. Und es wird noch vieles folgen.

Der Solardachstein Braas-PV-Premium wird anstelle von Dachpfannen in das Dach integriert.

Stichwort Nachhaltigkeit & Ressourcenschonung: Welche Ansätze gibt es bei Ihnen? Was ist Ihnen besonders wichtig?

FS Die größte Herausforderung ist für uns generell die ökologische Transformation. Derzeit ist die herstellende Bauindustrie – je nach Rechenmodell – für etwa 11 % des weltweiten CO_2-Ausstoßes verantwortlich. Deshalb müssen wir in allen Bereichen des Bauens mit aller Kraft daran arbeiten, den ökologischen Fußabdruck unseres Handelns zu reduzieren. Deshalb ist Nachhaltigkeit für uns der Kern aller Entwicklungen. Topprodukte für Topdächer sind dafür eine wesentliche Basis. Sie schützen das Haus und alle Güter im Haus, sind also die Voraussetzung jeder Werterhaltung. Dächer, die selbst lange halten, vermeiden Ressourcenverbrauch, und wenn die Werte unter dem Dach länger halten, werden noch weniger Ressourcen verbraucht. Ein ebenso wichtiger Beitrag zur Ressourcenschonung ist die Transformation des Bauens zu einer konsequenten Kreislaufwirtschaft. Deshalb arbeiten wir auch an immer besserer Recyclingfähigkeit unserer Produkte. Unsere Forschung an nachhaltigen Produkten ist schon seit Jahrzehnten auf dem Weg und wird es auch noch viele Jahre sein. Ökologisch saubere, ökonomisch vernünftige und vor allem nachhaltige Produkte, möglichst im Rahmen von Kreislaufwirtschaft, die einen aktiven Beitrag zum Klimaschutz leisten, das ist unser Anspruch.

Eine neue Konstruktion mit Schattenfuge verhindert Vergrünung.

»Dass Dächer dem Schutz von Kälte, Wind und Regen dienen, ist richtig, aber sie können sehr viel mehr. Und das wollen wir sichtbar machen und aus unseren Kunden ›Dachentdecker‹ machen.«

Was macht Ihre Produkte so besonders?

FS Wir nehmen unsere Verantwortung ernst. Auch die Verantwortung gegenüber nachfolgenden Generationen. Deshalb sind es nicht nur unsere einzelnen Produkte, die uns so besonders machen, sondern vor allem, dass wir im System alles aus einer Hand bieten können. Unsere Kunden kaufen nicht nur Produkte, sondern ein Leistungsversprechen. Alle Produkte sind miteinander auf Härtefälle bis ins kleinste Detail geprüft. Daher können wir auch lange Garantien aussprechen. Wir haben den Anspruch, als Innovationsführer verlässlich voranzugehen. Und wir wollen durch unser Beispiel andere mitziehen. Das ist unsere Verantwortung gegenüber der Gesellschaft.

Franz Schick
Key Account Manager
bei BMI Group

FASSADEN DER ZUKUNFT

Moderne Fertighäuser bieten eine breite Palette an innovativen Fassadenmaterialien, die den individuellen Bedürfnissen und dem persönlichen Stil angepasst werden können. Insbesondere beim Putz sind vielfältige Gestaltungsmöglichkeiten durch Farben und Strukturen möglich. In hybrider Form mit weiteren Elementen wie Holz, Klinker oder Faserzementpaneelen verleiht dies Häusern Individualität und das gewisse Etwas. Als technisch beste und ausgereifteste Lösung im Zusammenhang mit energetischer Wärmedämmung empfehlen Experten für Bauphysik die ganzflächige, vorgehängte hinterlüftete Fassade. Bei dieser wird die „Bekleidung" nicht direkt auf die Außenwand aufgebracht, sondern auf eine Unterkonstruktion montiert. Dadurch sind Dämmung (Feuchte-, Wärme-, Schall- und Brandschutz) und Bekleidung (Witterungsschutz) konstruktiv voneinander getrennt. Zwischen den Komponenten entsteht auf diese Weise ein Hinterlüftungsraum, der den Feuchtehaushalt im Baukörper zuverlässig regeln kann.

Für die Fassadenbekleidungen können nicht nur robuster und stilprägender Klinkerstein eingesetzt werden, auch Echtholzfassaden erfreuen sich wachsender Beliebtheit. Ob naturbelassen oder farbig gestaltet, vertikal oder horizontal angebracht, geradlinig, rustikal oder verspielt – die Gestaltungsmöglichkeiten mit Holz sind vielseitig und vor allem zeitlos. Bei beiden sollte auf regionale Materialien geachtet werden, um den CO_2-Fußabdruck des Hauses gering zu halten. Eine große Gestaltungsvielfalt bieten zudem innovative Paneele aus Faserzement, die wie strukturierter Putz oder gebürsteter Beton wirken oder wie Holz gemasert sind. Noch dazu sind sie in verschiedenen Trendfarben sowie individuellen Sonderfarben nach Kundenwunsch umsetzbar. Dazu kommen die hohe Brandfestigkeit und eine pflegeleichte Oberfläche, die über Jahre hinweg kaum Arbeit macht. Die Hersteller James Hardie und Sto geben zu diesen und weiteren innovativen Neuerungen auf den nächsten Seiten spannende Einblicke.

Die richtige Hülle für ein Haus hält den CO_2-Fußabdruck klein.

Eine individuelle Fassadengestaltung macht jedes Haus zum Unikat.

Mixed-Fassaden mit abwechslungsreichen Vorsprüngen liegen im Trend.

FASERZEMENT- UND GIPSFASER-BAULÖSUNGEN: JAMES HARDIE

James Hardie ist ein weltweit führender Hersteller von hochleistungsfähigen Faserzement- und Gipsfaser-Baulösungen. Als Innovator ermöglicht er sowohl Hauseigentürmern als auch Baufachleuten, ihre Träume mit qualitativ hochwertigen Lösungen umzusetzen. Die Produkte bieten unendliche Möglichkeiten für die Gestaltung von Innenanwendungen und Fassaden.

Blick ins James Hardie Europe-Office in Düsseldorf

Blick in die Historie Von einem einfachen Importgeschäft für Öle und Gerbereiprodukte im Jahr 1888 in Melbourne, Australien, hat sich James Hardie zu einem weltweit führenden Hersteller von Baustoffen entwickelt. Der Gründer James Hardie kam aus Schottland und erkannte schnell den Bedarf des australischen Marktes für Baumaterialien. Zusammen mit seinem Geschäftspartner Andrew Reid, ebenfalls ein Schotte, erweiterte er das Unternehmen und konzentrierte sich auf den Vertrieb von Baustoffen. Seit Mitte der 1980er-Jahre das erste James Hardie® Faserzementprodukt in Australien und in den USA auf den Markt gebracht wurde, entwickelte der weltweite Player mit eigenen Forschungs- und Produktentwicklungsteams seine Innovation kontinuierlich weiter. Mit fermacell® Gipsfaserplatten und fermacell® Estrichelementen bietet es Produkte für den hochwertigen Trocken- und Holzbau sowie mit Hardie® Plank und Hardie® Panel innovative und langlebige Fassadenverkleidungen.

»Die speziellen Eigenschaften unserer wartungsarmen Produkte aus Faserzement machen sie zur ersten Wahl für Bauunternehmen, Architekten und Hauseigentümer.«

Mit technologischer Kompetenz und tiefgreifendem Fertigungswissen setzt James Hardie auf fortlaufende Innovationen und bietet eine breite Palette von Lösungen für Innen- und Außenanwendungen an. Die modernen Baustoffe können innerhalb eines kurzen Zeitrahmens effizient und – im Falle von Estrichelementen und Gipsfaserplatten – ohne unnötig lange Trocknungszeiten mit einfach zu handhabenden Materialien und zeitsparenden Verarbeitungstechniken eingesetzt werden.

Die fermacell® Therm25™

Die fermacell® Therm25™ Trockenestrichelemente sind mit integrierten Rohrführungen für Fußbodenheizungen und -kühlungen im Innenbereich konzipiert. Ein einzelnes Element besteht aus einer 25 mm dicken fermacell® Gipsfaserplatte, deren Oberseite in einem speziellen System gefräst ist, das eine rationelle Verlegung der Elemente und anschließend der Fußbodenheizungsrohre möglich macht. Auf den Estrichelementen können eine Vielzahl von Bodenbelägen verlegt werden – von Parkett und anderen Belägen aus Holz über Fliesen und Naturstein bis Laminat, Textil und PVC.

Hardie® VL Plank Wood Hardie® VL Plank Anthracite Grey Cedar

Hardie® Plank und Hardie® VL Plank sind Fassadenpaneele aus Faserzement, die schlank, stabil und stoßfest sind. Damit garantieren sie eine hochwertig verkleidete Außenfassade, die weder schrumpft noch quillt und auch bei jahrelangen, extremen Klimabedingungen nicht rissig wird. Ob in Holzoptik oder mit glatter Struktur, mit bündiger Anordnung oder leichtem Überstand, bieten sie alle Möglichkeiten, verschiedene Fassaden-Looks zu kreieren – von modern bis klassisch. Zudem sind sie in 21 Farben erhältlich.

Hardie® Panel und Hardie® Architectural Panel

Fest, stabil, modern: Hardie® Panel und Hardie® Architectural Panel ermöglichen kosteneffiziente Lösungen im attraktiven Design. Das großflächige Format und die flexible Farbvielfalt der langlebigen Faserzementpanels bringen Geradlinigkeit und Modernität in Groß- wie auch Eigenheimprojekte. Dank ihrer Langlebigkeit und Wirtschaftlichkeit sind die Fassadenkonstruktionen ideal für umfangreiche Renovierungs- und Neubauprojekte geeignet. Außerdem lassen sich durch sie die Vorteile einer energieeffizienten, vorgehängten, hinterlüfteten Fassade realisieren. Hardie® Panel Fassadentafeln sind in fünf modernen Farbtönen erhältlich. Sonderfarben sind nach individuellen Kundenwünschen umsetzbar. Das Hardie® Architectural Panel ist in fünf zeitlosen Farben und zwei modernen Oberflächenstilen mit linearer sowie texturierter Struktur verfügbar, und seit Sommer 2024 gibt es die Oberflächen auch in 6 verschiedenen Metallic-Designs.

Mehr Infos dazu findet man auf der Website unter www.jameshardie.de

ABER BITTE MIT FARBE

Hardie® Plank Fassadenplatten machen ein Einfamilienhaus aus den 1950er-Jahren zu einem Unikat

Oben Unterschiedliche farbige Akzentuierungen beleben die Fassade.
Unten Dunkelgraue Faserzementplatten setzen Akzente.

In Funnix, einem Ortsteil der ostfriesischen Kreisstadt Wittmund, hat das ortsansässige Architekturbüro Ralph Thater ein Einfamilienhaus aus den Wirtschaftswunderjahren komplett umgebaut und erweitert. Das Erdgeschoss baut auf der erhaltenen Bodenplatte des Vorgängerbaus auf und wurde in Holzrahmenbauweise erstellt. Das Gebäude steht auf einer Warft (ein aus Erde aufgeschütteter Siedlungshügel, der dem Schutz von Menschen und Tieren bei Sturmfluten dient), die als Bodendenkmal behandelt wird. „Um größere Eingriffe in den Boden zu vermeiden, haben wir uns hier für den Holzrahmenbau entschieden", so der Architekt. „Damit konnte eine erhebliche Reduktion des Baukörpergewichts und somit der Lasten, die in den Untergrund einwirken, erreicht werden." Sämtliche Außenwände wurden raumseitig mit 15 mm dicken fermacell® Gipsfaserplatten beplankt. Der Wandhohlraum wird als Installationsebene genutzt. Die Dämmung erfolgte mit einer flexiblen Holzfaserdämmmatte (60 mm), die aussteifende Beplankung mit Holzwerkstoffplatten (15 mm). Außenseitig wurde die Konstruktion mit 20 mm Steinwolledämmung sowie mit 60 mm Holzfaserplatten mit Unterdeckbahn und einer vorgehängten hinterlüfteten Fassade aus Faserzementplatten der James Hardie Europe GmbH geschlossen. „Mit Material- und Verarbeitungseigenschaften, die dem Holz sehr ähnlich sind, sind Gipsfaserplatten eine gute Ergänzung zu Holzkonstruktionen. Fermacell® Gipsfaserplatten enthalten praktisch keine gesundheitsgefährdenden Stoffe und sind nachgewiesenermaßen praktisch emissionsfrei." Zertifizierungen des Instituts für Baubiologie sowie des Kölner eco-Instituts dokumentieren dies. Aktuell wurde mit der Umwelt-Produktdeklaration (EPD) durch das Institut Bauen und Umwelt e. V. (IBU) bestätigt, dass fermacell® Gipsfaserplatten keine klimaschädlichen Emissionen verursachen und sogar CO_2 einspeichern.

Das Einfamilienhaus bezieht seine Wirkung aus der unterschiedlichen farbigen Akzentuierung der einzelnen Gebäudeteile. Passend zur modernen Architektursprache des Gebäudes entschied sich Architekt Ralph Thater für Hardie® Plank Fassadenplatten in Zedernholz-Optik. Diese kombinieren durch ihre innovative Technologie und Zusammensetzung einen authentischen Holz-Look mit der Haltbarkeit von Faserzement. Für den Hauptbaukörper wählte der Planer aus der 21 Farben umfassenden Farbpalette den Farbton Schwarz aus. Das dunkle Material steht in strengem Kontrast zu den weißen Fenstern und Fensterlaibungen, den weiteren Elementen in Zartgrün und der tiefroten Putzfassade. Im Gegensatz zu Paneelen aus Echtholz müssen diese Fassadenplatten nicht regelmäßig abgeschliffen, geölt oder lasiert werden.

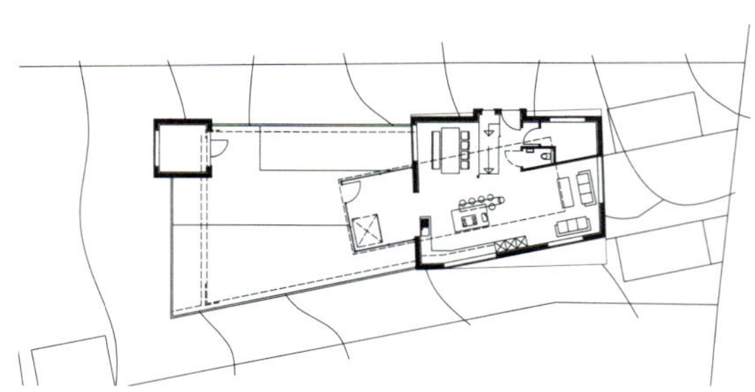

Grundriss Erdgeschoss

IN HOLZBAU-WEISE

Nachhaltiges Wohnprojekt im Berliner Norden

Im Norden von Berlin, im Pankower Viertel Französisch Buchholz, macht das neue ökologische Stadtquartier „Kokoni One" nicht nur mit einem interessanten Äußeren, sondern auch mit einer innovativen und nachhaltigen Bauweise auf sich aufmerksam. Gemeinsam mit ZRS Architekten hat der Berliner Projektentwickler INCEPT hier ein kinder- und familienfreundliches Wohngebiet mit insgesamt 84 Doppel- und Reihenhäusern geschaffen. Mit betont sachlich gegliederter, moderner Holzfassade und einer Dachform, die sich vom sogenannten Berliner Dach herleitet, unterscheiden sich die Häuser optisch vom üblichen Reihenhaus-Standard. Die Straßenfront ist kompakt, große Fenster mit energieeffizienter Dreifachverglasung, Terrassen und Balkone auf der Rückseite lockern die geradlinige Architektur auf.

Die Bauausführung erfolgte in traditioneller Holzrahmenbauweise. Durch die sehr genaue Vorplanung und den hohen Vorfertigungsgrad war so eine schnelle, effiziente und technisch einwandfreie Abwicklung auf der Baustelle gewährleistet. Sämtliche Außenwände der Kokoni-Häuser erhielten raumseitig eine einlagige Beplankung mit 1 x 12,5 mm fermacell® Gipsfaserplatten. Die Dämmung erfolgte mit einem ökologischen Holzfaserdämmstoff sowie Zellulose-Einblasdämmung. Die Dachelemente wurden mit einer einseitigen Beplankung aus 1 x 12,5 mm fermacell® Gipsfaserplatten ausgeführt. Die Wohnungstrennwände sind doppelt konzipiert mit einer mittig angeordneten Luftschicht (20 mm) und beidseitiger, flexibler Holzfaserdämmung in Plattenform sowie jeweils einer Beplankung mit 2 x 18 mm fermacell® Gipsfaserplatten sowie 120 mm Zellulose-Einblasdämmung. Die Konstruktion wurde jeweils raumseitig einlagig mit luftdicht verklebten fermacell® Gipsfaserplatten Vapor d = 12,5 mm geschlossen. Diese Platte reduziert durch eine spezielle, auf der Plattenrückseite aufgebrachte Kaschierung die Wasserdampfdurchlässigkeit so weit, dass zusätzliche dampfbremsende Schichten in der Außenwandkonstruktion entfallen können.

Mit Material- und Verarbeitungseigenschaften, die Holz sehr ähnlich sind, bewähren sich fermacell® Gipsfaserplatten als optimale Ergänzung zu Holzkonstruktionen und passen gut zum ökologischen Konzept der Kokoni-Häuser. Sie werden in einem umweltfreundlichen Verfahren ausschließlich auf Basis von natürlichen Materialien (recycelte Papierfasern, Gips und Wasser) und ohne Leimzusätze hergestellt. Bereits mehrfach wurden die nachhaltigen Eigenschaften der Platten des Herstellers James Hardie von unabhängigen Instituten zertifiziert. Erst jüngst hat das Institut Bauen und Umwelt e. V. (IBU) die Ökobilanz durch unabhängige Fachleute geprüft und mit der EPD (Umwelt-Produktdeklaration) bestätigt.

Oben links Die Reihenhaussiedlung „Kokoni One"
Oben rechts Die hinterlüftete Fassade besteht aus Lärchenholz.
Unten Innendämmung mit Gipsfaserplatten

VISIONÄRE INNOVATIONEN FÜR EINE NACHHALTIGE BAUZUKUNFT

Fassadenverkleidungen aus Faserzement und Trockenestrichelemente mit integrierten Rohrführungen für Fußbodenheizungen

Im Gespräch mit Christian Claus, President Europe und Geschäftsführer James Hardie Europe GmbH, Tobias Bennerscheidt, Produktmanagement, Marketing und Kommunikation, Daniel Stegmann, Head of ESG

Sie haben für Ihre Architectural Panels schon mehrere wichtige Auszeichnungen erhalten – den BLT Built Design Award 2023, den German Design Award 2024 und den iF Design Award 2024. Was hat es mit der Neuentwicklung auf sich?

TB Unsere Hardie® Architectural Panels in gebürsteter Beton- und strukturierter Putzoptik sind tatsächlich sehr attraktiv. Sie sehen nicht nur gut aus, sondern haben auch noch spannende Vorteile: Sie verfügen über exzellente Nachhaltigkeitswerte, welche in einer kürzlich veröffentlichten EPD bestätigt wurden.

Wie funktioniert das?

TB Am Ende des Tages geht alles über Produkt-Design: Die Platten haben eine wesentlich geringere Rohdichte und ein anderes Herstellungsverfahren. Bei uns werden Texturen direkt im Prozess eingefügt – ein bisschen wie im Siebdruckverfahren. Andere Hersteller fräsen sie nachträglich ein, mit entsprechendem (Energie-)Aufwand. Weil wir so deutlich weniger Rohstoffe und weniger Energie im Herstellungsprozess benötigen, können wir auch Kostenvorteile entsprechend an den Markt weitergeben.

Es gibt weitere interessante Innovationen Ihrer Firma, welche sind das?

TB Ein weiteres spannendes Produkt ist unser Hardie® VL Plank: Faserzementplatten in Holzoptik. Auch hier haben wir uns damit beschäftigt, wie wir mit geringeren Rohdichten arbeiten können, dadurch Kosten aus dem System nehmen und gleichzeitig unsere Nachhaltigkeitsperformance verbessern. Zusätzlich haben wir extrem daran gearbeitet, Prozesse zu vereinfachen: Handwerker können sie ganz einfach direkt auf der Unterkonstruktion anbringen. Sie sind dadurch mindestens 20 % schneller installiert. Dann gibt es noch unsere fermacell® Therm25™ Trockenestrichelemente mit integrierten Rohrführungen für Fußbodenheizungen und -kühlungen im Innenbereich. Sie sind viel leichter als herkömmliche Nassestriche – was vor allem im Bestand ein Thema ist – schnell installiert und bereits nach 24 Stunden belegreif. Wir glauben, dass sie den Bodenbau in Europa revolutionieren werden. Hier wird größtenteils immer noch mit Nassestrichen mit einer sehr schlechten CO_2-Performance gearbeitet.

Das Buggi 52 in Freiburg wurde mit einer Aussteifung in Holz ohne Betonkern errichtet.

Stichwort Nachhaltigkeit – hier sind Sie ja sehr gut aufgestellt ...

DS Ja, das stimmt. Wir haben für jede unserer Vertriebsregionen eigene ESG*-Verantwortliche und machen uns sehr viele Gedanken über Global Warming, unsere Ökobilanz und die unserer Produkte. Hier stecken wir viel Arbeit hinein, es gibt etwa für jedes Produkt EPDs, also eine Environmental Product Declaration. Unsere Fasergipsplatten sind sogar klimapositiv in der Betrachtung von der Rohstoffgewinnung bis zum Verlassen des Werks, weil die Holzfasern darin CO_2 speichern; aber auch unsere Faserzementplatten müssen sich nicht verstecken.

Wie sieht das Bauen von morgen Ihrer Ansicht nach aus?

CC Zirkularität – also eine Kreislaufwirtschaft ohne Abfälle – wird sich in allen Branchen durchsetzen, auch in der Bauindustrie. Gebäude werden als Ressourcen dienen, um daraus wieder neu zu bauen und die bestehenden Gebäude zu optimieren. Sie sind schon so geplant, dass sie nachhaltig sind, aber auch wieder dekonstruiert werden können und mit wenig Energieaufwand sowie wenig CO_2-Belastung neu zusammengesetzt werden können. Das ist ein Ansatz, dem wir uns auch verschrieben haben: Wir versuchen, die Produkte schon möglichst nachhaltig zu designen, sodass man sie später wieder demontieren und wiederverwerten kann. Wie jetzt schon unsere Gipsfaserplatten für den Trockenbau für Wand und Boden: Diese sind zu 100 % recycelbar. Abfälle, die zum Beispiel auf der Baustelle anfallen, aber auch die Platten selbst können nach dem „end of life" wieder vollständig in unsere Werke zurückgeführt und recycelt werden.

DS Gebäude werden mit erneuerbaren Energien ausgestattet und energiepositiv gebaut. In meinen Augen wird auch das Thema Brandschutz – das bei unseren Fassadenplatten absolut gegeben ist – immer wichtiger. Eine Fassade, die ein Haus davor schützt, dass ein Brand im Umfeld nicht auf das Haus überschlagen kann, ist zwar heute nicht das Erste, woran wir in Deutschland denken, aber in den USA und Australien spielt das eine wichtige Rolle. Das wird in den nächsten Jahren in Europa auch ein Thema werden.

»Durch die James Hardie® Faserzementformulierung und -struktur bleiben unsere Fassadenplatten, Fassadenpaneele und Fassadentafeln schön, stabil und witterungsbeständig – wie am Tag ihrer Montage.«

CC Ich sehe außerdem noch einen sehr starken Trend hin zu Mehrfamilienhäusern in urbaneren Gegenden und rückläufige Einfamilienhauszahlen. Urbanisierung wird als Haupt-Megatrend bleiben, auch durch Migration aus dem Ausland. Ein großes Thema wird auch die Sanierung von Bestandsgebäuden sein und sie sparsamer zu gestalten, anstatt sie abzureißen.

TB Vom Bauprozess her, egal ob Neubau oder energetische Sanierung, werden wir immer weniger „skilled labour" haben, also gelernte Arbeitskräfte. Deswegen glauben wir an das Thema Vorfertigung. Wir werden immer mehr an serielles Bauen denken müssen und noch deutlich stärker an Vorfertigung, weil wir das aus wirtschaftlichen Gründen und schlichtweg aus Gründen der Verfügbarkeit von Fachkräften gar nicht mehr anders stemmen können.

Fermacell® Gipsfaserplatten unterstützen beim Brandschutz.

Wie sehen Ihre weiteren Innovationspläne aus?

DS Wir planen bis 2030, den Einfluss von Zement in unseren Produkten zu verbessern. Unsere Rohstoffe kommen schon jetzt meist aus Gegenden unmittelbar um unsere Werke. Wir prüfen alternative Binder und den Einsatz der richtigen Arten von Zement, um Qualität zu liefern und gleichzeitig den Einfluss auf die Umwelt deutlich zu verringern.

CC Innovationen sind schon immer Teil unserer Firmen-DNA gewesen – vor 60 Jahren ging es los mit der Gipsfaserplatte für den Holzbau – hier haben wir von Anfang an nachhaltig gedacht und auf Altpapier und Gips-Produkte aus der Rauchgasentschwefelung gesetzt. Zudem versuchen wir, bei Neuentwicklungen immer in Systemen zu denken, die über das Kernprodukt hinausgehen. Für den Boden haben wir nicht nur die Estrichplatte, sondern alles, was dazugehört – wie Klebstoffe, Profile und alles, was der Handwerker braucht, um das System auszuführen. Außerdem beraten wir zu jedem Produkt gerne und intensiv: Wie man es verarbeiten kann, welche Werte man in der Akustik erreichen kann, wie viel Dämmung man einbringen muss. Da sind wir weniger Verkäufer, sondern viel mehr Berater der Holzbauer. Weil wir dadurch immer sehr eng an der Industrie und den Handwerkern sind, entstehen innovative Ideen – wie man an der Neuentwicklung Therm25 sieht.

Christian Claus
President Europe und Geschäftsführer
James Hardie Europe GmbH

Tobias Bennerscheidt
Produktmanagement, Marketing und Kommunikation
James Hardie Europe GmbH

Daniel Stegmann
Head of ESG
James Hardie Europe GmbH

* ESG **Environmental Social Governance**: nachhaltige soziale Unternehmensführung

STO – EIN ALLROUNDER FÜR AUSSEN UND INNEN

Die Sto SE & Co. KGaA ist ein international führender Hersteller von Produkten und Systemen zur Beschichtung von Gebäuden. Im Portfolio sind unter anderem Farben, Putze und Systeme zur Fassadendämmung. Mit Sto Industrie besteht eine eigene Geschäftseinheit, die sich um die speziellen Anforderungen des Modul- und Fertigbaus kümmert: Sie vereint die Leistungsstärke und das Produkt-Know-how von Sto mit dem speziellen Wissen um die industrielle Vorfertigung und ist Lösungspartner der Fertigbau- und Baustoffindustrie.

Empfangs- und Bürogebäude der Sto SE & Co. KGaA in Stühlingen

Blick in die Historie Die im südbadischen Stühlingen beheimatete Sto geht zurück auf ein 1835 gegründetes Kalkwerk, das rund 100 Jahre später von Wilhelm Stotmeister übernommen wurde. Nach dem Zweiten Weltkrieg begann der rapide Aufstieg zu einem weltweit operierenden Unternehmen. 1955 brachte die damalige Stotmeister GmbH als erstes Unternehmen organisch gebundene Putze auf den Markt. Heute ist die Sto-Gruppe mit ihren Schwerpunktmärkten Europa, Asien und Amerika weltweit aufgestellt und befindet sich international auf Wachstumskurs. Ende 2023 war der Technologieführer in 37 Ländern mit 50 eigenen operativen Tochterunternehmen und deren Betriebsstätten vertreten. Sto ist bis heute ein Familienunternehmen, dessen Geschicke noch immer von Mitgliedern der Inhaberfamilie Stotmeister gelenkt werden.

»Die unterschiedlichen Fassadensysteme von Sto eröffnen eine große Bandbreite möglicher Oberflächen.«

Die Firma Sto bietet kundenindividuelle Lösungen für den Modul- und Fertigbau. Als Lösungspartner unterstützt Sto die Kunden im Modul- und Fertigbaubereich dabei, die Produkte und Prozesse schneller, einfacher und effizienter zu gestalten. Dafür bietet Sto umfassende, ressourcenschonende und ganz individuelle Lösungen und Services, die auch die Verarbeitung und Applikation miteinschließen.

Produkte für die Fassade

Im Fertig- und Modulbau werden Fassaden in der Regel als Teil eines Wärmedämm-Verbundsystems (WDVS) oder eines vorgehängten hinterlüfteten Fassadensystems (VHF) ausgebildet. Beide Konstruktionsvarianten bieten vielfältige Gestaltungsmöglichkeiten. Basierend auf den drei Dämmstoffarten Holzfasern, Polystyrol und Steinwolle hat Sto ein modulares Baukasten-System entwickelt, dessen Qualität und Langlebigkeit durch Zulassungen und Prüfberichte bestätigt werden. Neben zuverlässiger Technik bietet es gestalterische Freiheit mit Putzen, Farben, Naturstein, Klinker, Glas, Paneelen in Holzoptik, Flachverblendern, massiven Verolith-Architekturelementen und hocheffizienten Photovoltaik-Elementen. Sto hat auch eine breite Palette an erprobten Details für Abdichtungen und Gebäudeöffnungen im Angebot.

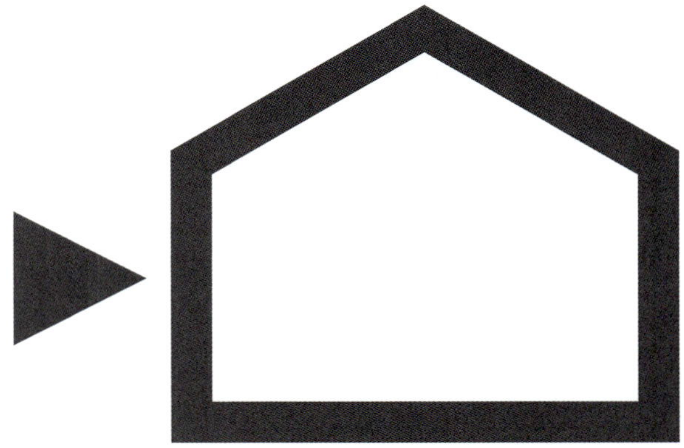

Produkte für den Innenraum

Bei der Gestaltung von Innenräumen spielen unterschiedliche Faktoren eine Rolle – individueller Geschmack und Stil, das persönliche Wohlbefinden oder gesundheitliche Aspekte. Für die Gestaltung von Innenräumen von Fertig- und Modulbauten bietet Sto verschiedene wohngesunde Systeme. Von Spachtelmassen und Grundierungen über verschiedenste Putze und Innenbeläge bis hin zu unzähligen Farben sowie Effekt- und Strukturbeschichtungen. Auch Produkte, die aktiv das Raumklima verbessern, sind im Angebot: Das mineralische Innenputzsystem StoCalce Functio reguliert die Luftfeuchte ganz natürlich und sorgt für ein behagliches Raumklima, indem es Luftfeuchtigkeit zwischenspeichert und beim Lüften schnell wieder abgibt.

Im Fertig- und Modulbau gibt es vielfältige und nachhaltige Möglichkeiten zur Gestaltung der Oberflächen der Fassade und Innenraumwände.

SCHWÖRERHAUS/ KUNDENHAUS LOSERT

Haus plus FlyingSpace – Platz für die ganze Familie

Um den drei Kindern angemessenen Raum zu verschaffen, Gartenfläche zu gewinnen und somit die Lebensqualität zu steigern, hat Familie Losert an ihr Haus ein FlyingSpace von SchwörerHaus angebaut. Dort wohnen nun die Eltern, die Kinder teilen sich das Dachgeschoss des Haupthauses. Die Filder im Großraum Stuttgart ist eine Region, in der es eigentlich keine Bauplätze mehr zu kaufen gibt. Wer hier ein Eigenheim errichten will, muss nachverdichten oder ein bestehendes Haus abreißen und neu bauen. Deshalb wohnten Katja und Andreas Losert zu Anfang in einer Dachgeschoss-Wohnung im Haus der Großeltern. Als sie mehr Platz für ihre eigene Familie brauchten, boten diese ihren Garten als Baugrund an, wo die junge Familie 2004 ein Schwörer-Haus errichtete. Schon damals war die Familie überzeugt vom Fertighausbau. Denn bei einer beengten Baustelle im Bestand, wie es bei Familie Losert der Fall war, ist die Geschwindigkeit des Bauablaufs maßgeblich: keine langen Straßensperren und Beeinträchtigungen der Nachbarn und der eigenen Familie. Handwerklich unerfahren, wollte man zudem einen festen Ansprechpartner, der sich um die gesamte Koordination der Baustelle kümmert. Auch die Kompetenz der Innengestaltung bei SchwörerHaus wurde gerne in Anspruch genommen. Dazu kam die Festpreisgarantie.

Als das Haus der Großeltern nebenan frei wurde, ließen es Katja und Andreas Losert abreißen und hatten plötzlich ganz neue Möglichkeiten. Was lag da näher, als wieder auf den kompetenten Hausbaupartner zuzugehen, mit dem man schon einmal gute Erfahrungen gemacht hatte. Schwörer-Bauberater Bernd Diers machte den Vorschlag, ein FlyingSpace als Elterntrakt anzubauen, damit das Elternschlafzimmer im Dachgeschoss als drittes Kinderzimmer umgenutzt werden kann. Alle Bauteile des Moduls sind als Holztafelelemente gefertigt und mit einer mineralischen Dämmung ausgefacht. Als Wärmedämm-Verbundsystem kommt StoTherm Classic®, ein System mit Polystyrol und weißer Putzfassade, zum Einsatz. Das organische Wärmedämm-Verbundsystem StoTherm Classic® überzeugt mit hoher Risssicherheit und einer sehr hohen Stoß- und Schlagfestigkeit. Zu den weiteren Stärken gehören beste Dämmeigenschaften sowie zementfreie, verarbeitungsfertige Systemkomponenten. Weiterhin punktet das System mit einer fast grenzenlosen Möglichkeit bei der Oberflächengestaltung. Das Wohnmodul wird fix und fertig inklusive Sanitärausstattung per Tieflader an Ort und Stelle gebracht, mit einem Kran aufgestellt und von einem eingespielten Schwörer-

Oben Blick in den Anbau: Viel Stauraum und freundliche, helle Räume
Unten Ein Schwimmbad bereichert den Garten vor dem Anbau.

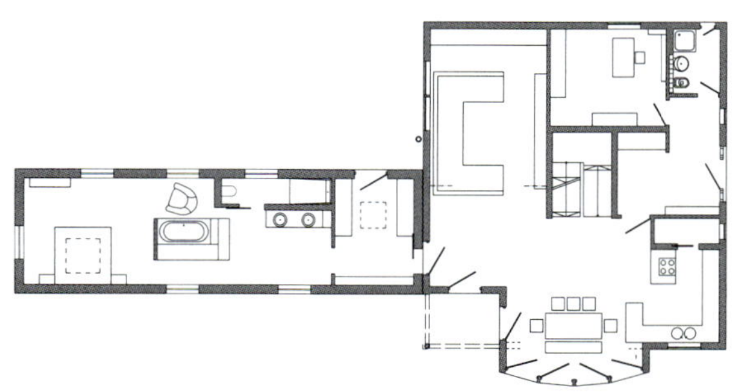

Grundriss Erdgeschoss

Montageteam erstellt. Große Eingriffe in die Umgebung sind dabei nicht notwendig. Ein Punktfundament genügt. Sobald das FlyingSpace an seinem Platz steht, wird es nur noch an Wasser, Elektrizität, Kommunikation und im Fall der Familie Losert an die Gasheizung des Haupthauses angeschlossen. Eine kontrollierte Lüftung mit Wärmerückgewinnung schafft gesunde Luft.

Die Einrichtung übernahm Christina Grohmann, Leiterin der Interior-Abteilung bei SchwörerHaus, in enger Abstimmung mit den langjährigen Schwörer-Kunden. Sie schuf ein Reich für die Eltern – separat und doch ganz nah bei der Familie. Ankleide, Wellness-Oase mit freistehender Wanne und Schlafbereich gehen offen ineinander über. Auch hier verleihen die Einbaumöbel und Einrichtungsideen eine individuelle Note. Die konservierungsmittelfreie, schadstoffgeprüfte, hochdeckende, stumpfmatte Innendispersionsfarbe StoColor Rapid Neo punktet durch ihre hochdeckende Eigenschaft nicht nur bei den SchwörerHaus-Mitarbeitern, sondern auch bei Familie Losert, die sich besonders über das gute Raumklima freut.

Am Übergang zum FlyingSpace wurde einfach eine Terrassentür, die an dieser Stelle platziert war, geöffnet und damit der Anschluss an das Haupthaus hergestellt. Aber was vielleicht das Beste ist: Wo vorher – mit zwei Häusern auf dem Grundstück kaum Freifläche übrig war, kann Familie Losert jetzt endlich ihren Garten genießen: Grilltisch, große Terrasse mit Lounge-Möbeln und Markisen, einen Pool mit Liegebereich unter Sonnenschirmen und Außendusche, drum herum Rasenfläche und neu gepflanzte Bäume – eine tolle Gesamtanlage, die dem Familienleben zugutekommt.

Oben Familie Losert hat sich für einen FlyingSpace von SchwörerHaus entschieden.

BEWUSSTES BAUEN IST UNSERE MISSION

Im Gespräch mit Marcus Weber, Leiter Technik & Marketing Sto Industrie

Wie wird sich das Bauen in den nächsten Jahren entwickeln?

MW Die Bauwirtschaft, insbesondere der Wohnungsbau, steht aktuell vor der Herausforderung, Antworten auf das komplexe Zusammenspiel aus hohen Baupreisen, einem Mangel an verfügbarem Bauland, sich ständig ändernden Bauvorschriften (die oft noch verschärft werden) sowie dem allgegenwärtigen Fachkräftemangel und der damit drohenden Kapazitätsreduzierung zu finden. Gemeinsam werden alle am Bau Beteiligten darauf Antworten finden. Und bereits heute zeigen sich einige Entwicklungen, welche die Zukunft des Bauens maßgeblich prägen werden:

1. CO_2-Dokumentation (EU-Taxonomie): Der Bausektor ist für fast 40 % der globalen CO_2-Emissionen verantwortlich. Daher wird die Dokumentation und Reduzierung von Treibhausgasen eine zentrale Rolle spielen. Gezielte Maßnahmen können erhebliche CO_2-Einsparungen ermöglichen. Angesichts der wachsenden Bedeutung des Klimawandels rückt nachhaltiges Bauen immer mehr in den Fokus. Dabei denke ich an Stichwörter wie „gesunde Häuser" und „Wohlfühlklima". Dies beinhaltet unter anderem die Verwendung umweltfreundlicher Materialien und energieeffizienter Technologien.
2. Integrierte Projektentwicklung: Durch eine ganzheitliche Betrachtung von Bauprojekten können Effizienz und Nachhaltigkeit verbessert werden. Dies umfasst Aspekte wie Planung, Bauausführung und Betrieb.
3. Lean Construction Management: Lean-Prinzipien aus der Industrie werden auch im Bauwesen immer wichtiger. Ziel ist es, Verschwendung zu minimieren und Prozesse effizienter zu gestalten.
4. Serielles Bauen: Diese Ansätze werden zunehmen, da sie eine effiziente und kostengünstige Möglichkeit bieten, Wohnraum zu schaffen. Dies ermöglicht eine schnellere Fertigstellung von Projekten. Darüber hinaus wird die serielle Sanierung mit vorgefertigten Wandelementen immer relevanter, da es uns so gelingen wird, bestehenden Wohnraum effizient zu sanieren.
5. Automatisierte Baustellen: Robotik und Automatisierung werden auf Baustellen zunehmend eingesetzt, um Arbeitsabläufe zu optimieren und die Sicherheit zu erhöhen.

Fassadenverkleidung aus Muschelkalkkernstein Sto-Fossil SKL

6. Künstliche Intelligenz (KI): KI kann bei der Planung, Überwachung und Optimierung von Bauprojekten unterstützen. Beispielsweise durch Vorhersagen von Materialbedarf oder Risikoanalysen.
7. BIM in der Ausführung: Building Information Modeling (BIM) wird nicht nur für die Planung, sondern auch für die Ausführung von Bauprojekten genutzt. Dies ermöglicht eine bessere Koordination und Kommunikation zwischen den Beteiligten.

Insgesamt wird das Bauen in den nächsten Jahren grüner, digitaler und vernetzter sein.

Wie sieht die Fassade der Zukunft aus?

MW Die Fassade der Zukunft wird von mehreren Faktoren beeinflusst, darunter Architektur, Technologie und Nachhaltigkeit. Einige Trends und Ideen für zukünftige Gebäudefassaden haben wir als Sto bereits umgesetzt oder arbeiten daran. Hier einige Einblicke:

1. Intelligente Fassaden: Intelligente Fassaden passen sich automatisch an die Umgebung an. Sie können sich je nach Tageszeit, Wetter und Energiebedarf verändern. Zum Beispiel könnten sich die Fassadenfarben ändern, um mehr Licht zu absorbieren. Oder bewegliche Fassadenelemente können sich je nach Bedarf verschieben. Dies kann die Energieeffizienz verbessern und gleichzeitig ein interessantes Design bieten.
2. Photovoltaik-Integration: Die Integration von Photovoltaik-Elementen in die Fassade ermöglicht die Stromerzeugung direkt am Gebäude. Transparente Solarzellen könnten in Glasfassaden eingebettet werden.
3. Begrünte Fassaden: Vertikale Gärten und begrünte Fassaden sind nicht nur ästhetisch ansprechend, sondern auch umweltfreundlich. Pflanzen absorbieren CO_2 und verbessern die Luftqualität.
4. Adaptive Materialien: Zukünftige Fassadenmaterialien werden sich anpassen können. Zum Beispiel könnten sie ihre Porosität ändern, um die Wärmedämmung zu verbessern oder Luftzirkulation zu ermöglichen.
5. Recycling und Upcycling: Das Thema Kreislaufwirtschaft wird immer wichtiger. Zukünftige Fassaden werden recycelte oder wiederverwendete Materialien nutzen. Es geht nicht nur um den Bau von Gebäuden, sondern auch um deren Rückbau. Dies führt zu einem verstärkten Fokus auf Fassadenlösungen, die am Ende der Nutzungsdauer leicht demontiert und recycelt werden können.
6. Nanotechnologie: Nanobeschichtungen können die Fassade selbstreinigend machen, UV-Strahlen absorbieren oder Schmutz abweisen.
7. 3D-Fassaden: 3D ermöglicht komplexe Formen und individuelle Gestaltung. Zukünftige Gebäude könnten einzigartige, maßgeschneiderte Fassaden haben.

Welche innovativen Produkte haben Sie jetzt schon im Portfolio?

MW Über 160 Experten forschen, entwickeln und sorgen für fortschrittliche und nachhaltige Lösungen getreu unserer Mission: bewusst bauen. Bisher hat Sto mehr als 200 Patente angemeldet und zahlreiche Innovationspreise gewonnen. Beispiele sind bionische Produkte wie die Fassadenfarbe Lotusan®, die den Lotuseffekt nachahmt, und StoColor Dryonic®, inspiriert vom Nebeltrinker-Käfer. Photokatalytische Produkte wie StoColor Photosan reduzieren Umweltbelastungen und Feinstaub. Unser nachhaltigstes Dämmsystem, StoTherm AimS®, verwendet nachwachsende Rohstoffe, was CO_2-Emissionen verringert. StoCalce Functio verbessert das Raumklima durch Feuchtigkeitsspeicherung. Für den Fertigbau bieten wir eine eigene innovative Produktlinie, die StoPrefa-Produkte an, darunter befinden sich beispielsweise schnell trocknende Klebstoffe.

Was macht Ihre Produkte so besonders?

MW Unsere Produkte sind mit und für Fachleute entwickelt, und wir bieten nicht nur ein großes Produkt-Portfolio, sondern einen starken Rundum-Service und ganzheitliche Lösungen. Wir von Sto Industrie verstehen uns als Lösungspartner für die effiziente Vorfertigung. Das bedeutet, wir unterstützen speziell die Kunden in der Fertigbau- und Baustoffindustrie, die ihre Produkte und Prozesse effizienter gestalten wollen – mit einem starken Team sowie den passenden Produkten, Technologien und Services.

»Die Fassade der Zukunft wird von mehreren Faktoren beeinflusst, darunter Architektur, Technologie und Nachhaltigkeit. Einige Trends und Ideen für zukünftige Gebäudefassaden haben wir als Sto bereits umgesetzt oder arbeiten daran.«

Stichwort Nachhaltigkeit & Ressourcenschonung: Welche Ansätze gibt es bei Ihnen? Was ist Ihnen besonders wichtig?

MW Nachhaltigkeit ist uns auf Produkt- und Unternehmensebene ein großes Anliegen. Ein Beispiel: Sto Fassadendämmsysteme haben seit ihrem Start 1965 bis 2020 ca. 370 Mio. Tonnen CO_2 eingespart. Unsere Produkte und Systeme ermöglichen es, ökologisch zu bauen und energetisch zu sanieren. Dafür sorgt unsere Forschung und Entwicklung. Als Unternehmen optimieren wir unsere Energieeffizienz: Wir erzeugen regenerative Energie an unseren Standorten und nutzen Ökostrom. Bis 2040 wollen wir komplett klimaneutral sein.

Marcus Weber
Leiter Technik & Marketing
Sto Industrie

BAUEN FÜR DIE ZUKUNFT

Interview mit Prof. Werner Sobek

Was ist der Vorteil von seriellem bzw. modularem Bauen?

WS Insbesondere die Modulbauweisen sind weitestgehend unabhängig von der Witterung auf der Baustelle. Es sind weniger Schutzmaßnahmen gegen Wind, Schnee und Regen als bei herkömmlichen Baustellen nötig, und die schnelleren Montageprozesse bedingen weniger witterungsbedingte Schäden während der Bauzeit.

Die hohe Präzision in der industriellen Fertigung vereinfacht die Technologie von Verbindungen und Abdichtungen von Bauteilen, womit statische, luft- und wasserdichte sowie wärmeisolierende Anforderungen einfacher erfüllt werden können. Das wiederum erleichtert recyclinggerechtes Bauen. Der hohe Vorfertigungsgrad ermöglicht zudem eine Verschnittoptimierung. Es entstehen also weniger Produktions- und Baustellenabfälle. Die Elementbauweisen haben nicht so viel Vorteile wie die Modulbauweise, da bei ihnen umfassendere Maßnahmen auf der Baustelle nötig sind. Wie die Modulbauweisen profitieren sie aber von der industriellen Vorfertigung, den niedrigen Toleranzen, der Recyclingfähigkeit und der Verschnittoptimierung.

Wie sieht in Ihren Augen die Zukunft des Einfamilienhauses und Fertighausbaus aus?

WS Nun, ich habe mir durch meine Aussagen schon einige Kritik eingehandelt, aber ich bleibe dabei: Wir müssen den Einfamilienhausbau neu denken. Und zwar aus zwei ganz einfachen Gründen technischer und ökologischer Natur. Erstens: Wenn man zwei Häuser mit einem lichten Abstand zueinander von beispielsweise acht Metern errichtet, dann wird die Straße, an der die Häuser stehen, acht Meter länger. Dies bedeutet eine deutliche Vergrößerung des durch die Verkehrsfläche versiegelten Bodens. Zweitens: Die Vergrößerung der Verkehrsfläche führt zu einer deutlichen Erhöhung des Materialeinsatzes für Straßenunterbau, Deckschichtungen und die Summe aller Leitungen unter der Straße. Und sie bedeutet mehr bauliche Vorgänge vor Ort, z. B. Verschieben von Erdmassen etc.

Grüne Fassaden können einen wichtigen Beitrag zur Verbesserung des Mikroklimas leisten.

Also ist das ein Plädoyer für das Reihenhaus?

WS Es ist kein Plädoyer für das Reihenhaus in dieser furchtbar langweiligen und trivialen Art, die wir alle allzu gut kennen. Ich plädiere vielmehr für das Individuelle im Verdichteten. Wenn man in südlichen Ländern in einem alten Dörfchen drei Häuser nebeneinander betrachtet, so stellt man fest, dass jedes eine andere Farbe, andere First- wie Traufhöhen und andere Fensterformate hat. Trotzdem wirken diese Ensembles, die den deutschen Vorstellungen von Stadtgestaltung so gar nicht entsprechen, als homogenes Ganzes. Also: Individualisierung innerhalb eines homogenen Ganzen ist wichtig. Insbesondere, wenn wir von Vorfertigung und seriellem Bauen sprechen.

Ich habe den Begriff „Fertighaus 1.0" geprägt, um das Gleichteileprinzip zu kennzeichnen. Man sieht diesen Häusern an, welches Modell von welchem Hersteller ist. Bis auf Kleinigkeiten sind alle Modelle identisch. Standardisierung statt Individualisierung.

Mit den neuen Planungs- und Fertigungsmethoden brauchen wir aber kein Gleichteileprinzip mehr, sondern ein Gleichfügungsprinzip. Ich nenne dies „Fertighaus 2.0". Es kommt heute nicht mehr darauf an, dass ein Balken zwischen zwei Stützen aus Gründen von Vorfertigung und Lagerhaltung immer gleich lang ist. Es kommt vielmehr darauf an, wie der Balken an den Stützen befestigt wird. Es kommt nicht darauf an, dass die Fassade immer dieselbe ist. Es kommt vielmehr darauf an, dass die Fassade immer auf die gleiche Art und Weise am Chassis befestigt ist. Mit diesen Ansätzen ermöglichen wir die Individualisierung, die wir suchen.

Welches sind die Baustoffe der Zukunft?

WS Wir sollten nicht auf die so häufig angekündigten, aber nie eingetroffenen „New Materials" hoffen, die alle unsere Probleme zu lösen versprechen. Ich denke vielmehr, dass sich die Baustoffe der Zukunft nicht sehr von denen der Vergangenheit unterscheiden werden. Voraussichtlich wird es eine um Lehm, Naturstein und Gräser im weitestgehenden Sinn angereicherte

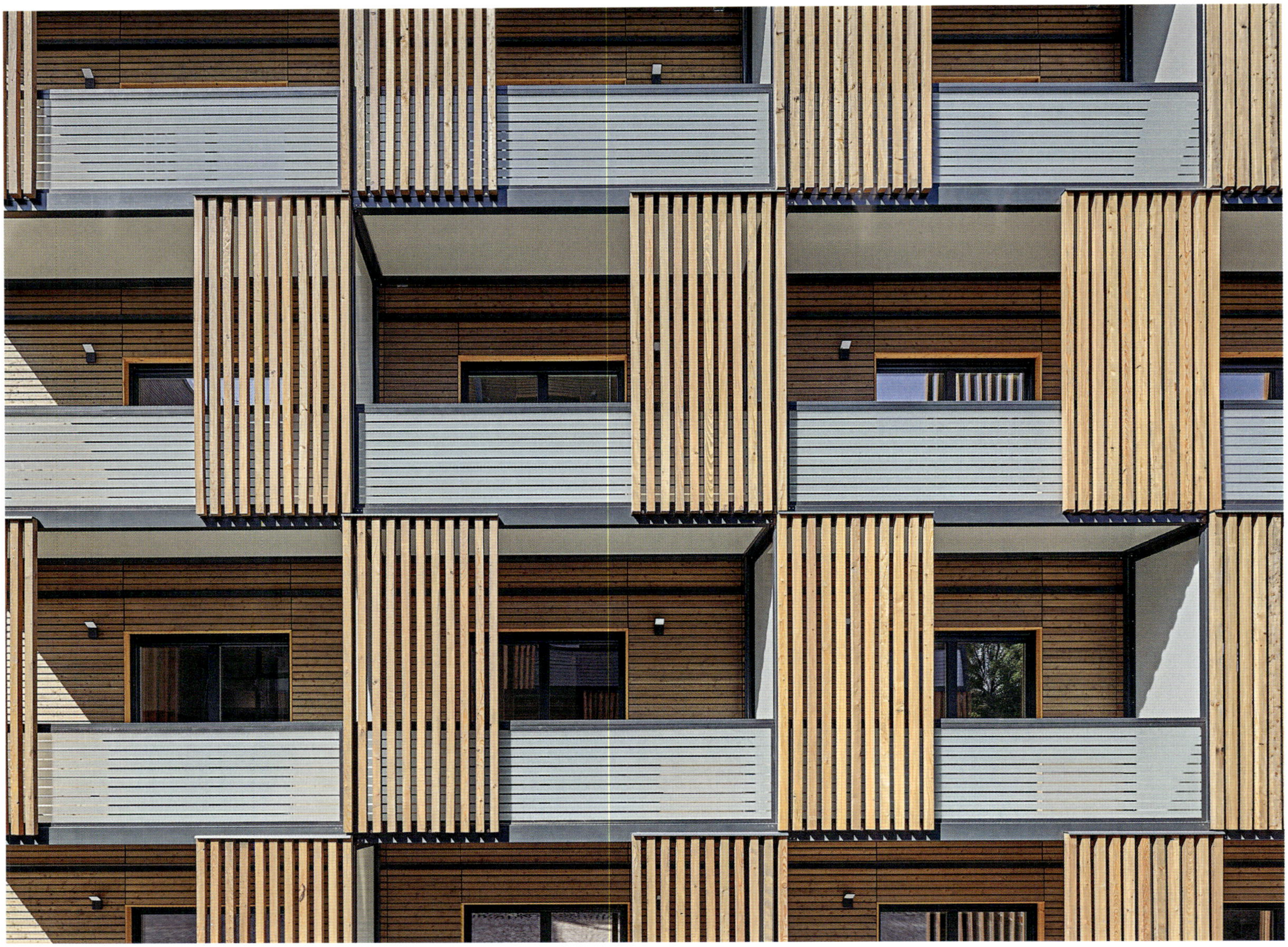

Die verwendeten Materialien können bei diesem Projekt in Stuttgart zu 98 % recycelt werden.

Palette von Baumaterialien geben. Hinzu kommen möglicherweise die myzelbasierten Baustoffe und natürlich die Sekundärbaustoffe, also die aus Rezyklaten gewonnenen Baumaterialien. Diese Sekundärbaustoffe haben oft eine andere Oberflächen- und Farbqualität als die uns bisher vertrauten Materialien. Mit ihnen kann man auch gestalterisch Neuland betreten.

Die um die Jahrtausendwende in vielen Publikationen angekündigten „New Materials" (im Wesentlichen waren dies Hochleistungswerkstoffe wie Kevlar und Carbon) haben sich im Bauschaffen auch nicht ansatzweise durchgesetzt.

Warum? Weil sie zu teuer waren?

WS Weil die genannten Materialien hochspezialisierte Werkstoffe sind, die typischerweise keine Multifunktionalität mit sich bringen. Bauteile in unseren Bauwerken müssen aber multifunktional sein. Man kann mit einer Kohlefaser extrem effizient Kräfte von A nach B übertragen. Wenn es aber darum geht, ein wandartiges, luft- und wasserdichtes Bauteil aus diesen Fasern herzustellen, dann stellt sich sofort die Frage nach der Matrix, in die man die Fasern einbindet. Und wenn diese Matrix auch noch feuerbeständig sein soll, dann wird es schon sehr schwierig. Bei einem Formel-1-Rennwagen muss Feuerbeständigkeit nur für Minuten hergestellt werden. Bei Gebäuden brauchen wir Materialien, deren Funktionalität über 60 Minuten und mehr gewährleistet werden muss. Man könnte auch andere Aspekte wie Beständigkeit gegen aggressive Feuchte, gegen Insektenbefall, gegen Pilzbefall, UV-Beständigkeit und vieles mehr ansprechen. Es ist leider so, dass die genannten Hochleistungswerkstoffe aus Gründen ihrer eingeschränkten Multifunktionalität als Baustoffe weitestgehend irrelevant geblieben sind. Auch wenn ich gerne mit ihnen arbeite.

Es ist doch aber so: Man kann mit Naturstein, Lehm und Holz genauso wie mit den von mir bereits angesprochenen neuen

Recyclinggerechtes Bauen ist die Devise für die Zukunft.

Prof. Werner Sobek
Werner Sobek AG, Gründer und Vorsitzender des Aufsichtsrats

Werner Sobek steht weltweit für die Verbindung von Nachhaltigkeit, Engineering und Design. Neben seiner Professur für Leichtbau in Stuttgart lehrte Werner Sobek an den Universitäten in Harvard, Chicago, Graz und Singapore. Bereits 1992 hielt er Vorlesungen über recyclinggerechte Architektur, vielleicht als Erster weltweit. Nachhaltiges Bauen liegt ihm am Herzen. Angesichts des Klimawandels fordert er ein radikales Umdenken, bevor es zu spät ist. Sein international tätiges Büro beschäftigt mehr als 450 Mitarbeiter:innen. Die Zeitschrift Cicero zählt Werner Sobek zu den 300 einflussreichsten Intellektuellen im deutschen Sprachraum.

Generationen von Rezyklaten mannigfaltig und schön bauen. Wir müssen es nur tun!
Ein Weiteres: Wir müssen die Baustoffe zukünftig nach zusätzlichen Kriterien bewerten. Dies sind Verfügbarkeit, Emissionen bei Herstellung und Transport sowie Recyclingfähigkeit. Ein Beispiel: Lehm ist ein toller Baustoff. Es macht aber keinen Sinn, ein Lehmhaus zu bauen, wenn der Lehm dafür aus großen Entfernungen herangefahren werden muss. Die transportbedingten Emissionen werden dann so hoch, dass man das Gebäude ebenso gut aus Beton errichten kann.

Was bedeutet recyclinggerechtes Bauen eigentlich?

WS Recyclinggerechtes Bauen bedeutet, dass wir die verbauten Materialien auf einfache Art und Weise wieder voneinander trennen, in ihrer Materialität identifizieren und sie in natürliche oder technische Kreisläufe zurückführen können. In unserem Büro entwickeln wir seit dessen Gründung, also seit 1992, die Technologien des recyclinggerechten Bauens. Bereits die Planung muss die Forderung nach Recyclingfähigkeit berücksichtigen, die Bauausführung so oder so. Informationen zu den Baustoffen und Bauteilen, ihren Herstellern, ihrer Fügetechnik und vieles mehr müssen sauber in einer Datenbank hinterlegt werden. Die entsprechende Software haben wir entwickelt und entwickeln sie weiter.

Gibt es auch schönes Design mit Recyclingmaterial?

WS Aber ja. Unsere Aufgabe als Architekten und Ingenieure ist das Schaffen menschlicher Heimat. Menschliche Heimat hat eine ideelle und eine materielle Komponente. Wenn wir unsere Häuser so planen, dass die Menschen sie lieben, dann haben wir gute Arbeit geleistet. Dies kann mit Recyclingmaterialien ebenso gut wie mit neuen Baumaterialien erreicht werden. Und wenn die Menschen ihre Häuser lieben, pflegen sie sie auch viel besser. Das ist das Nachhaltigste, was wir tun können.

02

WÄNDE, BÖDEN, PARKETT & TREPPEN

DAS „INNENLEBEN" DES ZUKUNFTSHAUSES

Ein Haus ist nur so gut wie die Summe seiner Einzelteile – und das trifft besonders auf sein Inneres zu. Vorteil beim Fertighaus: Der Innenausbau ist bereits weit im Voraus planbar, alle benötigten Ausstattungsgegenstände werden nach Vertragsunterzeichnung in der Bemusterung ausgewählt und bestellt. Durch die Vorfertigung im Werk läuft der Innenausbau sehr effizient und qualitätsgesichert ab. Zudem ist eine große Flexibilität und Individualisierung aller innenraumgestaltenden Komponenten möglich: Materialien und Oberflächen können nach den eigenen Wünschen und Vorstellungen gestaltet werden. Viele Hersteller bieten eine schlüsselfertige Ausführung an, bei der alle Arbeitsschritte aufeinander abgestimmt sind, sodass tatsächlich beim geplanten Übergabetermin alles bis ins letzte Detail fertig ist. Und sogar Eigenleistungen sind einbringbar.

Wände, Böden und Treppen sind die elementarsten Bestandteile eines Neubaus: Sie halten alles zusammen, sind verbindende Elemente und auch für den individuellen Style eines Hauses mit entscheidend. Am wichtigsten sind gut gedämmte Wände und Decken – sie sorgen ganzjährig für eine gute Wohlfühlatmosphäre und vermindern effektiv die Schallbelastung von draußen. Aber auch gegen Lärm, der im Haus entsteht, gibt es bei Fertighausherstellern inzwischen innovative Konzepte, etwa eine Schallschutzdecke unter Zugabe eines schalldämmenden Sekundärwerkstoffs, der in speziellen wabenförmigen Schallschutzkissen verbaut wird. Wer in Wohnräumen eine besonders warme und behagliche Stimmung schaffen möchte, wählt eine Sichtbalkendecke, die transparent oder deckend lasiert werden kann.

Auch bei den Innenbeplankungen gibt es innovative Entwicklungen, etwa Leichtbauplatten aus Gips und Zellulose oder faserverstärkte Gipsplatten. Durch ihre außergewöhnliche Festigkeit lassen sich an diesen selbst hohe Lasten ohne Dübel an der Wand befestigen. Als Dämmung in den Gefachen setzen Hersteller auf innovatives Material, etwa Glaswolle aus recycelten Rohstoffen. Diese bieten neben ausgezeichnetem Wärme- und Schallschutz auch hervorragenden Brandschutz und werden mit Bindemitteln hergestellt, die auf natürlichen Rohstoffen basieren. Zusätzliche Maßnahmen, z. B. die Dämmung von Durchdringungen wie Leitungen und Steckdosen sowie die Dämmung von Rollladenkästen und Lüftungsöffnungen, sorgen zusätzlich für hohe Energieeffizienz, geringe Energiekosten und ein optimales Raumklima zu jeder Jahreszeit.

Vom farbigen Anstrich über fugenlose Putze, moderne Tapeten bis zu dekorativen Paneelen aus Holz, Metall oder Verbundwerkstoffen – bei der Gestaltung der Wandoberflächen sind der individuellen Vielfalt keine Grenzen gesetzt. Spezielle, neu entwickelte Farben und Beschichtungen setzen optische Akzente und sorgen gleichzeitig für ein gutes Raumklima. Wie wäre es mit einer Wand in Steinoptik ohne lästiges Fliesenverlegen? Oder einer edlen, barocken Stofftapete? Insbesondere Tapeten sind wieder en vogue und haben innovative Beschichtungen für eine lange Haltbarkeit und Pflegeleichtigkeit im Gepäck. Eine moderne Bodengestaltung bietet ebenfalls viele Möglichkeiten für eine nachhaltige und stilvolle Optik: Form, Farbe und Holzart geben Wohnräumen Individualität, vom rustikalen Ambiente zum modernen Look, vom jungen Wohnen bis zum eleganten Residieren. Echtholzparkett etwa ist stabil und beständig, wirkt gleichzeitig lebendig und warm. Vor allem, wenn supermoderne Langdielen verlegt werden, erzeugen sie Räume mit Wow-Faktor. Großformatige Feinsteinzeug- oder Betonoptikplatten passen ebenfalls in ein modernes Wohnumfeld, verleihen Räumen eine großzügige Anmutung und vermitteln einen urbanen, loftartigen Charakter. Genauso wichtig wie wertige Bodenbeläge sind auch schön geformte Treppen im Haus: Treppen sind ein zentrales gestalterisches Element und prägen den Charakter und die Atmosphäre eines Hauses maßgeblich. Die Haupttreppe ist oft auch das Erste, was Besucher beim Betreten des Hauses sehen – sie vermittelt einen guten ersten Eindruck und unterstreicht den repräsentativen Charakter.

Links Holz schafft ein angenehmes Wohnklima.
Rechts oben Treppen sind die verbindenden Elemente im Haus.
Rechts unten Holz und Stein im Materialmix

Info

Die Kraft und Schönheit der Natur mit einer natürlichen Inneneinrichtung direkt ins Haus zu holen, liegt voll im Trend. Die beliebtesten Naturmaterialien sind Holz, Stein und Metall, denn sie verschönern jeden Raum, sind nachhaltig und umweltfreundlich und schaffen ein hervorragendes Raumklima.

LANGLEBIGE UND MATTE FLÄCHEN IM TREND

Interview mit Andreas Romanow

Welche Neuerungen gibt es im Bereich Farben im Innenraum?

AR Seit einiger Zeit ist ein Trend zu mehr Reinlichkeit in Innenräumen zu beobachten, was Corona noch erheblich verstärkt hat. „Frischluftfarben" – sogenannte photokatalytische Farben – sind hier das Stichwort: Diese selbstreinigenden Anstriche filtern unter Einwirkung von Licht die Raumluft.

In diesen Bereich gehören auch Innovationen wie die sehr leicht zu reinigenden Oberflächen auf Basis von Polyurethan mit Keramikpartikeln – das kommt eigentlich aus der Raumfahrt, ähnlich den Keramikoberflächen bei Raumschiffen und Raketen. Diese Beschichtungen bilden eine sehr reinigungsbeständige und glatte Oberfläche, die leicht sauber zu halten ist.

Der dritte Bereich sind spezielle bakterizide Beschichtungen mit antibakteriellen Komponenten – diese werden aber eher in medizinischen Bereichen wie Krankenhäusern und dergleichen eingesetzt.

Stichwort langlebig und nachhaltig: Was gibt es hier an Neuerungen?

AR Das sind vor allem die abwaschbaren Farben, die es schon sehr lange am Markt gibt. Diese Latexfarben sind sehr formstabil, langlebig und für stark beanspruchte Flächen zu empfehlen. Neu ist, dass es sie jetzt auch als Mattfarben gibt – eine große optische Verbesserung, denn die früheren Produkte wirkten oft leicht speckig.

Für Fassaden gibt es natürlich die mineralischen Mehrkomponentenfarben. Sie sind relativ teuer und auch aufwendiger in der Verarbeitung, aber sehr langlebig und werden vor allem im Denkmalbereich wie beispielsweise bei Kirchen eingesetzt. Diese Produkte gehen praktisch eine direkte Verbindung mit dem Putz ein und bilden daher keine auf der Oberfläche liegende extra Schicht. Mineralische Anstriche sind generell sehr haltbar, wobei ich Einschränkungen in der Farbigkeit habe, da nicht alle Farbtöne machbar sind: Manche Pigmente vertragen die Alkalität dieser Anstrichmittel nicht.

Ansonsten sind Silikonharzfarben an der Fassade einfach sehr haltbar. Sie sind schlagregendicht, sodass keine Feuchtigkeit in die Wandkonstruktion und in den Putz eindringt, aber sie sind sehr diffusionsoffen. Das bedeutet, dass der Wasserdampf, der sich im Raum bildet, nach außen entweichen kann. Der Laie würde sagen, „die Wand atmet".

Lacke für Türen/Fenster – gibt es hier Neuerungen?

AR Für Fenster und Türen sind es die Lacke und Lasuren auf Wasserbasis, welche jetzt nicht unbedingt neu sind, aber in der Qualität und Verarbeitung inzwischen wirklich zu Spitzenprodukten weiterentwickelt wurden. Sie sind weitgehend lösemittelfrei, dünsten daher keine Schadstoffe aus und sind nicht nur für den Endkunden, sondern auch für uns als Verarbeiter eine enorme Verbesserung. Neu ist auch hier, dass es sie jetzt in Matt gibt. Früher waren sie nur als hoch- oder seidenglänzend erhältlich, was mancher Kunde nicht als schön empfand.

Wie sieht es mit der Farbigkeit aus – gibt es hier Trends?

AR Das ist sehr wechselhaft. Meist im Dezember präsentieren einige Hersteller die Farbe des kommenden Jahres für Innenräume. So waren dies für 2024 zum Beispiel „Limitless" – ein frischer warmer honigbeiger Farbton, „Sweet Embrace" – ein sanfter warmer Auberginen-/Grauton, "Peach Fuzz" – ein pfirsichfarbener Ton oder auch „Apricot Crush" – ein Apricotton. Eine ganze Palette von unterschiedlichen Tönen – ein wirklicher Trend kann hier also nicht festgestellt werden.

Anders bei den Fassaden, wo schon seit einiger Zeit Anthrazit beliebt ist, auch bei Türen und Fenstern oder Gartenzäunen und Garagentoren.

Was sehr gut ankommt und sich sicher auch in Zukunft weiter durchsetzen wird, sind fugenlose Bäder, die von uns Malern hergestellt werden: statt Fliesen gespachtelte und sehr robuste Oberflächen ohne Fugen. Und: Tapeten für Feucht- und Nassräume, hier gibt es inzwischen spezielle Materialien, die Nässe vertragen und sogar innerhalb der Dusche tapeziert werden können – sehr beliebt auch als Fototapete mit dem selbst fotografierten Motiv. Bei einem aktuellen Büroprojekt soll ein Stadtplan an eine Wand tapeziert werden, 5,44 Meter breit und 4,83 Meter hoch, also richtig groß. Da werden die Bahnen direkt auf Maß extra produziert. Das wird bestimmt ein Blickfang!

Gibt es noch weitere Gestaltungsideen?

AR Im Trend liegen metallische Oberflächen mit einer Art Glitzer-Glimmer-Effekt. Nicht sehr stark, nur als leichter Schimmer. Beliebt sind auch Steinimitationen oder, wie bereits erwähnt, richtig matte Oberflächen. Das kommt aus dem Automobilbereich – da gibt es schon diese Mattlacke oder Folierungen für Luxusautos. Das wird jetzt auf den Wohnbereich übertragen.

Schön gestaltete Wände machen den Unterschied in den eigenen vier Wänden.

Andreas Romanow
Maler- und Lackierermeister
Obermeister München
Stadt und Land

Die Romanow GmbH Malerwerkstätte ist ein alteingesessener Handwerksbetrieb im Münchner Südwesten. In zweiter Generation führt das Unternehmen seit mehr als 60 Jahren alle Maler-, Lackier- und Tapezierarbeiten im und am Haus durch. Inhaber ist Malermeister und Obermeister der Maler- und Lackiererinnung München Stadt und Land, Andreas Romanow.

TREPPEN UND (PARKETT-)BÖDEN ALS VERBINDENDE ELEMENTE IM HAUS

Mit Licht, Metall und Holz wird diese gewendete Treppe zum Kunstwerk.

Treppen sind ein wesentlicher Bestandteil jedes mehrgeschossigen Gebäudes und haben eine wichtige gestalterische Funktion. Sie sollten mit der Ästhetik des gesamten Gebäudes harmonieren. Darüber hinaus können sie den Innenräumen Prestige und Modernität verleihen. Es lohnt sich, hochwertige Materialien (Holz, Marmor, Mikrozement) und ein entsprechendes Design zu wählen. Denn: Eine ansprechende Treppengestaltung mit hochwertigen Materialien und einer stimmigen Formensprache wertet das Raumgefühl und den Gesamteindruck eines Hauses deutlich auf. Neben der Optik müssen Treppen aber auch funktionalen Anforderungen genügen. Eine gute Stufengeometrie, ausreichende Breite und ein griffiges Geländer erleichtern das Begehen und erhöhen die Sicherheit, gerade für ältere Menschen. Treppen strukturieren zudem die Raumaufteilung und den Grundriss eines Hauses. Eine offen gestaltete Treppe kann Räume optisch miteinander verbinden. Eine hochwertige Treppenanlage aus langlebigen Materialien wie Holz oder Naturstein trägt außerdem zum Werterhalt der Immobilie bei.

Moderne Treppen bestechen durch die Kombination verschiedener Materialien wie Holz, Stahl, Glas und Beton. Leichtbauweisen mit schlanken Stahlkonstruktionen und Holzstufen schaffen eine luftige, filigrane Optik. Glastreppen mit Edelstahlgeländern vermitteln Transparenz und Leichtigkeit. Reduzierte Formensprache, klare Linien und hochwertige Materialien wie Beton, Stahl oder Naturstein prägen den puristischen Stil moderner Treppen. Beton Ciré ermöglicht fugenlose, monolithische Treppengestaltungen im Industrial-Stil. Ob in strenger Geometrie oder in geschwungenen, organischen Formen, die sich harmonisch in den Raum einfügen – auch freitragende Konstruktionen ohne stützende Wände oder Stützen sind ein Gestaltungstrend. Die Treppe wird so zum skulpturalen Blickfang – wie die Treppen von Treppenbau Schön aus dem rheinland-pfälzischen Rennerod, die ihre handwerkliche Expertise und ihr Portfolio auf den folgenden Seiten vorstellen.

Schöne Böden bilden dazu die passende „Bühne“: Während robuster Fliesenbelag für Feuchträume wie Bäder und Küchen oder stark beanspruchte Flächen wie Eingangsbereiche infrage kommt, können in Wohn- und Aufenthaltsbereichen Laminat- oder Vinylböden in vielen Designs und Holzoptiken eingesetzt werden. Böden aus recycelten Materialien wie PET-Flaschen sowie komplett recycling- und kreislauffähige Produkte gewinnen zunehmend an Bedeutung für ein nachhaltiges Wohnen. Auch Kork ist in dieser Hinsicht interessant: Als nachwachsender Rohstoff hat er gegenüber Holz einen entscheidenden Vorteil: Für die Korkgewinnung müssen keine Bäume gefällt werden. Kork ist jedoch empfindlicher als Parkett und muss regelmäßig versiegelt werden. Insbesondere Holz schafft eine wunderbar heimelige, gleichzeitig wertige, klare und „aufgeräumte“ Atmosphäre im Haus. Die natürlichen Maserungen und Farbtöne machen jeden Parkettboden zu einem Unikat. Das Gefühl, auf echtem Holz zu gehen, ist einzigartig und vermittelt ein Gefühl von Behaglichkeit. Es gibt eine große Auswahl an Holzarten, Verlegemustern und Oberflächenbehandlungen für Parkett, so lässt sich der Bodenbelag perfekt an den individuellen Wohnstil anpassen. Durch Mischungen verschiedener Holzarten können attraktive Muster erzielt werden. Parkett ist zudem sehr robust und extrem langlebig. Durch professionelles Abschleifen und Versiegeln kann ein abgenutzter Parkettboden nach Jahren wieder wie neu aussehen. Mit den Echtholzparkettböden von HARO aus dem bayerischen Rosenheim, die auf den folgenden Seiten ihr Portfolio vorstellen, holt man sich zu 100 Prozent Natur ins Haus. Das Holz stammt aus nachhaltig bewirtschafteten, PEFC-zertifizierten Wäldern, die Produkte sind zudem mit dem Blauen Engel und der A+ Kennzeichnung zertifiziert – Auszeichnungen für außerordentlich wohngesunde und emissionsarme Erzeugnisse.

Rechts Naturholz und Glas als Absturzsicherung ergeben ein stimmiges Ganzes.
Unten Raumhohe Metallstreben fassen diese besondere Geschosstreppe ein.

HARO PARKETT

Als Europas führender Parketthersteller verbindet HARO in Rosenheim Handwerkstradition mit moderner Technologie. So werden Bodenbeläge in höchster Qualität gefertigt. Für mehr Komfort beim Verlegen und Pflegen, für langanhaltende Freude beim Wohnen, Arbeiten und Leben. HARO handelt vorausschauend und nachhaltig, indem es sorgfältig mit allen Ressourcen umgeht. So wird ausschließlich Holz aus zertifizierter Forstwirtschaft verwendet.

Wasserkraftwerk an der Sims, die mitten durch das HARO-Werksgelände fließt

Blick in die Historie Hamberger Flooring blickt auf eine über 150-jährige Geschichte zurück. Gegründet im Jahr 1866 von Franz Paul Hamberger im bayerischen Rosenheim, begann das Unternehmen als Sägewerk und Zündholzfabrik. Mit dem Werkstoff Holz im Mittelpunkt startete das Familienunternehmen 1950 mit der Produktion von 3-Schicht-Parkett und entwickelte sich zu einem der größten Parketthersteller in Europa. Hamberger Flooring bekennt sich seit jeher zum Standort Deutschland. Genau deshalb investiert das Unternehmen kontinuierlich am Standort für eine moderne Fertigungstechnik, die auf Optoelektronik und Robotik setzt. Nur im Zusammenspiel von technologischem Fortschritt und dem Know-how der erfahrenen Mitarbeitenden können höchste Kompetenz und Qualität garantiert werden.

»Wir setzen ganz besonders auf die Recyclingfähigkeit unserer Produkte und auf die weitere Entwicklung schadstofffreier Böden.«

HARO ist Leidenschaft für natürliche Schönheit. Wir lieben es, natürliche Materialien zu verarbeiten und zu veredeln. Tag für Tag setzen wir unsere ganze Kompetenz und Erfahrung dafür ein, dass die Perfektion der Natur in unseren Böden erlebbar wird.

Parkett

Parkett bringt die Schönheit und Wärme der Natur direkt in den Wohnraum. Der Boden steht für Beständigkeit, zeitlose Eleganz und verbindet Tradition mit modernem Wohnkomfort. Parkett ist ein Ausdruck von Wertschätzung für die Ressourcen unserer Erde – ein Boden, der nicht nur optisch begeistert, sondern auch das Herz berührt. Die Besonderheit von Mehrschichtparkett liegt in der innovativen abgesperrten Struktur, die das natürliche Arbeiten des Holzes um bis zu 70 % reduziert. Um eine lange Lebensdauer eines HARO-Parkettbodens zu gewährleisten, werden ausschließlich hochwertige, natürliche Materialien verarbeitet und veredelt. Die Böden sind millionenfach bewährt und werden weltweit verlegt. Hergestellt werden sie in Rosenheim, was jeden HARO-Qualitätsboden zu einer wertsteigernden Investition macht, die sich langfristig lohnt.

Designboden DISANO

Wer einen besonders strapazierfähigen und pflegeleichten Boden sucht, der ist mit einem DISANO-Designboden bestens bedient. Dank der hohen Qualität der Materialien und der exzellenten Verarbeitung bleibt dieser Boden über Jahre hinweg so schön wie am ersten Tag. Im Vergleich zu herkömmlichen Vinylböden ist dieser Designboden 100 % frei von PVC und Weichmachern. Auf diese Weise vereint DISANO die Strapazierfähigkeit eines Kunststoffbodens und die Wohngesundheit eines Parketts. DISANO ist fußwarm und schafft ein angenehm warmes und komfortables Wohngefühl durch den Einsatz sorgfältig ausgewählter, wohngesunder Materialien. Die Böden sind feuchtraumgeeignet, DISANO Saphir und Project sind sogar wasserfest. Zusätzlich sorgt die SilentSense-Oberfläche für einen angenehm weichen Auftritt und schützt den Boden vor Eindrücken und Feuchtigkeit.

Laminatboden

Laminatboden ist die perfekte Wahl für jede Anforderung und jedes Zuhause. Egal, welche Ansprüche gestellt werden, hier findet sich immer der passende Laminatboden in einer Qualität, die höchsten Standards gerecht wird. Gerade HARO hat das Laminat perfektioniert und Oberflächen geschaffen, die in ihrer Natürlichkeit optisch von Echtholz-Parkett kaum zu unterscheiden sind. Holz ist auch der Hauptbestandteil eines HARO-Laminatbodens und macht ihn zum nachhaltigen und wohngesunden Bodenbelag. Die Oberflächenbearbeitung schützt den Laminatboden und verleiht ihm gleichzeitig eine edle Optik. HARO-Designer wählen zunächst das Dekor aus und entscheiden dann, welche Art der Veredelung die individuelle Ausstrahlung der Diele am besten zur Geltung bringt. Eine entsprechende Dämmunterlage sorgt für einen „Waldbodeneffekt" und reduziert zugleich den Raumschall.

EINE FEINE RESIDENZ INMITTEN VON CHRISTCHURCH

Im Jahr 2011 schaute die Welt gebannt nach Neuseeland, wo ein verheerendes Erdbeben mit einer Stärke über sechs die Stadt Christchurch auf der Südinsel des Inselstaates in Schutt und Asche gelegt hatte. 2023 sind die meisten „Wunden“ verheilt und vielerorts sind traditionelle Gebäude durch neue architektonische Bauwerke ersetzt worden. So auch die ehemalige Villa St. Albans aus dem Jahr 1910, die die Architekten von Radius Building in eine moderne Residenz verwandelt haben. Schon der Zugang zum Haus strahlt Exklusivität aus, man betritt es durch eine Kupfer-Eingangstür und erlebt im Erdgeschoss einen puristischen Materialmix aus Zedernholz für die Deckengestaltung und Innenwände aus Cerano-Beton. Das Erdgeschoss geht ebenerdig in den Gartenbereich mit Pool über und schafft so ein mondänes Raumgefühl. Über eine indirekt beleuchtete Treppe erreichen die Bewohner der St. Albans Villa das Obergeschoss, das das Hauptschlafzimmer mit eigenem Balkon sowie zwei weitere Schlafzimmer und ein geräumiges Badezimmer beherbergt. Die edle Ausstattung mit Möbeln nach Maß von Montreux Furniture schafft höchsten Wohnkomfort und lässt so die liebevolle Außenarchitektur konsequent ihre Fortsetzung auch im Inneren finden. HARO Flooring New Zealand wurde von den Architekten als exklusiver Lieferant des passenden Parkettbodens auserwählt: So verlegten Graeme Rodwell und sein Team sowohl im offenen Wohn-Essbereich der Villa als auch in drei weiteren Zimmern ein HARO-Parkett der Extraklasse. Die Landhausdiele Plaza 240 Bernsteineiche Markant, strukturiert, harmoniert mit den Decken aus Zedernholz und unterstreicht die gemütliche Atmosphäre dieses Ausnahmedomizils. Das extrabreite Dielen-Design schafft ein großzügiges Raumgefühl, und der bernsteinfarbene Eichenton sorgt für ein klassisches Bodenerlebnis im spannenden Mix mit dem übrigen Interieur. So fügen sich 104 Quadratmeter HARO-Parkett harmonisch in eine wiederauferstandene Villa und ihre lange Geschichte ein.

Oben Das HARO-Parkett und die strukturierten Decken-Elemente aus Zedernholz passen perfekt zueinander und schaffen eine gemütliche Atmosphäre.

Unten Den Architekten ist es gelungen, den ursprünglichen Grundriss und die Gartenanlagen der Villa aus dem vorigen Jahrhundert zu erhalten.

Links Ein Traumhaus in traumhafter Natur – das Rubner Haus in Bozen, Italien

DESIGN IN HARMONIE MIT DER NATUR

Für dieses eindrucksvolle Designhaus in Bozen erhielt Architekt Stefan Hitthaler den German Design Award 2020. Da er höchste Ansprüche an Form und Materialien stellt, wundert es nicht, dass die Böden in diesem außergewöhnlichen Objekt von HARO kommen.

Im preisgekrönten Gebäude wird eine enge Beziehung zwischen Bewohner und Natur aufgebaut. Inmitten der Natur leben und trotzdem geborgen sein – dieser Eindruck gelingt durch den Einsatz von Glaswänden, denn 65 % des Hauses sind aus Glas. Die drei Ebenen des Hauses schmiegen sich terrassenförmig in den Berg und erwecken den Anschein, aus dem Hügel entsprungen zu sein. Bei biophiler Raumgestaltung verbreiten Holzböden mit Naturöl-Oberfläche das Flair der Natur, und diese Wirkung nutzte auch der Architekt. Er setzte bewusst auf die stark strukturierte Landhausdiele Eiche earth Markant strukturiert mit naturaLin plus Oberfläche von HARO. 250 Quadratmeter Parkettdielen wurden in den drei Ebenen verlegt, die farbveredelte Oberfläche spiegelt perfekt die Farbtöne der Natur wider.

Oben Die drei Ebenen des Hauses sind größtenteils mit HARO-Landhausdiele Eiche ausgestattet.
Unten Große Fensterfronten und der schöne Holzboden vermitteln das Gefühl, ein Teil der Natur zu sein.

HOLZ IST UNSERE LEIDENSCHAFT

Die Wertschätzung diesem Werkstoff gegenüber könnte größer nicht sein.

Im Gespräch mit Gerold Schmidt, Geschäftsführer bei Hamberger Flooring

Wie wird sich das Bauen in den nächsten Jahren entwickeln?

GS In den nächsten Jahren wird sich das Bauen durch mehrere Trends verändern. Zum einen werden zukünftige Bauherren das Thema Nachhaltigkeit im Blick haben und verstärkt auf energieeffiziente Gebäude und nachhaltige Materialien setzen, um Umweltbelastungen zu reduzieren. Digitale Technologien wie Building Information Modeling (BIM), Robotik und 3D-Druck werden Bauprozesse effizienter und präziser machen. Smart Buildings werden es schaffen, Energieverbrauch, Sicherheit und Komfort zu optimieren. Zudem denke ich, dass barrierefreie und altersgerechte Wohnlösungen vom demografischen Wandel gefördert werden. Auch das modulare Bauen wird mehr und mehr Trend, denn auf diese Weise lässt sich die Bauzeit verkürzen, und flexiblere Anpassungen sind möglich.

Wie sehen Böden/Parkett der Zukunft aus?

GS Auch im Bereich Parkett, Laminat- und Designböden wird das Thema Nachhaltigkeit eine sehr große Rolle spielen. So werden wir bei Hamberger Flooring ganz besonders auf die Recyclingfähigkeit unserer Produkte setzen sowie auf die weitere Entwicklung schadstofffreier Böden. Schon jetzt sind unsere Designböden 100 % frei von PVC und Weichmachern. Diesen Weg wollen wir konsequent weiterverfolgen. Zudem wird es in Zukunft noch mehr digitale Technologien geben, die ein Maximum an Präzision in der Herstellung ermöglichen, um den Einsatz des Naturrohstoffs Holz so effizient wie möglich zu halten. Allein in den letzten Monaten haben wir bei HARO sechs Millionen Euro in die Modernisierung unserer Fertigung investiert, unter anderem in Optoelektronik und Robotik. So sind wir auch technologisch für die Trends der Zukunft bestens gerüstet.

Parkettboden bringt Natürlichkeit von höchster Qualität ins Leben.

Was macht Ihre Produkte so besonders? Welche Innovationen gibt es?

GS Als einer der führenden Parketthersteller in Europa setzen wir auf kompromisslose Produktqualität. Deshalb bekennen wir uns auch zum Standort Deutschland, denn nur hier mit dem Know-how unserer erfahrenen und langjährigen Mitarbeitenden können wir die nötige Innovationskraft und Fertigungsqualität garantieren. 2025 feiern wir 75 Jahre HARO-Parkett. Der Werkstoff Holz und die Fertigung von hochwertigem Parkett sind unsere DNA und der Kern unseres Tuns. Von der XL-Parkett-Landhausdiele, über großformatige 2-Schicht-Parkettstäbe für die Fischgratverlegung hin zu kundenindividuell gefertigten Parkettböden aus unserer Parkettmanufaktur: Alle unsere Produktsorti-

»Wir bekennen uns zum Standort Deutschland – nur hier mit dem Know-how unserer Mitarbeitenden können wir die nötige Innovationskraft und Fertigungsqualität garantieren.«

mente, auch Laminat- und Designböden, profitieren von unserem Parkett-Know-how der letzten Jahrzehnte. Allein das macht sie besonders. Aber da ist noch mehr: Unsere Designböden sind, wie bereits erwähnt, zu 100 % frei von PVC und Weichmachern. Für unsere gesamte Produktpalette gilt: Wir schaffen durchweg wohngesunde Böden, die ein Leben lang halten.

Holz strahlt Wärme aus und heißt jederzeit willkommen.

»Raumakustik gewinnt immer mehr Bedeutung – deshalb bieten wir auch hierfür innovative Lösungen.«

Welche Rolle spielt das Thema Raumakustik in Ihrer Produktwelt? Gibt es hierzu spezielle Lösungen im Hamberger-Portfolio?

GS Das Raumgefühl wird nicht nur durch den Boden, sondern auch durch Wände und Decke geprägt. Mit dem Sortiment unseres Tochterunternehmens akustik plus haben wir die Möglichkeit, unseren Kunden nun auch Akustikelement-Lösungen auf höchstem Niveau anzubieten. Akustikpaneele und -platten, hergestellt in Deutschland, bieten eine Vielzahl an Möglichkeiten, um Räume für Bildung, Kultur und Kunst, moderne Büros, aber eben auch private Haushalte optisch ansprechend zu gestalten und Geräusche und Schall zu dämpfen oder eben bewusst zu inszenieren. Die Ästhetik und Nachhaltigkeit unserer Produkte, Schnelligkeit und Flexibilität beim Einbau der Systeme, ein hoher Standardisierungsgrad und große Zuverlässigkeit gepaart mit präziser Beratung machen uns auch in diesem Bereich zum verlässlichen Partner von Architekten, Handwerk, Handel und Industrie.

Stichwort Nachhaltigkeit & Ressourcenschonung: Welche Ansätze gibt es bei Ihnen? Was ist Ihnen besonders wichtig?

GS Wir werden uns in Zukunft verstärkt um den weiteren Ausbau nachhaltiger Produkte kümmern. Aber Nachhaltigkeit bedeutet ja noch viel mehr: Hamberger Flooring setzt bereits auf eigene Biomassekraftwerke zur Strom- und Wärmeerzeugung und produziert so Strom aus erneuerbaren Energien, engagiert sich in der Aufforstung, nutzt konsequent Holz aus nachhaltig bewirtschafteten Wäldern und stellt wohngesunde Produkte her, die keine negativen Auswirkungen auf Natur und Mensch haben. Seit 1866 ist Holz unsere Leidenschaft. Unser Respekt, unsere Wertschätzung diesem Werkstoff gegenüber könnte größer nicht sein. Deshalb werden wir weiterhin alles dafür tun, unsere Wälder zu schützen, und uns aktiv für Klimaschutz und eine gesunde Umwelt engagieren.

Ein Designboden sieht Holzboden zum Verwechseln ähnlich.

Gerold Schmidt
Geschäftsführer bei Hamberger Flooring

TREPPENBAU SCHÖN

Das Unternehmen verbindet Tradition, Erfahrung und Know-how zu meisterhaften Treppenlösungen. Als Familienunternehmen in dritter Generation setzt Treppenbau Schön auf höchste Qualität und Innovation. Maßgeschneiderte Treppen, Designverständnis und handwerkliche Perfektion machen Treppenbau Schön zum Marktführer.

Das Firmengebäude von Treppenbau Schön in Rennerod, Rheinland-Pfalz

Blick in die Historie Im Jahr 1933 legte Adolf Schön im Westerwald den Grundstein für die Firma Treppenbau Schön – ein Unternehmen, das heute handwerkliche Tradition und moderne Innovation in sich vereint. Mit der Hilfe seines Sohnes Adalbert Schön und seiner Enkel Joachim und Michael Schön entwickelte sich die kleine Dorfschreinerei im Laufe der Jahre zu einem mittelständischen Unternehmen. Heute ist das Unternehmen ein wichtiger Arbeitgeber in der Region und wird von den Enkeln geführt. Um den wachsenden Ansprüchen und individuellen Wünschen ihrer Kunden gerecht zu werden, setzen die Brüder gemeinsam mit ihrem Team auf innovatives Design und umweltfreundliche Materialien. Treppenbau Schön hat sich zu einem der führenden Anbieter für maßgeschneiderte Treppenlösungen in ganz Europa entwickelt und ist für seine handwerkliche Qualität und seinen zuverlässigen Service bekannt.

»Treppen verbinden nicht nur Stockwerke, sondern auch Generationen.«

HPL-Treppe

Eine HPL-Treppe zeichnet sich durch dünne, robuste Wangen aus High Pressure Laminate (HPL) aus. Diese Treppen sind nicht nur besonders widerstandsfähig und langlebig, sondern bieten auch ein modernes, klares Design. Der Materialmix aus Holz und metallähnlichen Verbundwerkstoffen sorgt für eine leichte und dennoch stabile Konstruktion, die sich perfekt in zeitgemäße Wohnkonzepte einfügt.

COLORLINE-Treppe

Charakteristisch für eine COLORLINE-Treppe ist ein Spektrum von vier unterschiedlichen Farben und eine zeitlose Optik. Diese Treppen kombinieren traditionelle Holzverarbeitung mit lebendigen, individuell wählbaren Farbtönen, die jedem Raum einen einzigartigen und harmonischen Charakter verleihen.

ÄSTHETIK-Treppe

Eine ÄSTHETIK-Treppe besticht durch ihr klassisches, rustikales Design, das Gemütlichkeit und Wärme ausstrahlt. Sie ist aus hochwertigem Holz gefertigt und überzeugt durch traditionelle Handwerkskunst, die jedem Raum einen charmanten, gemütlichen Charakter verleiht. Diese Treppen kombinieren handwerkliche Perfektion mit robusten Materialien für eine langlebige und stilvolle Lösung. Unzählige Farbkombinationen liefern Individualität im Einrichtungsstil.

HANDWERKLICHE PERFEKTION IN KOMBINATION MIT MODERNEN TECHNOLOGIEN IST DIE ZUKUNFT DES TREPPENBAUS

Im Gespräch mit Michael Schön, Geschäftsführung Finanzen & Vertrieb und Joachim Schön, Geschäftsführung Technik & Produktion

Treppenbau Schön hat eine lange Tradition. Wie prägt diese das Unternehmen heute?

JS Unsere Wurzeln im Holzhandwerk reichen drei Generationen zurück. Die Tradition ist unser Fundament und spornt uns an, immer wieder aufs Neue höchste Qualität zu liefern. Das Wissen und die Techniken, die von Generation zu Generation weitergegeben werden, sind ein unverzichtbarer Teil unserer Identität. Wir sehen uns in der Pflicht, das traditionelle Handwerk zu bewahren und gleichzeitig stets weiterzuentwickeln, indem wir die alten Methoden mit neuen Technologien verbinden.

Wie wichtig ist Erfahrung für Ihre Arbeit?

MS Erfahrung ist das Fundament unserer Arbeit. Sie ermöglicht es uns, maßgeschneiderte Lösungen zu entwickeln, die perfekt auf die Bedürfnisse unserer Kundinnen und Kunden abgestimmt sind. Jede Treppe, die wir bauen, profitiert von unserem Wissen über Materialien und Techniken. So schaffen wir innovative Designs und bewahren gleichzeitig die handwerkliche Tradition. Dank unserer langjährigen Erfahrung sind wir in der Lage, auch hochkomplexe Projekte präzise und sehr effizient abzuwickeln.

Innovation spielt eine große Rolle in Ihrem Unternehmen. Wie setzen Sie diese um?

JS Wir integrieren kontinuierlich neue Technologien in unsere Produktionsprozesse. Mit modernster Computertechnik und präzisen Fertigungsverfahren stellen wir Treppen mit außergewöhnlicher Präzision und Detailqualität her. Dabei spielen auch die ökologischen Aspekte eine entscheidende Rolle. Auch im Design spiegelt sich unsere Innovationskraft wider. Wir erkennen Trends frühzeitig und entwickeln kontinuierlich neue Modelle, die funktional, ästhetisch ansprechend und zugleich bezahlbar sind. Diese Produkte erfüllen die sich ständig wandelnden Anforderungen des Marktes und unserer Kunden. Dabei legen wir stets großen Wert auf den Einsatz nachhaltiger Materialien und umweltschonende Produktionsmethoden.

In einem Markt, der den Menschen und das Wohnen ins Zentrum stellt, wie wichtig ist Innovation für Treppenbau Schön?

MS Innovation ist entscheidend, um den sich wandelnden Bedürfnissen unserer Kunden gerecht zu werden. Die Menschen von heute suchen nach Lösungen, die sowohl ästhetisch ansprechend als auch funktional sind. Unsere Innovationskraft ermöglicht es uns, diesen Anforderungen gerecht zu werden und gleichzeitig die Lebensqualität im Wohnbereich zu verbessern.

Flexibilität und Anpassungsfähigkeit sind in unserem Markt unerlässlich. Wir müssen in der Lage sein, schnell auf politische und wirtschaftliche Anforderungen zu reagieren. Unsere Fähigkeit, Innovationen zu entwickeln und zugleich kaufmännisch verantwortungsbewusst zu entscheiden, stellt sicher, dass wir immer die besten Lösungen anbieten können.

Was macht Treppenbau Schön so besonders?

JS Unser kompromissloser Anspruch an Qualität und Präzision hat uns zum Marktführer gemacht. Jede Treppe ist ein Unikat, das mit Sorgfalt und Leidenschaft gefertigt wird. Dabei legen wir größten Wert auf die Verwendung hochwertiger, zertifizierter Materialien und die Einhaltung höchster Qualitätsstandards. Unsere Marktführerschaft basiert auch auf unserem umfassenden Service. Vom ersten Beratungsgespräch bis zur Montage begleiten wir unsere Kunden und sorgen dafür, dass sich jede Treppe perfekt in ihr Zuhause einfügt. Unsere Kunden wissen, dass sie sich auf unsere Kompetenz und unser Engagement verlassen können.

Wie gelingt es Ihnen, individuelle Bedürfnisse und Serienproduktion zu vereinen?

JS Dank unseres Fachwissens und unserer modernen Produktionsmethoden sind wir in der Lage, sowohl individuelle Einzelanfertigungen als auch Serienproduktionen in höchster Qualität anzubieten. Unser Know-how ermöglicht es uns, auf spezifische Kundenwünsche einzugehen und gleichzeitig effizient in Serie zu produzieren.

MS Wir betrachten jede Anfrage als einzigartig und passen unsere Prozesse entsprechend an. Durch den Einsatz moderner Technologien und flexibler Fertigungsmethoden sind wir in der Lage, maßgeschneiderte Treppenlösungen anzubieten, die den hohen Ansprüchen unserer Kunden gerecht werden – vom Einzelstück bis zum Großprojekt.

Wie sehen Sie die Zukunft im Treppenbau? Wie sehen Sie Ihre eigene Zukunft als Unternehmen?

JS Wir sind überzeugt, dass die Verbindung von Tradition und Innovation auch in Zukunft unser Erfolgsrezept sein wird. Wir werden weiterhin in moderne Technologien investieren und gleichzeitig die Werte und Techniken unseres Handwerks bewahren. Unsere Vision ist es, weiterhin die besten Treppenlösungen anzubieten und unseren Kunden ein unvergleichliches Markenerlebnis zu bieten.

MS Nachhaltigkeit wird in Zukunft eine noch größere Rolle spielen. Wir setzen bereits heute auf umweltfreundliche Materialien und Prozesse und werden dies weiter ausbauen. Unser Ziel ist es, nicht nur die besten Treppen zu bauen, sondern auch einen positiven Beitrag für die Umwelt zu leisten.

Was motiviert Sie persönlich, täglich Ihr Bestes zu geben?

JS Für mich ist es herausfordernd, immer besser zu werden und neue Lösungen zu finden. Es gibt nichts Befriedigenderes, als ein komplexes Projekt erfolgreich abzuschließen und zu wissen, dass man etwas Einzigartiges geschaffen hat.

Michael Schön
Geschäftsführung Finanzen & Vertrieb
Treppenbau Schön GmbH

Joachim Schön
Geschäftsführung Technik & Produktion
Treppenbau Schön GmbH

KRAGARM-Treppe

Eine KRAGARM-Treppe zeichnet sich durch ihr schwebendes Design aus, bei dem die Stufen scheinbar frei an der Wand befestigt sind. Diese moderne und elegante Treppenart bietet eine offene, luftige Optik und passt perfekt in zeitgenössische Wohnräume. Sie vereint Stil und Funktion durch ihre robuste Konstruktion und minimalistische Ästhetik. Verschiedene Geländertypen stehen zur Auswahl.

03

RUND UM DIE HAUSTECHNIK

INNOVATIVE HAUSTECHNIK IM NEUBAU

Kein Haus funktioniert ohne technische Anlagen und Installationen. Primär wird dazu natürlich Energie benötigt – egal, ob man sich hier für Solaranlagen und/oder Wärrmepumpen entscheidet, die wir im Kapitel „Energie & Beleuchtung“ vorstellen. Doch Haustechnik ist natürlich noch viel mehr: Heizungsanlagen, Kaminöfen, Lichtschalter, Steckdosen und Badarmaturen ebenso wie eine Regenwasseranlage, ein innovativer Zentralstaubsauger oder der moderne Sicherungskasten. Vor allem Technik, die das Haus energieeffizienter und ressourcenschonender macht, spielt bei Neuplanungen eine immer wichtigere Rolle: Etwa nachhaltige Heizsysteme mit Fußbodenheizungen oder Klimawänden – sie verteilen die Wärme gleichmäßig und effizient in den Räumen, sind viel sparsamer als Heizkörper, die mehr Energie und höhere Temperaturen benötigen, um das gleiche Wärmegefühl zu erzeugen. Wassergeführte Fußbodenheizungen können das Haus zudem nicht nur beheizen, sondern auch kühlen. Aus dem einfachen Sicherungskasten ist inzwischen die Technikzentrale des Hauses geworden, in der alle Netzwerke zusammenlaufen. Wer heute eine Technikzentrale plant, sollte bereits in zukünftigen Dimensionen denken, um intelligente Zähl- und Messsysteme, leistungsstarke Schutzschalter und Multimediaplätze unterzubringen – und mit neuen, technischen Möglichkeiten mit Sicherheit künftig noch mehr. Richtig zum Energiesparheld wird das Haus mit einer in die Haustechnik integrierten Regenwassernutzung: So funktioniert Umweltschutz auf Knopfdruck beziehungsweise im Handumdrehen – bei jeder Betätigung der WC-Spülung, zum Wäschewaschen und bei der Gartenbewässerung. Apropos Wasser: Vielerorts, vor allem im Südwesten und Süden Deutschlands, ist das Wasser hart. Hartes Wasser ist zwar für den Menschen nicht schädlich, kann aber unerwünschte Auswirkungen auf elektrische Geräte mit Wärmetauscher haben und die Oberflächen von Sanitärgegenständen und Armaturen verkalken lassen. Abhilfe schafft hier eine Wasserenthärtungsanlage, die als Zusatzausstattung in Fertighäusern installiert werden kann. Zur technischen Ausstattung gehören schließlich auch alle Knöpfe, Schalter und Hebel im Haus – im Bereich Armaturen gibt es inzwischen eine große Auswahl, mit ergonomischer Gestaltung und pflegeleichten Oberflächen, passend zum ganz persönlichen Stil. Ebenso wie Steckdosen und Schalter, ob in Retro-Optik oder supermodern, im Farbton der umgebenden Wände. Immer sauber und hygienisch geht es mit sogenannten FreeTouch-Lichtschaltern – oder natürlich über automatische Smart-Home-Steuerungen, die wir im Kapitel „Das digitale Haus 4.0“ vorstellen. Hier kann natürlich auch weitere Haustechnik wie Alarmanlagen, Überwachungskameras, Bewegungsmelder, Video-Gegensprechanlagen und intelligente Türschlösser eingebunden werden. Zudem gibt es technische Optionen, die für Arbeitserleichterung sorgen – etwa ein Zentralstaubsauger. Haustechnik kann auch für Ambiente und Behaglichkeit sorgen – in Form eines Kaminofens. Hier gibt es raumluftunabhängige Modelle, die den höchsten technischen Ansprüchen im Neubau entsprechen. Und smarte Ofensysteme, die weiterdenken und mehr können als herkömmliche Öfen: Während man früher noch wissen musste, wann der optimale Zeitpunkt zum Holznachlegen ist, visualisiert und regelt heute eine App vieles ganz leicht und einfach. Bei Holzbrandfeuerungen können inzwischen auch wirkungsvolle elektrostatische Feinstaubabscheider zum effektiven Reduzieren von Rauchgaspartikeln in Schornsteine eingebaut werden. In Kombination mit innovativer Schornsteintechnik und Energiesparschornsteinen verringert sich der CO_2-Fußabdruck des Hauses auch noch erheblich. Nicht zuletzt können innovative Fertighäuser mit Gesundheitsüberwachungssystemen ausgestattet werden, die beispielsweise den CO_2-Gehalt der Luft, die Luftfeuchtigkeit und andere Umweltparameter messen.

HAUSTECHNIK IM ALLTAG

„Zentral-was?!“ – wer über „Zentralstaubsauger“ fürs Eigenheim spricht, erntet beim Gegenüber oft ein großes Fragzeichen. In der Tat ist diese technische Haushaltshilfe hierzulande relativ unbekannt, doch es gibt Fertighaushersteller, die ihn bereits im Portfolio haben. Diese Haustechnik gibt es tatsächlich schon seit Anfang des 20. Jahrhunderts. Das System wurde in so manchem Bürgerhaus von Großstädten wie Berlin verbaut. Richtig durchgesetzt hat sich der Zentralstaubsauger in Deutschland allerdings nicht – im Unterschied zu Nordamerika und den skandinavischen Ländern, wo er durchaus üblich ist. Sein Herzstück ist eine zentrale Saugeinheit, die im Untergeschoss oder in der Garage fest installiert wird. Über diese ist ein im ganzen Haus verlegtes Saugrohrsystem verbunden, in das man über Wandsteckdosen den handlichen Schlauch des Saugrohrs mit dem Bürstenkopf einstecken kann. Aktiviert wird der Zentralstaubsauger ganz einfach per Fernbedienung. Auch die Regenwasser-Nutzungsanlage ist ein wirklich interessantes Haustechnik-Element. Denn: Rund 70.000 Liter Brauchwasser benötigt ein durchschnittlicher 4-Personen-Haushalt pro Jahr. Wer eine solche Anlage gleich mitplant, kann diese Wassermenge selbst erwirtschaften und kostbares Trink-/Frischwasser und die Kosten hierfür sparen. Regenwasser hat zudem einen niedrigen pH-Wert und ist deswegen arm an Kalk – was die Waschmaschine schont und eine niedrigere Dosierung von Waschmitteln ermöglicht. Ganz nebenbei sorgt das mineralienreiche Regenwasser für prächtiges Pflanzenwachstum im Garten, das über eine automatische Bewässerung auch gleich noch smart und pflegeleicht wird. Neben solchen praktischen Helfern im Alltag gibt es noch weitere Annehmlichkeiten, die moderne Haustechnik möglich macht – etwa eine Elektro-Infrarot-Flächenheizung für die Wand. Die rahmenlosen Glaswandheizungen fügen sich nicht nur perfekt in jedes Wohnambiente ein, ihre Wärme ist auch äußerst angenehm. Anders als herkömmliche Heizkonvektoren erwärmen die Infrarot-Glasheizungen nicht die Luft, sondern senden langwellige Wärmestrahlung direkt in den Raum. Wo diese dann auf Haut oder Kleidung, Wände und Möbel trifft, wandelt sie sich in sanfte Wärme um. Wohlige Stimmung im Haus schaffen auch innovative Kaminöfen im Haus, die der Kamin- und Schornstein-Spezialist Schiedel auf den nächsten Seiten vorstellt. Als erstem Hersteller überhaupt ist es Schiedel gelungen, einen dreiseitigen Scheitholz-Kamineinsatz zu entwickeln, der komplett raumluftunabhängig ist und somit den höchsten technischen Ansprüchen im Neubau (zum Beispiel gleichzeitiger Betrieb mit kontrollierter Wohnraumlüftung) entspricht. Zusätzlich wurde der Design-Ofen zu einem smarten SC-Modell upgegradet, sodass der Verbrennungsprozess jetzt sogar bequem per App gesteuert werden kann. Doch nicht nur mit den Funktionalitäten kann der Kaminofen überzeugen, er ist ebenso schadstofffrei, platzsparend, und sein Design konnte sogar die Jury des Design-Preises Plus X Award überzeugen. Übrigens: Die perfekte Elektroplanung ist im Fertighausbau überhaupt nicht schwierig. In Bau- und Ausstattungsbeschreibungen ist die Anzahl der möglichen Anschlüsse für die einzelnen Räume meist schon aufgelistet, die gewünschten Positionen können dann in der Bemusterung in Ruhe festgelegt werden. Auch bei Installationen wie Hausautomation oder Bussystemen gibt es fundierte Beratung. Es empfiehlt sich, schon vorab eine Checkliste zu erstellen, welche individuellen Wünsche umgesetzt werden sollen – etwa ob es spezielle Möbel gibt, die einen Stromanschluss benötigen, ob die Rollläden elektrisch angetrieben werden sollen oder ob es bei einer Küchenplanung Besonderheiten gibt, etwa zwei Backöfen oder autarke Kücheninseln. Über Fernsteuerung bzw. eine App lassen sich heute auch zahlreiche Haustechnikelemente smart miteinander verbinden – mehr darüber im Kapitel „Das digitale Haus 4.0“ ab Seite 126.

Moderne Haustechnik benötigt viele verschiedene Komponenten.

Oben rechts Ein moderner Holzkamin denkt mit.
Oben links Die Trinkwasser-Wärmepumpe garantiert bis zu 800 Liter Warmwasser.

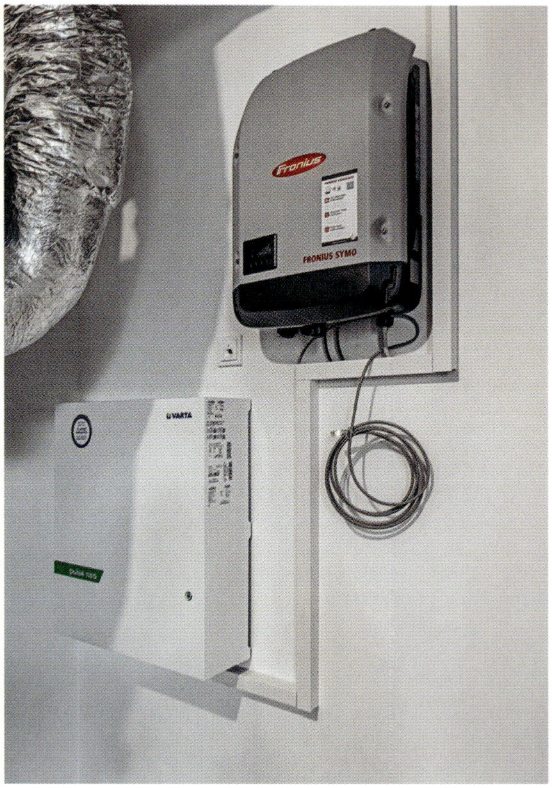

Unten links Wechselrichter für PV-Anlage
Unten rechts Moderne Haustechnik braucht nicht viel Platz.

SCHORNSTEINE UND OFENSYSTEME VON SCHIEDEL

Schornsteine & Holzöfen sind keineswegs ein Relikt der Vergangenheit – sie sind technisch höchst ausgereift und für den modernen und zukunftssicheren Neubau unverzichtbar. Mit Erfahrung, Leidenschaft und Innovationsgeist schafft Schiedel seit mehr als 75 Jahren Schornsteine, Öfen und Lüftungslösungen. Dabei ist Schiedel Europas Marktführer bei Schornstein- und Abgassystemen. Die innovativen und verlässlichen Produkte sorgen für Sicherheit, Gemütlichkeit und Unabhängigkeit im Zuhause und ermöglichen zeitgerechtes, energieeffizientes Heizen und Lüften.

Treffpunkt und Schulungszentrum: Die Schiedel Academy in Nußbach, Österreich

Blick in die Historie 1946 gründete Friedrich Schiedel das Unternehmen Erbacher Bauwaren in Erbach bei Ulm. Bereits 1947 spezialisierte er sein Betonwerk in Erbach zu einem Schornsteinwerk und produzierte von nun an unter dem Namen „Schiedel" mit 17 Mitarbeitern auf eigenem Grund und Boden. 1952 wurde die Produktion von Schornsteinen in München aufgenommen. Von 1961 bis 1966 baute Senator e. h. Friedrich Schiedel mehrere Produktions- und Vertriebsstätten in den Ballungszentren Deutschlands auf, 1966 auch in Nußbach in Österreich. In den Jahren von 1971 bis 1990 trieb er den Geschäftsbetrieb immer weiter voran. 1990 übertrug er die Schiedel-Firmengruppe in Deutschland und 1991 jene in Österreich an die Firma Braas GmbH. Heute ist Schiedel in über 25 Ländern vertreten und betreibt 21 Keramik- und Stahlwerke. Basierend auf der genialen Idee des Gründers – Schornsteine nicht mehr nur aus Ziegeln, sondern aus Leichtbeton-Blocksteinen herzustellen – schaffte Schiedel viele weitere branchenrevolutionäre Entwicklungen.

Der Charme von gestern, die Technik von heute – Seit Jahrtausenden ist der Mensch eng mit dem Feuer verbunden. Was einst als Wärmequelle und Kochmedium diente, ist heute energieeffizientes, behagliches, gesundes und modernes Heizen in den eigenen vier Wänden. Und damals wie heute bleibt es dabei: Ein knisterndes Feuer spendet nicht nur Wärme und Licht, sondern auch Sicherheit und Geborgenheit in den Krisen dieser Welt.

KINGFIRE – Das platzsparende Ofensystem für den Neubau

Im modernen Neubau wird Ofen und Schornstein in einem Bauteil zusammengeführt. Die KINGFIRE-Kaminofen-Modelle beeindrucken demnach durch ihre platzsparende Bauweise sowie den hohen Bedienkomfort und die ausgezeichneten Abgaswerte. Kompakt, mit einer Aufstellfläche von max. 55 x 60 cm, sind Kaminofen und Schornstein in einem Komplettbauteil vereint. Dank des direkt aufgesetzten Schiedel-ABSOLUT-Schornsteins wird keine zusätzliche wertvolle Wohnfläche benötigt. Das durchdachte ABSOLUT-Schornsteinsystem ist ideal für den modernen Hausbau, denn es versorgt den raumluftunabhängig betriebenen Kaminofen über einen eigenen gedämmten Luftschacht mit der notwendigen Verbrennungsluft von außen. Dadurch können alle KINGFIRE-Modelle problemlos zusammen mit einer kontrollierten Wohnraumlüftung betrieben werden. Sowohl der ABSOLUT-Schornstein als auch das KINGFIRE-System wurden vom Sentinel Haus Institut (SHI) auf Schadstoffe geprüft und als "wohngesund" empfohlen.

Blauer Engel für den neuen KANTO SC

www.blauer-engel.de/uz212

Mit dem im Jahr 2023 neu eingeführten KANTO SC wurde die KINGFIRE-Ofenfamilie nicht nur um eine Eckvariante erweitert, sondern man setzte ein deutliches Statement in Richtung Umweltfreundlichkeit. Denn der KINGFIRE KANTO SC kann so ausgestattet werden, dass das Ofensystem das höchste deutsche Umweltsiegel erlangt: das Umweltzeichen Blauer Engel. Er setzt auf innovative Verbrennungstechnologien und erzielt somit äußerst niedrige Abgaswerte. Ein hochwertiger Katalysator in Verbindung mit einem effektiven Partikelabscheider reduziert Emissionen auf ein absolutes Mindestmaß, während die intelligente Verbrennungsregelung INflame FIRE den Abbrand optimiert.

6 Scheitholzmodelle für Ihren persönlichen KINGFIRE

Der Bauherr hat aktuell die Wahl zwischen sechs KINGFIRE-Scheitholz-Ofenvarianten: dem CLASSICO S, im klassischen Design mit edler, schwarzer Metallfront; dem geradlinig gestalteten Modell LINEARE SC mit durchgehender Glas- oder eleganter Stahlfront; der leicht abgerundeten Variante RONDO SC für noch größeren Einblick ins Feuer; dem Modell GRANDE SC, welches durch seine dreiseitige Feuerraumtür einen ungetrübten Blick aufs Feuer ermöglicht und dem neuen KANTO SC, die optimale Ecklösung mit hochschiebbarer Tür.

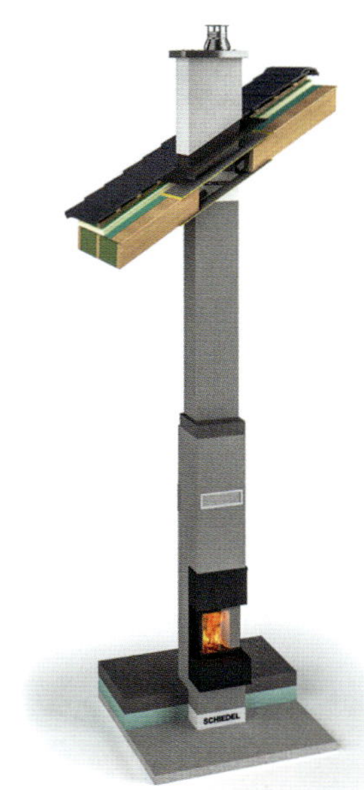

Das KINGFIRE-Modell GRANDE SC mit direkt aufgesetzten Schiedel-ABSOLUT-Schornstein

MINIMALER PLATZ, MAXIMALE TECHNIK: DER MODERNSTE OFEN AM MARKT

KINGFIRE KANTO SC und Energiesparschornstein ABSOLUT bei Fertighaus WEISS

Der KINGFIRE Kanto punktet mit kompakter Bauweise und klaren Formen. (Visualisierung, Bildbeispiel)

Der holzbetriebene KINGFIRE KANTO SC mit hochschiebbarer Tür ist die Lösung für alle Bauherren, die auf der Suche nach einem platzsparenden Kaminofen speziell für die Ecke sind. Die Ecklösung bietet einen tollen Blick auf das gemütliche Feuerspiel und eine Vielzahl von Aufstellmöglichkeiten. In diesem Grundriss-Beispiel von Fertighaus WEISS wurde der KINGFIRE KANTO SC im Erdgeschoss wunderschön, mit 0 mm Abstand zu brennbaren Bauteilen, in eine 90-Grad-Ecke integriert. Der Kaminofen wird somit zum absoluten Blickfang im Wohnbereich, ohne dabei zu viel Platz einzunehmen. Hinzu kommt die komfortable Planung für das Dachgeschoss. Denn das Außenmaß des platzsparenden Schornsteinelements ABSOLUT 18 TL beträgt in den oberen Geschossen nur 36 x 50 cm (T x B) und kann in unterschiedlichen Positionen direkt auf dem Ofenmodul positioniert werden. So kann der Schornstein optimal an die Wände im oberen Geschoss angepasst und eingeplant werden – eine ausnahmslos platzsparende Lösung.

Die leichtgängige Schiebetür des KINGFIRE KANTO SC ist die moderne Alternative zur Schwenktür. Die Tür wird beim Öffnen nach oben geschoben und versenkt sich elegant hinter der Designverkleidung. Somit wird beim normalen Betrieb kein zusätzlicher Platz für einen Schwenkradius in den Wohnraum benötigt, und die Asche bleibt beim Nachlegen im Brennraum. Ein weiteres geniales Feature ist ein integrierter Mechanismus, der die Reinigung der Innenseite der Feuerraumgläser von außen leicht ermöglicht. Schiedel ist es gelungen, den Schiebemechanismus so zu konstruieren, dass ein absolut dichter Luftabschluss gewährleistet werden kann. Daher ist der KINGFIRE KANTO SC auch geprüft raumluftunabhängig zu betreiben. Als neuestes Kind der KINGFIRE-Familie ist der KANTO SC nicht nur besonders formschön und elegant, sondern auch technisch auf dem neuestem Stand. Die neuartige Hinterlüftung und gesteigerte Effizienz machen zusammen mit dem optionalen Katalysator, dem Feinstaubfilter und der elektrischen Abbrandsteuerung aus dem KANTO den wohl zukunftsfähigsten Ofen auf dem Markt.

Mit der Markteinführung wurde der KANTO SC neben dem „RED DOT AWARD 2023“ zusätzlich mit dem „RED DOT AWARD 2023 best innovative product“ ausgezeichnet.

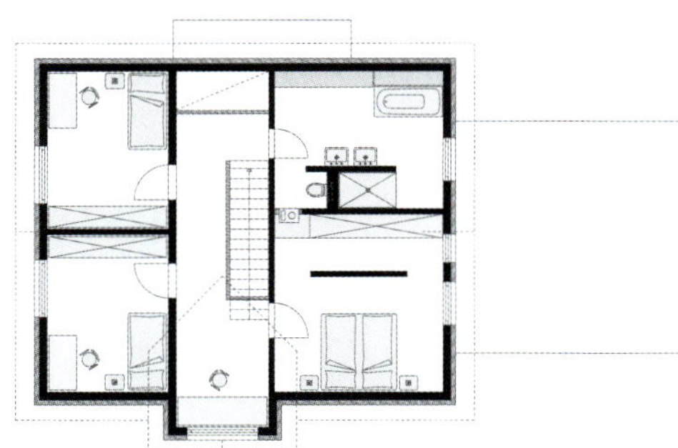

Grundriss Dachgeschoss: Der aufgesetzte ABSOLUT-Schornstein verschwindet platzsparend in der Ankleide.

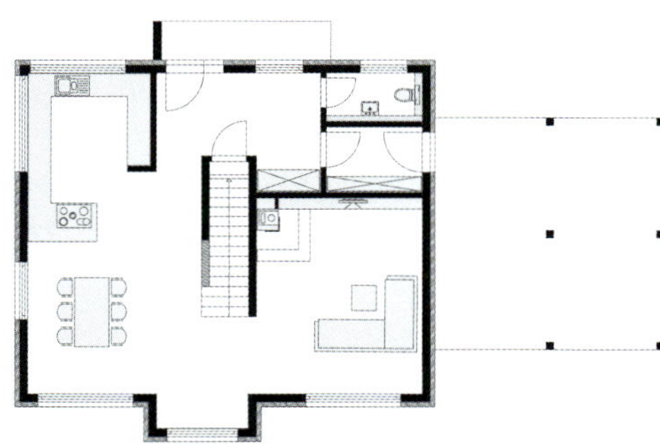

Grundriss Erdgeschoss: Direkt neben der Treppe mit toller Sicht aus dem Wohnbereich lässt sich der KANTO einfach und firstnah platzieren.

Oben Auch freistehend macht der Übereck-Kamin eine gute Figur.

KAMINOFEN ALS ERGÄNZUNG ZUR WÄRMEPUMPE

Mit einem Schornstein hält man sich die Möglichkeit offen, jederzeit einen Kaminofen anschließen zu können.

Im Gespräch mit Henrik Adler, Key Account Manager Fertighaus bei Schiedel GmbH & Co. KG

Wieso macht ein Kaminofen heute und in Zukunft Sinn?

HA Das Jahr 2022 mit aufkeimenden Konflikten und Engpässen auf dem Versorgungsmarkt hat uns verdeutlicht, wie anfällig unsere Energieversorgung ist. Was tun, wenn auf einmal kein Öl oder Gas mehr zur Verfügung steht oder die Stromversorgung ausbleibt? Oder wenn die Preise fossiler Energieträger und Elektrizität sprunghaft ansteigen? Mit einem holzbetriebenen Kaminofen ist im Ernstfall die Notversorgung sichergestellt. Denn als heimischer, nachwachsender Rohstoff ist Holz regional und dauerhaft verfügbar und sichert eine Heizmöglichkeit auch bei Stromausfall oder Energieembargo. Baut man mit Kaminofen, sorgt man also nicht nur für mehr Gemütlichkeit in den eigenen vier Wänden, man erhöht auch die Unabhängigkeit und Sicherheit im Zuhause, auch in unsicheren Zeiten.

Viele Hausbauer setzen auf die Wärmepumpe als primären Wärmeversorger, was sich durchaus auch in der Stromabrechnung bemerkbar macht. Wie trägt ein Kaminofen zum Sparen von Energiekosten bei?

HA Um Energiekosten zu sparen, empfehlen wir bei Nutzung einer Wärmepumpe den ergänzenden Einsatz eines Kaminofens – das ideale Paar für einen modernen, zukunftsorientierten und effizienten Neubau. Denn was viele nicht wissen: Die umweltfreundliche Wärmepumpe kann durchaus auch zum kostspieligen Stromfresser werden, z. B. dann, wenn es draußen sehr kalt ist und die Wärmepumpe die Wärme vorrangig über die elektrische Zusatzheizung mittels Heizstab liefern würde. Mit der Kombination Wärmepumpe und Kaminofen können Sie dem entge-

»Baut man mit Kaminofen, sorgt man also nicht nur für mehr Gemütlichkeit in den eigenen vier Wänden, man erhöht auch die Unabhängigkeit und Sicherheit im Zuhause.«

genwirken und Ihre Stromkosten deutlich senken. Denn bei niedrigen Außentemperaturen kann die Feuerstätte schnell und effizient einen Teil der Gebäudeheizung übernehmen und dafür sorgen, dass die Jahreseffizienz der Wärmepumpe gesteigert wird und der Einsatz des Elektroheizstabes verringert wird.

Was sind die Vorteile der KINGFIRE-Ofensysteme von Schiedel?

HA Einer der größten Vorteile unserer KINGFIRE-Ofensysteme ist der geringe Platzbedarf. Wir vereinen Kaminofen und Schornstein in einem Komplettbauteil, das heißt, der Schornstein wird direkt auf das Ofenmodul gesetzt. Dadurch beträgt die Aufstellfläche der Holzfeuerstätte nur 55 x 60 cm, und es kann bis zu 1 Quadratmeter Platz im Vergleich zu herkömmlichen Öfen gespart werden. Außerdem sind unsere KINGFIRE-Ofensysteme raumluftunabhängig geprüft. Dadurch kann der Kaminofen problemlos zusammen mit einer kontrollierten Wohnraumlüftung betrieben werden und eignet sich daher ideal für den modernen, energieeffizienten Hausbau.

Ein Kaminofen schafft Lebensqualität und Freude.

»Damals wie heute bleibt es dabei: Ein knisterndes Feuer spendet nicht nur Wärme und Licht, sondern auch Sicherheit und Geborgenheit in den Krisen dieser Welt.«

Wie profitiert der Fertigbau von Ihren Produkten?

HA Was das betrifft, setzen wir seit Jahren auf die Montage mit vorgefertigten, geschosshohen Schornsteinelementen und Ofenmodulen. Zusammen mit Schulungen, unserem technischen Know-how und eigenen Produktprüfungen sorgen wir für eine sichere und schnelle Montagepraxis, von der jedes Unternehmen des Fertigbaus profitiert. Wir arbeiten stets mit dem Fortschritt des Marktes und entwickeln unsere Produkte weiter, schaffen neue Werte und bieten Lösungen in einem kompletten System.

Zusammenfassend, wie wohnen und bauen wir in der Zukunft?

HA Einige Punkte habe ich ja bereits aufgezählt. Ich glaube, dass immer mehr Bauherren verstärkt auf die Themen „Sicherheit“, „Unabhängigkeit“ und „autarke Selbstversorgung“ im Eigenheim achten werden. Genau aus diesem Grund bin ich der Überzeugung, dass sich die Bauherren der Zukunft nicht nur noch auf einen Energieträger – wie die Wärmepumpe – verlassen werden, da hier die Abhängigkeit von der Stromversorgung einfach zu groß ist. Hybride Heizansätze – wie Wärmepumpe und Kaminofen – werden in der Zukunft immer mehr an Beliebtheit gewinnen. Hierfür essenziell ist natürlich der Schornstein im oder am Haus.

Natürlich wird das Haus der Zukunft auch höchst energieeffizient und umweltfreundlich sein. Auch das berücksichtigt Schiedel in der kontinuierlichen Neu- und Weiterentwicklung der Produkte. Mit dem Umweltsiegel „Blauer Engel" für unseren Kaminofen KINGFIRE KANTO SC haben wir ein klares Statement gesetzt. Ebenso haben wir erst vor Kurzem Feinstaubabscheider in unser Sortiment aufgenommen und bieten mit unserem Schornstein ABSOLUT und dem KINGFIRE-Ofensystem nachhaltig zertifizierte Produkte an. Mit all diesen Aktionen sorgen wir dafür, dass das Heizen mit Holz auch in Zukunft den strengsten Umweltauflagen gerecht werden wird.

Der letzte Punkt, den ich ansprechen möchte, ist die Größe der Häuser, in denen wir in der Zukunft wohnen werden. Diese werden wieder kleiner werden, als wir das aus der Vergangenheit gewohnt sind – diese Entwicklung ist heute schon zu beobachten. Deshalb war es uns von Anfang an sehr wichtig, dass unsere KINGFIRE-Kaminofen-Serie vor allem platzsparend ist und kein Quadratmeter im Eigenheim verschwendet wird.

Henrik Adler
Key Account Manager
Fertighaus bei Schiedel
GmbH & Co. KG

NACHHALTIG GEPLANTE GEBÄUDE

VON EE CONCEPT

Die Welt ist im Wandel. Klimawandel und Ressourcenknappheit zwingen uns, eingefahrene Wege zu verlassen und neue, zukunftsfähige Strategien zu entwickeln.

Noch vor wenigen Jahren lag der Fokus ausschließlich auf der Energieeffizienz und/oder Energieversorgungstechnologie. Heute sind wir einen großen Schritt weiter, da wir wissen, dass der Betrieb von Neubauten nur etwa die Hälfte der Treibhausgasemissionen verursacht. Die andere Hälfte entsteht durch die Errichtung der Gebäude, deren Struktur, Konstruktion und Materialität. Der ökologische Fußabdruck von Gebäuden muss in allen Phasen des Lebenszyklus minimal sein, um die Auswirkungen des Bauens auf nachfolgende Generationen so gering wie möglich zu halten. Betrachtet man den gesamten Lebenszyklus von Gebäuden, sind folgende Lebensphasen von Interesse:

- die Herstellung
- die Errichtung
- die Nutzung und der Betrieb
- der Rückbau und die Entsorgung.

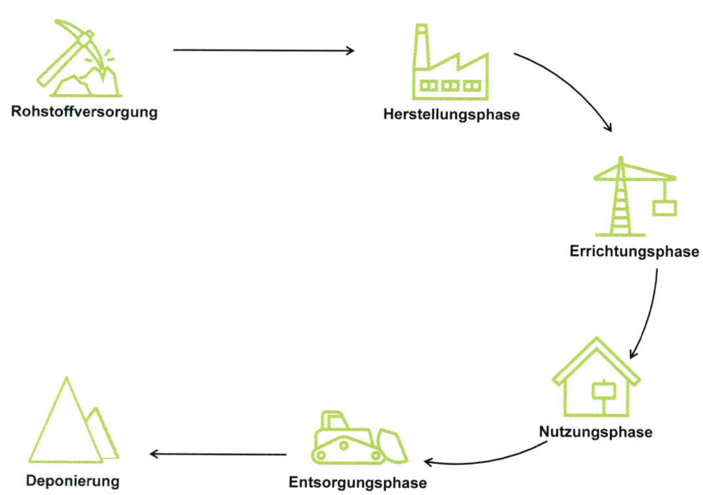

Lineare Wirtschaft

Die heute noch verbreitet angewandte, aktuelle Planungsrealität negiert die sich deutlich abzeichnende Ressourcenknappheit der kommenden Jahrzehnte und Jahrhunderte. Sie entspricht dem Geist der linearen Ökonomie: Am Anfang steht der Bagger, der Rohstoffe abbaut, und am Ende die Deponie, die das Abbruchmaterial endlagert. 90 % der inländischen mineralischen Rohstoffe gehen in Deutschland aktuell in den Bausektor, 50 % des Abfallaufkommens stammen aus dem Bausektor [destatis]. Diese lineare Denkweise können wir uns vor dem Hintergrund des Klimawandels und der Ressourcenknappheit nicht mehr leisten.

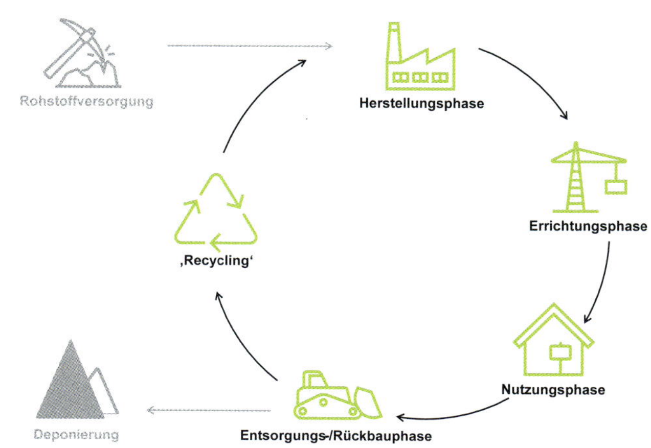

Kreislaufwirtschaft

Die lineare Wirtschaft stößt an ihre Grenzen und hat ausgedient. Auch und vor allem im Einfamilien- und Fertighausbau, der aufgrund des sehr ungünstigen Oberflächen-Volumen-Verhältnisses, des hohen Flächenverbrauches und Erschließungsaufwands ungünstige Voraussetzungen für den Klima- und Ressourcenschutz aufweist, gilt es, die Stoffkreisläufe zu schließen. Zukünftig müssen Gebäude so geplant und konstruiert werden, dass am Ende ihres Lebenszyklus keinerlei Abfälle entstehen und im Idealfall kein Recycling von Materialien erforderlich ist, das wiederum Treibhausgase freisetzt.

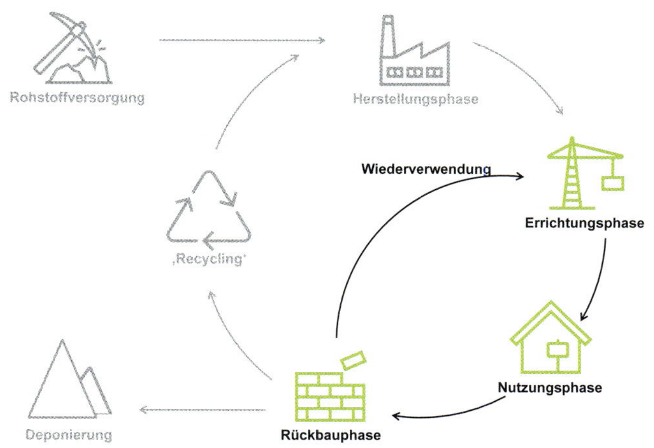

Zirkuläres Bauen

Der konsequenteste Klima- und Ressourcenschutz wird durch die Entwicklung von End-of-Life- Architekturen erreicht. Damit rückt die Post-use-Phase in den Fokus der Planung.

Grundsätzlich gilt: Je enger der Kreislauf geplant wird und je weniger Lebensphasenabschnitte er umfasst, desto günstiger ist dies für die nachfolgenden Generationen und desto mehr trägt dies zum Schutz der Erde bei. Gebäude, die am Ende ihres Lebenszyklus schadensfrei in ihre Bestandteile zerlegt werden können, haben einen Restwert und schonen Klima und Ressourcen. Gebäude, deren Einzelteile auf der Deponie landen, kosten Geld und belasten die Umwelt.

Einfache Planungsprinzipien ermöglichen es, den ökologischen Fußabdruck von Gebäuden deutlich zu reduzieren.

HERSTELLUNG

Der Anspruch an Wohnflächen ist in der Vergangenheit kontinuierlich gestiegen. Benötigte man in Deutschland 1991 pro Person noch knapp 34,9 m² Wohnfläche, waren es im Jahr 2021 bereits 47,7 m², was einer Steigerung von ca. 26 % entspricht [destatis].

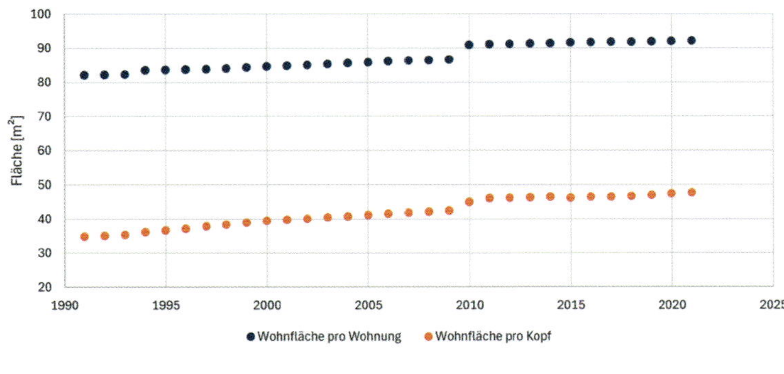

Wohnflächenentwicklung [destatis], Auswertung ee concept gmbh

Mit steigenden Wohnflächenanforderungen erhöhen sich die Emissionen im Betrieb sowie der Ressourcenaufwand in der Herstellung. Die Flächenminimierung ist daher die größte Stellschraube für einen nachhaltigen Wohnungsbau. Durchdacht geplante Grundrisse, die ohne monofunktionale Flächen (bspw. ausschließlich als Flur nutzbare Flure) auskommen, ermöglichen eine deutliche Flächenreduktion ohne Qualitätsverlust. Dazu müssen bereits in der Entwurfsphase Nutzungs- und Möblierungsszenarien durchgespielt werden. Wohngebäude sollten idealerweise so geplant werden, dass eine spätere Trennung in separat funktionierende Wohneinheiten nachträglich möglich ist, um auf Veränderungen in den Lebensabschnitten reagieren zu können. Die Nutzung des Vorhandenen und die Anwendung zirkulärer Strategien führen zu weiteren Einsparungen. Architektur muss zukünftig schadensfrei in Bauteile, Konstruktionen und Materialschichten elementier- und rückbaubar sein und so als direktes Bauteillager für Neubauten dienen. Diese Sekundärrohstoffe, also Bauteile aus Abbruchhäusern, können wiederum mit geringem Aufwand in „Neubauten" verbaut werden. Ein aktuelles Beispiel ist das „Recyclinghaus" von CITYFÖRSTER, das zu einem großen Teil aus wiederverwendeten Materialien und Konstruktionen sowie rezyklierten Baustoffen besteht.

Die größten Emissionen und Rohstoffverbräuche finden sich in den massereichen Bauteilen, z.B. der Tragstruktur, dem Dach und der Bodenplatte. Der Massereduktion kommt daher eine besondere Bedeutung zu. Nicht zuletzt ist auch der Anteil nachwachsender Rohstoffe entscheidend.

Recyclinghaus Hannover, CITYFÖRSTER

NUTZUNG UND BETRIEB

In der Nutzungsphase ist die Lebensdauer der verbauten Materialien von großer Bedeutung. So hat Teppich beispielsweise einen geringeren Treibhausgas- und Ressourcenimpact als Naturstein, dafür aber eine deutlich kürzere Lebensdauer und muss wesentlich häufiger ausgetauscht werden. In der Gesamtbilanz wäre Teppich die schlechtere Materialwahl, denn letztlich kommt es immer auf die Gesamtbilanz an.

Die Energiemengen, die für den Betrieb eines Gebäudes aufgewendet werden müssen, werden primär durch den Gebäudeentwurf bestimmt. Das Verhältnis von Gebäudehüllfläche zu Gebäudevolumen (A/V-Verhältnis) hat einen großen Einfluss auf den Endenergiebedarf im Betrieb. Einfamilienhäuser weisen im Verhältnis zum Raumvolumen eine große Gebäudehüllfläche auf, sodass der energetischen und ökologischen Qualität der Gebäudehülle eine große Bedeutung zukommt (vgl. Abbildung Beispielrechnung Betriebsemissionen). Die Minimierung der Wärmeverluste durch den Einsatz ökologischer Dämmstoffe sollte aufgrund dessen in den Fokus der Planung rücken. Fenster weisen im Vergleich zu opaken Wänden einen dreifach höheren U-Wert und damit dreifach höhere Wärmeverluste in solarstrahlungsarmen Zeiten auf. Durch die Verwendung von Fensterläden oder Rollos, die eine ruhende Luftschicht zum Fenster hin bilden, kann der Wärmeverlust in Zeiten mit geringer Sonneneinstrahlung deutlich reduziert werden.

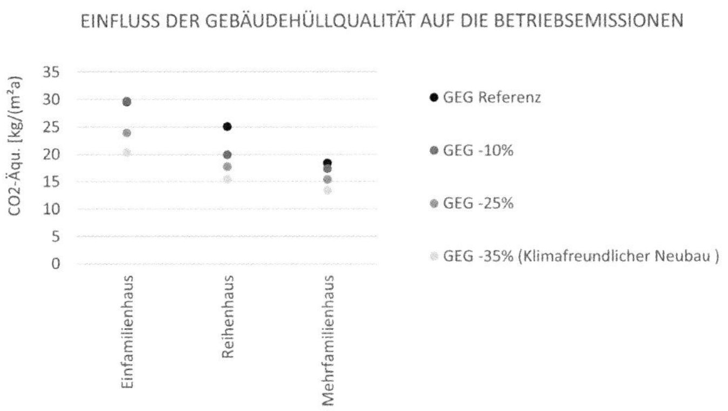

Beispielrechnung Betriebsemissionen (Fernwärme) bei unterschiedlicher Gebäudehüllqualität (U-Werte)

Grundsätzlich ist es möglich, durch eine präzise architektonische Planung Häuser zu entwerfen, die mit minimalem technischen Aufwand und geringem Energieaufwand eine hohe Nutzerzufriedenheit im Jahresverlauf klimaverträglich gewährleisten.

Die Entwicklung der Raumfolgen entsprechend der energetischen Anforderungen ist die Grundlage für eine hohe Behaglichkeit und einen geringen Energiebedarf. Solare Gewinne können nicht nur das Wohlbefinden steigern, sondern auch Wärmebedarfe reduzieren. Da die Sonne im Winter im Südosten aufgeht und im Südwesten bereits nach einer geringen Sonnenscheindauer wieder untergeht, ist es sinnvoll, Wohnräume mit höheren Wärmeansprüchen nach Süden auszurichten. Die Anordnung der Nutzungen nach Temperaturanforderungen (von kühl bis warm) sowie deren thermische Trennung durch Türen, saisonal nutzbare Schiebewände etc. ermöglicht eine raumweise, nutzungsspezifische Temperierung und reduziert damit den Energiebedarf im Betrieb.

Die Raumfolgen sollten auch im Hinblick auf den Sommerfall geplant werden. Die Sonne geht im Nordosten auf und nach langer Sonnenscheindauer über den Tag im Nordwesten unter, sodass die Ost- und Westfassaden auch wegen der flach eintreffenden Sonne überhitzungsgefährdet sind. Um der Überhitzung vorzubeugen, sollten Fensterflächen und außenliegend wirksame Sonnenschutzsysteme in alle Himmelsrichtungen entsprechend dem Sonnenverlauf geplant werden. Um das Wohnen in Zeiten des beschleunigten Klimawandels ohne zusätzliche Kühlung zu ermöglichen, müssen Strategien entwickelt werden, die eine nächtliche Entladung der Speichermasse des Gebäudes mit kühler Außenluft ermöglichen. Dies kann über einbruchsichere, wettersichere Nachtluftspülklappen ermöglicht werden.

> »Grundsätzlich ist es möglich, Häuser zu entwerfen, die mit minimalem technischen Aufwand und geringem Energieaufwand eine hohe Nutzerzufriedenheit klimaverträglich gewährleisten.«

Grundrisse sollten stets so geplant werden, dass eine effiziente Fenster-Querlüftung, von Fassade zu Fassade, möglich ist. Eine effiziente Fensterlüftung ist nur über voll geöffnete (nicht gekippte) Lüftungsquerschnitte möglich. Der Wohnungsbau der Zukunft weist Lüftungsöffnungen auf, die beim Lüften nicht zu tief in den Raum hineinragen und auch als opake Klappe ausgeführt werden können. Sie ermöglichen beim Öffnen einen schnellen Austausch des Raumluftvolumens. Intelligent geplante Gebäude kommen grundsätzlich ohne Raumlufttechnik aus. Gebäudetechnische Lüftungsanlagen führen beim Einsatz von Wärmepumpenkonzepten zu einem erhöhten Endenergiebedarf, was darauf zurückzuführen ist, dass bei Einsatz einer raumlufttechnischen Anlage die Einsparungen durch die Wärmerückgewinnung in der Regel geringer sind als der Mehraufwand für den Lufttransport. Der Wohnungsbau der Zukunft sollte im Hinblick auf den Ressourcenschutz die effiziente Fensterlüftung ermöglichen.

Neben der Betrachtung des Wärme-, Kälte- und Luft-Haushalts ist die Planung der Fensterflächen auch für die Tageslichtzufuhr ausschlaggebend und entsprechend dem Sonnenverlauf im Jahresgang und im Kontext der jeweiligen Nutzung zu konzipieren. Deckennah angeordnete, möglichst sturzfreie Fenster belichten den dahinterliegenden Raum auch bei geringer Verglasungsfläche besser als eher bodennah angeordnete Fenster mit Sturz. Die Fenster- und Fassadenplanung sollte im Grundriss stets geprüft werden, um verschiedene Möblierungsszenarien zu ermöglichen.

Fenster auf Teneriffa mit optimaler Anordnung des verglasten Anteils und Nachtluftspülklappen

RÜCKBAU

Für das End-of-Life-Szenario oder die Post-use-Phase ist die Art und Weise, wie das Gebäude konstruiert ist, von großer Bedeutung. Durch mechanische Fügung und Sortenreinheit, d. h. Vermeiden von verklebten, gemischten Verbundwerkstoffen, sowie durch geplante Demontagefreundlichkeit kann die Wiederverwendung von Struktur, Konstruktion und Material gewährleistet werden. Die Art und Weise, wie wir in den vergangenen Jahrzehnten gebaut haben, wird sich unweigerlich ändern. Die Verwendung ökologischer Baustoffe führt zu einem minimalen Aufwand beim Rückbau eines Gebäudes.

FAZIT

Zukunftsfähige Architektur muss Baukultur mit Klima- und Ressourcenschutz vereinen. Gebäude müssen den Anforderungen des Klimawandels standhalten, klimaresilient und robust sein, um eine möglichst lange Nutzung zu gewährleisten. Architektur, Raum, Konstruktion und Materialität spielen dabei die entscheidende Rolle.

Angèle Tersluisen
Prof. Dr.-Ing. Architektin, DGNB Consultant, Energieberaterin

Hannes Mahlknecht
Dipl.-Ing. Architektur, Klimahaus-Berater und Auditor, Lichtgestalter

David Bewersdorff
Dr.-Ing. Bauingenieurwesen

Duygu Yücetas
M.Eng. Zukunftssicher Bauen

04

FENSTER, TÜREN & SICHERHEIT

FENSTER UND TÜREN – FÜR DIE ZUKUNFT GEPLANT

Fenster und Türen sorgen nicht nur für Tageslicht, Wärme und ein gutes Klima im Haus. Sie sind zentrale Elemente des architektonischen Designs und prägen das Erscheinungsbild jedes Hausentwurfs. Gute Fenster und Türen sorgen zusätzlich für Sicherheit. Mit Blick auf die Zukunft lohnt es sich, hier innovative Entwicklungen mit in die Planung einfließen zu lassen. Von großen, bodentiefen Fensterfronten, einem gemütlichen Sitzfenster bis zu smart gesteuerten Dachfenstern oder Fensterbalkonen – es gibt eine Vielzahl an Möglichkeiten, ein Haus mit Fenstern auszustatten. Auch Türen haben neben ihrer reinen Funktion sehr viel gestalterisches Potenzial: allen voran die Haustür als die Visitenkarte des Hauses. Sie ist ein Statement, das die Persönlichkeit und den Stil der Bewohner widerspiegelt. Innentüren sollten ebenfalls mit Bedacht gewählt werden, denn sie bestimmen durch Materialwahl und farbliche Gestaltung den Charakter des Interieurs maßgeblich mit.

Helle Räume und ein offenes Wohnen liegen im Trend und werden mit Sicherheit auch künftige Hausarchitekturen prägen. Ob festverglast oder als Schiebeelement, große Fensterflächen lassen die Sonne ins Haus. Natürliches Licht erhöht den Komfort und das Wohlbefinden der Bewohner und wirkt sich positiv auf die Ästhetik der Räume aus. Sie erscheinen optisch größer und gemütlicher. Weitere Vorteile sind die passive Beheizung der Räume durch Sonneneinstrahlung, was zur Energieeffizienz beiträgt. Großflächige Schiebefenster oder Faltschiebesysteme mit mehreren Glasflügeln lassen sich inzwischen dank Soft-Close-Technik leicht und fast geräuschlos öffnen und schließen. Immer beliebter werden auch bodentiefe Ganzglas-Ecken als Gestaltungselement. Sie sind ein echtes Highlight in der Hausfassade und schaffen eine absolut individuelle Optik. Außerdem im Trend: mehr Glas, weniger Rahmen. Die nahezu rahmenlose transparente Bauweise wird sicherlich in den Neubauten der nächsten Jahre nicht wegzudenken sein. Sie sehen nicht nur schick aus, sondern schaffen noch größere Glasflächen und lassen das Draußen mit dem Drinnen verschmelzen.

Wie wäre es außerdem mit einem Sitzfenster? Diese Neuheit wird in Neubauten ebenfalls eine große Rolle spielen: Die holzumrahmten Relaxplätze können als gemütliche Leseecke, zusätzlicher Sitzplatz um den Esstisch oder einfach als Ort zum Entspannen und Genießen der Aussicht dienen. Um die Energiekosten klein und den Komfort in den eigenen vier Wänden hoch zu halten, sind zeitgemäße Fenster und Türen auf dem Stand der Technik das A und O, seien sie aus Holz, Kunststoff oder Aluminium. Fenster aus Holz mit dem FSC- oder PEFC-Siegel garantieren Holz aus nachhaltig bewirtschaften Wäldern. Hier gilt, dass höchstens so viel Holz geerntet wird, wie im Wald auch wieder nachwächst. Auch bei Kunststoff und Aluminium sowie bei Kombinationen davon sorgen Brancheninitiativen für die sachgemäße Wiederverwertung der kostbaren Ausgangsstoffe, so der Verband Fenster + Fassade.

Gute Fenster und Türen bestimmen die Sicherheit, vor allen Dingen, wenn sie auch noch smart sind. Komplettsysteme mit elektronisch unterstützten Öffnungs- und Schließmechanismen per Smartphone bei Hebe-Schiebe-Konstruktionen sowie die automatische Steuerung der Heizung während der Lüftung sind Beispiele für bereits machbare Add-ons. In die Scheibe integrierte Glasbruchmelder oder Verschluss- und Öffnungsmelder im Rahmen lösen Alarm aus, wenn das Fenster gewaltsam geöffnet wird.

TRENDS BEI FENSTERN, TÜREN UND SICHERHEIT

Material und Farbe der Türen und Fenster können den Charakter des Hauses stark beeinflussen – beginnend beim Eingangsbereich: Die Haustür ist das Erste, was Besucher von einem Haus sehen. In erster Linie erfüllt sie wichtige funktionale Aspekte wie Sicherheit, Wärmedämmung und Witterungsschutz. Hochwertige Materialien wie Massivholz oder pulverbeschichteter Stahl sorgen für Langlebigkeit und Robustheit. Moderne Sicherheitstechnik wie Spezialschlösser und Sicherheitsglas schützen vor Einbruch. Darüber hinaus ist sie natürlich auch noch weit mehr als nur ein Sicherheitselement: Klassische Holztüren vermitteln Wärme und Gemütlichkeit, während moderne Glas- oder Stahltüren für einen coolen, urbanen Look stehen. Farben, Formen und Materialien lassen sich individuell kombinieren und schaffen so ein unverwechselbares Erscheinungsbild.

Die inneren Türen und Fenster sollten ebenfalls entsprechend der persönlichen Vorlieben gestaltet werden: Weiße Innentüren sind echte Allrounder und passen zu nahezu jedem Einrichtungsstil, wobei glatte Oberflächen puristisch und modern wirken. Stiltüren mit Kassetten verleihen einen klassisch-eleganten Touch. Durch Verglasungen lassen sich weiße Türen zusätzlich aufwerten. Wer es extravaganter mag, greift zu Designtüren mit auffälligen Formen, Mustern oder Farben. Kontur-Designtüren mit geschwungenen Linien oder Türen in Trendfarben wie Grau setzen gezielte Akzente. Hier gibt es auch reduzierte Designs mit klaren Linien. In kleinen Räumen sind Schiebetüren eine platzsparende Alternative zu Drehtüren. Sie lassen sich bequem zur Seite schieben und nehmen so keine Fläche in Anspruch. Ganzglastüren verleihen Räumen eine luftige und offene Atmosphäre, lassen viel Licht hindurch und schaffen eine großzügige Raumwirkung. Sandstrahlapplikationen oder farbige Glastöne sorgen für dekorative Akzente.

Lofttüren mit kasettenartig eingefassten Rahmen aus dunklem Stahl verleihen Räumen einen coolen, industriellen Look und passen perfekt zum aktuellen Loft- und Urban-Stil. Sie eignen sich hervorragend als Raumteiler, um offene Grundrisse zu zonieren, ohne Räume komplett abzutrennen. Als innovative

Oben Größtmöglicher Lichteinfall durch kombinierte Fensterlösung
Rechts Dachfenster verschaffen auch einem Anbau mehr Helligkeit.

Oben Panorama-Sitzfenster mit einer breiten, umlaufenden Holzverkleidung in der Laibung

Neuheit werden inzwischen immer mehr sogenannte Pivottüren eingesetzt: Ihr mittig drehbarer Rahmen bietet ein faszinierendes Öffnungs- und Schließverhalten. Die 360°-Drehung ermöglicht darüber hinaus eine barrierefreie Durchgangssituation ohne Schwellen. Mehr als nur ein Panoramafenster mit Sitzgelegenheit sind die immer beliebter werdenden Sitzfenster. Sie sollten als fester Bestandteil der Architektur des Hauses von Anfang an mitgeplant werden. Ein Holzrahmen bietet eine natürliche und warme Optik, während Aluminiumrahmen für eine moderne und minimalistische Ästhetik stehen.

Das ist noch nicht alles an innovativen Neuheiten im Bereich Fenster: Einige Hersteller präsentieren bereits Systeme, bei denen großflächige Schiebefenster in der Fassade „verschwinden". Weitere interessante Neuheiten sind elektronisch tönbare Fenster, die sich nach Bedarf dunkler oder heller schalten lassen. Sie bieten einen Hitze- und Blendschutz ganz ohne Rollläden oder Jalousien. Bisher wird diese Innovation allerdings nur bei gewerblichen Großprojekten eingesetzt, aber auch ein Einsatz des elektrochromen Glases im privaten Bereich ist grundsätzlich denkbar. Wer es noch futuristischer haben möchte: Ein polnisches Unternehmen bietet mit dem SmartWindow eine interaktive Scheibe mit integriertem LCD-Bildschirm, WiFi- und Bluetooth-Schnittstelle. Auch das Dachfenstersystem Cabrio des Herstellers Velux, der auf den folgenden Seiten 94–99 sein Portfolio zeigt, ist ein spannendes Beispiel für das Denken in die Zukunft: Der ausklappbare Austritt öffnet sich mit nur zwei Handgriffen zu einem Minibalkon. Ganz nebenbei verbessert das System nicht nur den Wohnkomfort, sondern auch die Sicherheit, weil er oft als zweiter Rettungsweg anerkannt wird. Mit einem umfangreichen Angebot an energieeffizienten Kunststofffenstern und -türen hat auch der Hersteller Porta aus Linthe interessante Innovationen zu bieten – darüber mehr auf den folgenden Seiten 88–93.

Eine schöne Haustür heißt Besucher
wie Bewohner willkommen.

Rechts Große Schiebetüren lösen die Grenzen zwischen drinnen und draußen auf.
Unten links Übereck-Lösungen sind im Trend

Oben Eine integrierte Kameraüberwachung verschafft zusätzliche Sicherheit.

Info

Fenster gehören neben Terrassen-, Balkon-, Keller- oder Haustüren zu den größten Schwachstellen, die ein Haus für Einbrecher bieten kann. Es empfiehlt sich, Fenster und Fenstertüren auszuwählen, deren Einbruchhemmung nach DIN EN 1627 geprüft oder zertifiziert wurde.

PORTA FENSTER

Mit Innovationsfreude und Kompetenz entwickelt und fertigt PORTA FENSTER seit über 55 Jahren Kunststofffenster und -türen in garantierter Premium-Qualität. Als Hersteller energieeffizienter Kunststofffenster und -türen mit 140 Mitarbeitern werden – über ihre Produkte hinaus – neue Maßstäbe für ein ökologisch verantwortungsvolles Handeln gesetzt. Deshalb ist der Einsatz wiederverwertbarer Materialien bei PORTA FENSTER ebenso selbstverständlich wie umweltschonende Herstellungsverfahren mit hoher Wirtschaftlichkeit.

Oben Produktionshallen in Linthe/Brandenburg
Unten Verwaltungsgebäude in Porta Westfalica/NRW

Blick in die Historie Die Porta Bauelemente & mehr GmbH & Co. KG mit ihrer Marke PORTA FENSTER ist ein mittelständisches Familienunternehmen, das 1966 gegründet wurde. In Linthe werden seit dem Jahr 2003 jährlich rund 100.000 hochwertige Bauelemente – vor allem Fenster und Haustüren – aus Kunststoff gefertigt, die von rund 30 bundesweit tätigen Teams nach den neuesten Regeln der Technik montiert werden.
Am Heimatstandort Porta Westfalica befinden sich Verwaltung, Montageplanung und eine Verkaufsausstellung. Außerdem gibt es überregionale Vertriebsbüros. Die Mitarbeiterzahl wächst kontinuierlich. Zurzeit sind 120 Mitarbeiter in Linthe und 22 Mitarbeiter in Porta Westfalica beschäftigt.

Kunststofffenster und Haustüren aus Kunststoff oder Aluminium sind nicht nur äußerst robust und langlebig, sondern auch witterungsbeständig und pflegeleicht. Ihr modernes Design ermöglicht es, dass sie sich nahtlos in verschiedene architektonische Stile einfügen und das Erscheinungsbild eines Hauses verbessern können.

kühl-gemäßigtes Klima
phC
ZERTIFIZIERTE KOMPONENTE
Passivhaus Institut

Clima Compact

Die eigene Porta-Fenster-Innovation „Clima Compact" stellt einen bedeutenden Fortschritt in der Kunststofffenster- und Türtechnologie dar. Das Mehrkammersystem, geschäumt mit hochdämmendem Polyurethanschaum und mit Stahl verstärkt, setzt neue Maßstäbe für Wärmedämmung und Energieeffizienz. Entwickelt, um den ökologischen Fußabdruck zu minimieren, erfüllt es auch die strengen Anforderungen des Passivhausstandards – und dies patentiert in 14 Ländern.

Aluminium-Haustüren, Kunststofffenster und -türen

Unsere Aluminium-Haustüren (Systemgeber Schüco), Kunststofffenster und -türen (Systemgeber Kömmerling) bieten mit einer zertifizierten Sicherheitsstufe bis zu RC3 ein Höchstmaß an Einbruchschutz gemäß DIN EN 1627. Typische Einbruchtechniken wie das Aushebeln des Fensters oder der Tür sind bei RC3 erfolglos. Darüber hinaus bieten moderne elektronische Sicherheitskomponenten zusätzlichen Schutz. Ein elektronischer Türspion mit hochauflösender Kamera oder ein E-Öffner sind praktische Ergänzungen, die die Sicherheit erhöhen können. Besonders ein Codeschloss ist eine effektive Möglichkeit, den Sicherheitsaspekt zu stärken, und fügt sich optisch gut in das Gesamtbild einer modernen Haustür ein.

Smart-Home-Lösungen

Mit der Integration von Smart-Home-Technologie lassen sich Fenster, Rollläden und Lüftungen bequem per Smartphone und Tablet bedienen. Dies bietet zahlreiche Vorteile: Sie können Ihre Fenster von überall aus steuern, den Energieverbrauch optimieren und Heizkosten senken. Gleichzeitig erhöhen Sie die Sicherheit Ihres Zuhauses durch Einbruchssensoren und automatische Verriegelungen. Unsere smarten Fensterkomponenten bieten höchste Qualität, Zuverlässigkeit und unterstützen durch optimierten Energieverbrauch einen nachhaltigen Lebensstil.
Erleben Sie die Zukunft des Fensterbaus mit unseren intelligenten Lösungen.

INNOVATIVE FENSTERLÖSUNGEN – PASSEND ZU JEDEM STIL

Die Gestaltung von Fenstern spielt eine entscheidende Rolle in der Architektur und Funktionalität von Neubauten. Zwei beeindruckende Beispiele sind ein Bungalow mit Vorsatzrollläden und ein Haus im Bauhausstil mit großen Hebeschiebetür-Elementen, die beide durch ihre unterschiedlichen Fensterlösungen überzeugen.

Der Bungalow verkörpert modernes, praktisches Wohnen auf einer Ebene. Seine Fenster sind mit Vorsatzrollläden ausgestattet, die nicht nur optisch ansprechend sind, sondern auch funktionale Vorteile bieten. Diese Rollläden schützen vor starker Sonneneinstrahlung und helfen, die Innentemperatur zu regulieren. Zudem bieten sie zusätzlichen Schutz vor Einbrüchen und erhöhen die Privatsphäre. Die Integration dieser Rollläden in die Fassadengestaltung verleiht dem Bungalow ein harmonisches und zeitgemäßes Erscheinungsbild. Die Fenster sind so platziert, dass sie maximalen Lichteinfall gewährleisten und gleichzeitig die Möglichkeit bieten, die Helligkeit nach Bedarf zu regulieren.

Das Haus im Bauhausstil hingegen setzt auf große Hebeschiebetür-Elemente, die den minimalistischen und funktionalen Ansatz dieser Architekturrichtung perfekt unterstreichen. Diese großzügigen Glasflächen verbinden Innen- und Außenbereich nahtlos und schaffen eine offene, lichtdurchflutete Atmosphäre. Die Hebeschiebetüren bieten nicht nur eine hervorragende Aussicht, sondern auch hohen Bedienkomfort und Energieeffizienz durch moderne Verglasungstechnologien. Sie ermöglichen eine flexible Raumgestaltung und erweitern den Wohnraum optisch in den Garten oder auf die Terrasse. Der Einsatz dieser Fensterlösung ist typisch für den Bauhausstil, der Form und Funktion in Einklang bringt und auf klare Linien und Transparenz setzt.

Beide Häuser zeigen, wie unterschiedliche Fensterlösungen den Charakter und die Funktionalität eines Gebäudes prägen können. Während der Bungalow mit Vorsatzrollläden praktische und sicherheitsrelevante Aspekte betont, schafft das Haus im Bauhausstil mit seinen Hebeschiebetüren eine offene und lichtdurchflutete Wohnatmosphäre.

Links Auch im Klinkerbau machen sich bodentiefe Fenster gut. **Rechts** Die Villa im Bauhaus-Stil punktet von geradlinigen Fenstern und großformatigen Schiebetüren.

FOKUS AUF NACHHALTIGKEIT UND QUALITÄT

Im Gespräch mit Stefan Diekmann, geschäftsführender Gesellschafter Porta Bauelemente & mehr GmbH & Co. KG

Was macht Porta so besonders?

SD Seit über 55 Jahren stehen wir für Qualität, Innovation und ökologische Verantwortung. Unsere Kunststofffenster und -türen werden mit großer Innovationsfreude und Kompetenz entwickelt und gefertigt, um höchste Standards in Sachen Wärmedämmung, Energieeffizienz und Sicherheit zu erfüllen. Zudem habe ich es mir persönlich zur Verantwortung gemacht, dass bei PORTA FENSTER Made in Germany im Vordergrund steht. Alle unsere Hauptkomponenten werden in Deutschland gefertigt und montiert. Wir legen großen Wert darauf, dass auch unsere Lieferanten dieselben hohen Standards an Qualität und Nachhaltigkeit wie unser Unternehmen erfüllen.

»Ein Highlight unserer Produktpalette ist ›Clima Compact‹, eine wegweisende Innovation in der Kunststofffenster- und Türtechnologie.«

Stichwort Nachhaltigkeit und Ressourcenschutz. Wie ist Ihr Unternehmen hier aufgestellt?

SD Wir setzen uns aktiv für Umweltschutz und Nachhaltigkeit ein. Durch den Einsatz wiederverwertbarer Materialien und umweltschonender Herstellungsverfahren streben wir danach, unseren ökologischen Fußabdruck so gering wie möglich zu halten und einen Beitrag zum Schutz unserer Umwelt zu leisten. Ein herausragendes Merkmal unseres Unternehmens sind die Zertifizierungen, die unsere Bemühungen um Nachhaltigkeit und Qualität unterstreichen. PORTA FENSTER ist stolz darauf, die Zertifizierungen der Deutschen Gesellschaft für Nachhaltiges Bauen (DGNB) und das Qualitätssiegel Nachhaltige Gebäude (QNG) zu führen. Zudem wurde uns erneut das Brandenburger Umweltsiegel verliehen. Diese Auszeichnungen bestätigen unser Engagement für umweltfreundliche und energieeffiziente Bauprodukte. Darüber hinaus haben wir das CrefoZert für eine außergewöhnlich gute Bonität erhalten, was unsere finanzielle Stabilität und Zuverlässigkeit als Geschäftspartner unterstreicht.

Besondere Fenster wie die Porta-eigene Innovation Clima Compact halten die Wärme schützend im Haus.

Welche innovativen Produkte haben Sie im Portfolio?

SD Ein Highlight unserer Produktpalette ist „Clima Compact", eine wegweisende Innovation in der Kunststofffenster- und Türtechnologie. Dieses System setzt neue Maßstäbe für Wärmedämmung und Energieeffizienz. Mit seiner Zertifizierung als Passivhaus-Komponente und dem Sicherheitszertifikat bis zu RC3 bietet es nicht nur optimalen Schutz vor Einbrüchen, sondern auch ein Höchstmaß an Energieeinsparung und Komfort. Um unser Produktportfolio zu erweitern und den Bedürfnissen unserer Kunden gerecht zu werden, haben wir kürzlich

Zentraler Bestandteil des Engagements für Qualität und Kundenzufriedenheit ist der eigene Lkw-Fuhrpark.

Auch der Porta-Kundenservice ist mit eigenen Fahrzeugen ausgestattet.

auch die Produktion von Aluminium-Haustüren aufgenommen. Diese bieten neben den bekannten Vorteilen von Aluminium eine zusätzliche Sicherheitsstufe bis zu RC3. Unsere Aluminium-Haustüren sind in verschiedenen Farben, Oberflächenstrukturen und Verglasungsoptionen erhältlich, um den individuellen Vorlieben unserer Kunden gerecht zu werden. Zusätzlich weisen unsere Aluminium-Profile einen sehr guten CO_2-Äquivalent-Wert pro Kilogramm Aluminiumprofil auf und bestehen zu einem Großteil aus recyceltem Pre-Consumer-Material, wie uns vom Hersteller bestätigt wurde. Diese ökologischen Merkmale unterstreichen unser Engagement für Nachhaltigkeit und Umweltschutz.

Was tun Sie noch, um Ihre Kunden rundum zufriedenzustellen?

SD Wir bei PORTA FENSTER sind stolz darauf, unseren Kunden nicht nur hochwertige Produkte, sondern auch einen herausragenden Service und eine umfassende Unterstützung bieten zu können. Wir sind Ihr verlässlicher Partner für Fenster und Türen, der sich kontinuierlich für Qualität, Innovation und Kundenzufriedenheit einsetzt.

Ein zentraler Bestandteil unseres Engagements für Qualität und Kundenzufriedenheit ist unser eigener Lkw-Fuhrpark. Durch diesen können wir nicht nur die termingerechte Lieferung unserer Produkte sicherstellen, sondern auch flexibel auf die Bedürfnisse unserer Kunden eingehen. Dies ermöglicht es uns, eine reibungslose Logistik zu gewährleisten und unseren Service auf höchstem Niveau anzubieten.

Darüber hinaus legen wir großen Wert auf unseren Kundenservice, der mit eigenen Fahrzeugen ausgestattet ist. Unsere geschulten Mitarbeiter stehen jederzeit zur Verfügung, um bei Fragen, Problemen oder Wartungsarbeiten an Fenstern und Türen professionell und zuverlässig zur Seite zu stehen. Wir verstehen, dass der Kundenservice ein entscheidender Faktor für die Zufriedenheit unserer Kunden ist, und setzen daher alles daran, Ihren Anforderungen gerecht zu werden.

»Unsere Kunststofffenster und -türen werden mit großer Innovationsfreude und Kompetenz entwickelt und gefertigt.«

Stefan Diekmann
Geschäftsführender Gesellschafter Porta Bauelemente & mehr GmbH & Co. KG

VELUX – DACHFENSTER UND OBERLICHTER

VELUX ist ein weltweit führendes Unternehmen in der Herstellung von Dachfenstern und Oberlichtern. Mit einem starken Fokus auf Nachhaltigkeit und Innovation bietet VELUX Produkte, die nicht nur das Tageslicht und die Belüftung in Gebäuden verbessern, sondern auch den Energieverbrauch reduzieren. Der Hauptsitz des Unternehmens befindet sich in Hørsholm, Dänemark, und VELUX ist in über 40 Ländern weltweit präsent.

Blick in die Historie VELUX wurde 1941 von Villum Kann Rasmussen gegründet, um mehr Tageslicht und frische Luft in Dachräume zu bringen. Der erste Prototyp wurde in einer dänischen Schule installiert. Heute bietet VELUX eine breite Produktpalette an, um Wohn- und Arbeitsräume angenehm zu gestalten. VELUX Dachfenster tragen zu besseren und gesünderen Innenräumen für zukünftige Generationen bei. Sie sind langlebig und aus zertifiziertem Holz gefertigt. Seit der Gründung vor 80 Jahren verbessert VELUX kontinuierlich die Dachfenster zum Nutzen der Allgemeinheit.

Die VELUX Hauptverwaltung in Hamburg

»Unsere Idee ist es, durch Aufforstungen bis 2041 so viel CO_2 zu binden, wie unserem historischen Fußabdruck seit 1941 entspricht.«

Hochwertige Architektur und Energieeffizienz gehören heute untrennbar zusammen. Das gilt für die Gebäudehülle und die gesamte Raumklimaplanung genauso wie für die Lichtplanung in einzelnen Räumen. Wer mit Dachfenstern Tageslicht ins Haus lässt, kann das ganze Jahr über ein gesundes und natürliches Raumklima erwirken, ohne hohe Verbraucher wie Lüftungs- oder Klimaanlagen einsetzen zu müssen.

Anwendung im Badezimmer

Die innovative Lichtlösung 3-IN-1 von VELUX: Diese Dachfenster vereinen Licht, Luft und eine solarbetriebene, automatische Bedienung. Sie bieten exzellente Belichtung, Belüftung und eine umweltfreundliche Lösung für Ihr Zuhause. Die 3-IN-1-Lichtlösung kombiniert drei Fenster in einem Rahmen, was mehr Tageslicht und eine bessere Aussicht ermöglicht. Das größere Glas sorgt für ein modernes, elegantes Aussehen des Raums.

Anwendung im Flur

Ein Highlight ist die solarbetriebene Steuerung, die eine einfache Installation ohne Stromnetz ermöglicht. Über die VELUX ACTIVE with NETATMO App können die Fenster bequem per Smartphone oder Tablet gesteuert werden. Die App ermöglicht eine automatische Belüftung, basierend auf Raumklima-Sensoren, die die Luftqualität überwachen und die Fenster entsprechend anpassen.
Zusätzlich können die Dachfenster mit solarbetriebenen Rollläden und Sonnenschutzprodukten ausgestattet werden, was zur Energieeffizienz und zum Wohnkomfort beiträgt. Energiesparende Beschichtungen reduzieren Wärmeverluste und verhindern Überhitzung im Sommer. Die Holzrahmen stammen aus zertifizierten Wäldern, und die Produktion erfolgt umweltfreundlich.

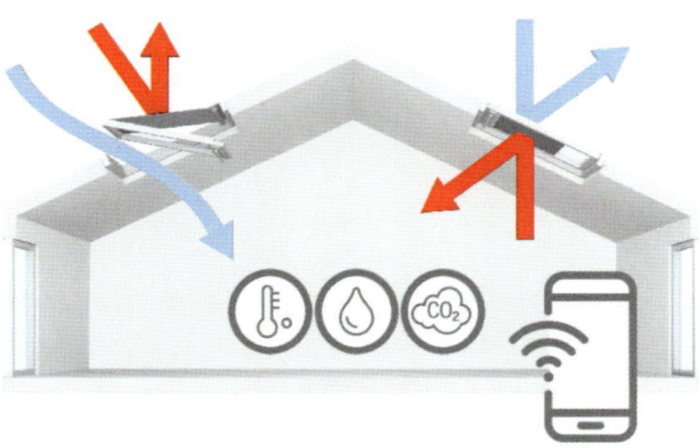

Smart Home mit VELUX für angenehm kühle Nächte im Sommer

Die Kombination von VELUX und Somfy-Produkten ermöglicht nicht nur ein komfortableres Zuhause, sondern auch eine effektive Wärmeregulierung. Fenster, Rollläden und Markisen können bequem von einem Ort aus gesteuert werden und sorgen so für ein angenehmes Raumklima, was gleichzeitig den Energieverbrauch reduziert.
Die Integration beider Systeme ermöglicht eine zentrale Steuerung über die VELUX ACTIVE with NETATMO App sowie einen proaktiven Hitzeschutz durch die intelligente Nutzung von Rollläden und Markisen. Diese Funktionalität hält die Hitze draußen und sorgt für kühle, erholsame Nächte.

Wer mit Dachfenstern Tageslicht ins Haus holt, hat ganzjährig ein gesundes und natürliches Raumklima.

DACHFENSTER ALS ENERGIESPARQUELLE

Natürliche Klimatisierung und effiziente Energienutzung

Hochwertige Architektur und Energieeffizienz gehören heute untrennbar zusammen. Das zeigt das Referenzobjekt von Gussek Haus, das sowohl für die Gebäudehülle als auch für die gesamte Raumklimaplanung und Lichtplanung in einzelnen Räumen gilt. Wer mit Dachfenstern Tageslicht ins Haus lässt, kann das ganze Jahr über ein gesundes und natürliches Raumklima erwirken, ohne hohe Verbraucher wie Lüftungs- oder Klimaanlagen einsetzen zu müssen. Regelmäßiges manuelles Stoßlüften und im Fenster integrierte nutzerunabhängige Lüftungselemente sorgen für einen effektiven Luftaustausch sowie für eine ideale Raumluftfeuchte.

Das Gebäude als ganzheitliches System zu verstehen, das die Anforderungen an die Energieeffizienz mit einem gesunden Raumklima in Einklang bringt und dabei die Wünsche und Bedürfnisse seiner Bewohner berücksichtigt, ist das erklärte Ziel einer modernen, fundierten Tageslichtplanung.

Ein Zuhause ist nicht nur ein Ort des Schutzes, sondern auch ein Ort der Gemeinschaft und der Selbstentfaltung. Jeder Raum, einschließlich des Dachs, bietet die Möglichkeit, ein individuelles und einzigartiges Ambiente zu schaffen. Doch oft vernachlässigen wir die Bedeutung von natürlichem Licht und frischer Luft in unseren Innenräumen, obwohl sie sich nachweislich positiv auf unsere Gesundheit auswirken. In einer Zeit, in der wir einen Großteil unseres Lebens drinnen verbringen und Tageslicht oft Mangelware ist, verlieren wir den Bezug zu den natürlichen Rhythmen, die unsere innere Uhr regulieren. VELUX hat es sich zur Aufgabe gemacht, Licht, Luft und einen weiten Ausblick in das Dachgeschoss zu bringen, um ein besseres Wohnklima und somit eine höhere Lebensqualität zu schaffen.

Das Referenzobjekt von Gussek Haus ergänzt dieses Konzept durch seine hochwertigen und individuellen Dachkonstruktionen, die die Vision von lichtdurchfluteten und luftigen Wohnräumen verwirklichen.

Links Das moderne Fertighaus kombiniert innovative Architektur mit nachhaltiger Bauweise.

Unten Dank ihres horizontalen Einbaus ermöglichen Flachdachfenster einen direkten Lichteinfall.

NATÜRLICHES AMBIENTE

Die Magie von Flachdachfenstern im Wohnkonzept

Dieses moderne Fertighaus von WeberHaus, entworfen von Architekt Hamid von Berg-Hadjoudj und Villa Projects, kombiniert innovative Architektur mit nachhaltiger Bauweise. Die VELUX Flachdach-Fenster sorgen für eine helle, freundliche Atmosphäre und lassen viel natürliches Licht in die Wohnräume.

Direkter Lichteinfall und gleichmäßige Ausleuchtung – dank ihres horizontalen Einbaus ermöglichen Flachdachfenster einen direkten Lichteinfall und vermeiden Schattenwürfe durch die Dachneigung, was zu einer gleichmäßigen Ausleuchtung ohne störende Dunkelzonen führt. Zusätzlich bieten VELUX Flachdach-Fenster eine gewisse Privatsphäre, ohne dabei auf natürliches Licht zu verzichten.

VELUX Flachdach-Fenster bieten innovative Lösungen für mehr Tageslicht und frische Luft in Räumen unter flachen Dächern. Sie sind energieeffizient, wetterbeständig und bieten hervorragenden Lärmschutz. Mit verschiedenen Design-Optionen und Zubehör wie elektrischen Steuerungen und Sonnenschutz passen sie harmonisch zu jeder Architektur.

Ein Highlight ist das VELUX Flachdach-Fenster KONVEX-GLAS. Das gebogene Glas und die randlose Oberfläche sorgen dafür, dass Regenwasser und Schmutz automatisch ablaufen. Schmale Rahmenprofile bieten eine klare Sicht und maximalen Tageslichteinfall. Mit 2- oder 3-fach-Verglasung bietet es eine hervorragende Wärmedämmung.

Neue Flachdachfenster funktionieren solarbetrieben.

INNOVATIVE LÖSUNGEN FÜR DACHFENSTER

Im Gespräch mit Christian Krüger, Leiter des Teams Architektur-Planung bei der VELUX Deutschland GmbH

Wie werden wir in Zukunft bauen und wohnen?

CK Der Vorfertigungsgrad wird sich sicher noch weiter erhöhen. Und wir werden uns intensiver Gedanken darüber machen, wie gut die einzelnen Bestandteile hinterher wieder demontierbar sind. Mechanische Verbindungen sind besser als geklebte, auch auf komplizierte Befestigungsmittel sollte verzichtet werden. Wir werden künftig angesichts steigender Kosten und kleinerer zur Verfügung stehender Flächen auch wieder kleiner bauen müssen. Auch wenn man von einem Einfamilienhaus mit Garten träumt – vielleicht kann man sich künftig auch einen grünen Raum oder einen Außenraum mit einem ganzen Quartier oder in einer Siedlung teilen. Hierzu hat VELUX übrigens in Kopenhagen ein interessantes Zukunftsszenario entworfen – die „Living Places".

Was hat es damit auf sich?

CK Living Places ist eine gebaute Zukunftssiedlung und umfasst sieben Prototypen in Originalgröße – fünf offene Pavillons und zwei fertige Häuser, die mithilfe bestehender Technologien und Materialien entwickelt wurden. In Kooperation mit EFFEKT Architects, Artelia Engineers und Enemærke & Petersen zeigen wir hier, wie schon heute nachhaltige Wohngebäude mit einem dreifach geringeren CO_2-Fußabdruck und einem dreimal besseren Innenraumklima gebaut werden können. Das Projekt ist Teil unserer Architektur-Initiative „Build for Life" und erforscht interdisziplinär, wie ressourcenschonende Architektur der Zukunft aussehen kann. Im Rahmen unserer Nachhaltigkeitsstrategie wollen wir Architektur und Bauindustrie mit neuen Impulsen und zukunftsweisenden Ideen zur Entwicklung nachhaltiger und gesunder Gebäude inspirieren, um dem Klimawandel schnellstmöglich entgegenzuwirken. Wir müssen nicht auf zukünftige Technologien warten, um weitaus nachhaltigere Häuser zu bauen, die gesund, erschwinglich und schön zu bewohnen sind. Interessant ist dort auch, dass an jeder verbauten Komponente zwei Preisschilder hängen – eines, wie viel es tatsächlich in Euro kostet, das andere ist ein CO_2-Preisschild. Hier kann man als Bauherr dann leichter entscheiden – nehme ich entweder das billigste oder das CO_2-ärmste Produkt. In diesen Häusern wurden natürlich die nachhaltigen Varianten verbaut.

In den Living Places wurde mit vielen Fenstern und „Lufträumen" für ein gutes Raumklima gearbeitet. Können Sie das näher erläutern?

CK Ja, die Häuser haben eine ganz spezielle interne Organisation – sie sind vom Grundriss her offen, haben vertikale Verbindungen und Lufträume, also einen gewissen Kamineffekt nach oben. Und viele Fenster in verschiedene Richtungen, inklusive Dachfenstern. Denn in Zukunftshäusern geht es sowohl um niedrigere CO_2-Werte als auch um bessere Lebensbedingungen. Wir sollten so bauen, dass wir uns gerne darin aufhalten und unsere Häuser möglichst lange nutzen können. Das ist ebenfalls nachhaltig.

Großzügige Fensterlösungen ermöglichen den Einfall von natürlichem Tageslicht.

Wie sehen Ihre innovativen Produkte für die Zukunft aus?

CK Wir hatten ja vorhin schon über die Vorfertigung gesprochen, hier hat VELUX z. B. mit gaubenähnlichen Lösungen im Baukastensystem sehr viel zu bieten. Sie sind eine sehr gute Alternative zu aufwendig eingebauten Gauben. Hier haben wir vorgefertigte Komplettsysteme, der Bauherr braucht eigentlich nur einen Dachdecker, einen Trockenbauer und einen Maler. Es werden also nur wenige Gewerke für den Einbau benötigt. In diesem Bereich gibt es auch weitere sehr schöne Möglichkeiten, wir nennen es Lichtlösungen – wo man zwei oder mehr Fenster direkt nebeneinander platziert, in vertikalen oder horizontalen Kombinationen. Oder das sogenannte „Aufkeilen" von Fenstern – hier stellt man die Fenster bei flachen Dachneigungen mit einer vorgefertigten Rahmenkonstruktion steiler als das eigentliche Dach und erhält schöne lichtdurchflutete Räume. Zu unseren innovativen Lösungen gehört auch das sehr charmante Balkon-Austrittsfenster – bei uns heißt er Dachbalkon. Dieser bringt Licht und Luft in Räume unter Schrägen und sorgt für eine fantastische Aussicht. Zum Öffnen wird der obere Teil bis 45° aufgeklappt, während der untere Teil beim Herausdrücken automatisch in die Senkrechte gestellt werden kann. Das Geländer klappt heraus und Sie können hinaustreten, um Sonne, Luft und einen freien Blick bis zum Horizont zu genießen. Zusätzlich schafft die großzügige Fensterfläche in geschlossenem Zustand viel Licht und freien Blick vom Boden bis fast zur Decke. Er braucht auch nicht mehr Platz als ein normales Dachfenster. Eine Besonderheit des Produktsortimentes ist, dass sämtliche Komponenten aufeinander abgestimmt sind – auf Dachdeckungsmaterialien, auf die Anforderungen an das Fenster: Will ich das Fenster elektrisch bedienen? Welche Scheibenqualität will ich? Benötige ich einen Ausstieg als zweiten Rettungsweg, oder muss ich entrauchen? Und so weiter. Das ist alles aufeinander abgestimmt, sodass Sie eine unfassbare Variabilität erhalten.

Die Living Places in Kopenhagen

»Wir müssen nicht auf zukünftige Technologien warten, um weitaus nachhaltigere Häuser zu bauen, die gesund, erschwinglich und schön zu bewohnen sind.«

Was tut Ihr Unternehmen im Bereich Nachhaltigkeit?

CK Ein großer Baustein unserer Strategie sind Beispielprojekte wie etwa die Living Places und weitere Initiativen, mit denen wir aufzeigen, wie man nachhaltig bauen kann. Es gibt mittlerweile über 30 Projekte, die in den letzten Jahren als Pilot- oder Forschungsprojekte entstanden sind. Vor zehn Jahren haben wir auch in Deutschland ein altes Siedlungshaus revitalisiert und natürlich haben wir auf der Produktebene schon viele Maßnahmen getroffen, etwa im Bereich Verpackungen. 95 Prozent aller Verpackungen sind plastikfrei, bestehen tatsächlich nur noch aus Pappe. Unser gesamter Strombedarf wird regenerativ gedeckt, und unsere Dienstwagenflotte wird auf elektrische Fahrzeuge umgestellt. Hierfür haben wir in Kooperation mit der BayWa ein großes PV-Feld gebaut, sodass wir in der Jahressumme vollständig regenerativ unterwegs sind.

In unseren Produktionsstandorten verwenden wir Materialien wie Aluminium, Glas oder Stahl, die wir von Zulieferern einkaufen. In diesem Bereich haben wir Partnerschaften und Vereinbarungen getroffen, um Material mit hohem Recyclinganteil und niedrigen CO_2-Emissionen zu erhalten. Und wir haben auch Aufforstungsprojekte mit dem World Wildlife Fund (WWF). Unsere Idee ist es, durch Aufforstungen bis 2041, dem 100-jährigen Bestehen unseres Unternehmens, so viel CO_2 zu binden, wie unserem historischen Fußabdruck seit 1941 entspricht.

Christian Krüger
Leiter des Teams Architektur-Planung bei der VELUX Deutschland GmbH

SMARTE FENSTER UND TÜREN FÜR DAS HAUS DER ZUKUNFT

Fenster und Türen prägen nicht nur das Erscheinungsbild eines Hauses, sie sind auch mitentscheidend für die Sicherheit und Energiebilanz der Immobilie. Worauf es bei der Planung ankommt, erklärt Frank Lange vom Verband Fenster + Fassade (VFF).

Welche neuen Trends gibt es bei Fenstern und Türen?

FL Den Trend zu großzügigen Fenster- und Türenelementen gibt es ja schon länger – Lichteinfall und Transparenz moderner Glaslösungen sorgen dafür, dass die Übergänge von Wohnraum und Natur fließend ineinander überzugehen scheinen. Für die dafür nötigen Glaselemente bieten sich Hebe-Schiebe-Türen an. Sie kommen ohne in den Raum stehende Türflügel aus, vielmehr werden sie seitlich in den Raum geschoben. Das ermöglicht einen leichten Übergang vom Raum auf Terrasse oder Balkon. Mit einer Drehung des Griffs gleitet die Hebe-Schiebe-Tür auf Laufschienen oder -wagen und kann dann bequem weiter geöffnet oder geschlossen werden. Dabei sind Türbreiten von mehreren Metern durchaus gängig. Zu achten ist darauf, dass großflächige Schiebetüren nicht zur Einladung für ungebetene Gäste werden. Mit den richtigen Sicherheitsvorkehrungen, etwa durch sogenannte Schwenkhakengetriebe und der richtigen Sicherheitsverglasung, werden sie einbruchhemmend bis zur sogenannten Widerstandsklasse 2 (RC2). Kurbeln und hoher Kraftaufwand gehören der Vergangenheit an, wenn leichtgängige Schiebekonstruktionen oder entsprechende E-Motoren eingebaut sind. Solch elektrischer Komfort macht das eigene Zuhause zugleich besonders altersgerecht, zumal auch immer mehr barrierefreie Schwellen angeboten werden.

Gibt es beim Fenster-Design Neuigkeiten?

FL Was Materialien, Farbe und Struktur angeht, sind bei Fenstern viele Optionen möglich: Holz, Kunststoff und Aluminium sind ebenso anzutreffen wie Kombinationen dieser Materialien für die Fensterrahmen und -flügel. Für Holz-Alu- oder Kunststoff-Alu-Kombinationen bieten sich Aluminium-Deckschalen an, die sich in unterschiedlichen Farben lackieren und beschichten lassen. Aber auch Fensterrahmen aus nur einem Material sind in zahlreichen Farben und strukturierten Oberflächen erhältlich. Was viele nicht wissen: Fensterrahmen können außen und innen verschiedenfarbig sein: Wer nach außen hin Akzente in der Fassade setzen möchte oder das gleiche Material und Farbe wie die Fensterbank, die Sonnenschutzschiene oder den -kasten haben möchte, nach innen hin aber eher gedeckte Farben wie Grau oder Anthrazit bevorzugt, muss keine Kompromisse machen und kann zweigleisig unterwegs sein. Grau- und Weißtöne ebenso wie Mattschwarz sind nach wie vor auch für die Außenseite ein starker Trend. Das gilt auch für die Türen, die Visitenkarte des Hauses. Die Bandbreite reicht hier von harmonischen, der Natur nachempfundenen Farbtönen bis zu moderner und technisch geprägter Eleganz. Neben Material und Farbe ist die Oberflächenstruktur für deren Charakter ein wichtiger Faktor. So gibt es Kaschierfarben mit verschiedenen Oberflächenstrukturen.

Wie sehen die Trends bei Haustüren aus?

FL Bei Haustüren sind die Gestaltungsmöglichkeiten fast noch größer als bei Fenstern. Denn für Haustüren kommen heut-

Sitzfenster bieten zusätzliche Sitzflächen und schöne Ausblicke in die Natur.

Frank Lange
Geschäftsführer Verband Fenster + Fassade

Als materialübergreifender Verband vertritt der Verband Fenster + Fassade (VFF) die Interessen von mehr als 400 Firmen aus der Fenster- und Fassadenbranche. Die Mitgliedsbetriebe verarbeiten Aluminium, Stahl, Holz, Kunststoff und Glas, bieten aber auch Sonnenschutz- und Sonderlösungen an. Mehr Informationen gibt es auf window.de

zutage auch multiple Oberflächen infrage. Neben Holz-, Kunststoff- oder Schiefer- erfreut sich auch Beton-Optik steigender Beliebtheit. Dieses Material sieht aus und fühlt sich an wie Beton, ist aber keiner – sondern ein Kunstharz in Betonoptik. Jede Tür ist ein Unikat, denn der sogenannte Art-Beton enthält Lufteinschlüsse, deren Anzahl und Verteilung bei jeder Tür anders sind. Der Verbundwerkstoff wird ganz dünn auf eine Trägerplatte aufgebracht, sodass er die Tür nicht besonders schwer macht, aber optisch für einen echten Hingucker sorgt. Doch auch Applikationen aus Keramik, Sandstein, Schiefer oder Füllungen in Echtholz und Echtholz-Optik verleihen der Haustür eine besonders individuelle Note.

Thema „Smart" – was gibt es hier im Bereich Fenster und Türen?

FL Wer auf hohen Bedienkomfort setzt, greift bei Fenstern auf smarte Lösungen zurück, bei denen die Fenstergriffe per App oder ganz automatisch beim Verlassen des Hauses selbsttätig verriegeln. Die Ausbaustufe ist der gänzliche Verzicht auf den Hebel. Dank motorischer Antriebe erfolgt die Bedienung des Fensters dann per Wandschalter, Sprachsteuerung oder App. Verdeckt liegende Technik sorgt dafür, dass die Motoren praktisch nicht zu sehen sind. Solch motorische Unterstützung ist auch interessant, wenn das Heim barrierefrei sein soll. Auch beim Kipplüften: Hier kann ein motorischer Antrieb jederzeit für Frischluft sorgen. Sinnvollerweise lassen sich so auch motorische Sonnenschutzanlagen mit Wind- und Sonnenwächter integrieren. Weil sich solche Smart-Home-Anwendungen per App vom eigenen Mobiltelefon aus bedienen lassen, kann man sich auch auf Reisen vergewissern, dass mit den Fenstern alles so ist, wie es sein sollte. Smart Home bringt über die Zustandsüberwachung mehr Sicherheit gegen Einbruch und ist ein wichtiger Beitrag zur Gebäudeeffizienz für mehr Klimaschutz.

Oben links Die großzügige Haustür lässt sich dank spezieller Beschläge smart öffnen.
Unten Eine Glastür mit Metalleinfassung schafft Loft-Feeling.

05

ENERGIE & BELEUCHTUNG

ENERGIE SPAREN, WOHNKOMFORT STEIGERN

Über Wärmepumpen, Lüftungsanlagen und Photovoltaik leisten Fertighäuser einen großen Beitrag im Bereich Nachhaltigkeit. Insbesondere wenn Neuheiten wie ein Heizsystem mit integrierter Lüftungsanlage mit Wärmerückgewinnung umgesetzt wird oder über Solarkollektoren der eigene Strom erzeugt wird. Ebenso sorgen innovative Ideen im Bereich Beleuchtung, etwa smarte Lichtsysteme, sensorgesteuerte LED-Lichtbänder oder beleuchtete Gartenpoller, für Komfort und Unfallfreiheit im und rund ums Haus.

Energieeffizienz ist längst ein zentraler Bestandteil nachhaltiger Architektur geworden. Durchdachte Konstruktionen in Kombination mit hochwertigen Dämmmaterialien und Fenstern ergeben optimierte Gebäudehüllen, die auf eine maximale Nutzung von natürlicher Wärme und Licht setzen. Dadurch werden Wärmeverluste minimiert. Gleichzeitig entsteht im Zusammenspiel mit ausgeklügelter Heiz-, Kühl- und Lüftungstechnik ein gesundes Raumklima. Innovative Produkte wie Luft-Luft-Wärmepumpen, Luft-Wasser-Wärmepumpen, Sole-Wasser-Wärmepumpen oder eine Holzpellet-Heizung tragen außerdem dazu bei, den ökologischen Fußabdruck des Gebäudes zu reduzieren. Mit kontrollierter Be- und Entlüftung mit Wärmerückgewinnung ist zudem immer frische Luft im Haus, ohne die Fenster öffnen zu müssen und wertvolle Heizenergie zu verlieren. Zusätzlich filtert die Anlage Schadstoffe und Staub aus der Zuluft, sodass immer unbelastete Luft in den Räumen zirkuliert. Auch über Photovoltaik leisten Fertighäuser einen großen Beitrag im Bereich Nachhaltigkeit. Moderne Systeme sind mittlerweile in der Lage, nicht nur den Eigenbedarf zu decken, sondern auch überschüssige Energie in Batteriespeichern zu speichern. Diese kann dann in sonnenarmen Zeiten genutzt werden, was die Unabhängigkeit von externen Energiequellen erhöht. Solarmodule galten früher oft als störendes Element im Hausdesign. Inzwischen gibt es mit Solardachziegeln und Fassadenpaneelen innovative Lösungen, die eine nahtlose Integration ermöglichen und sich harmonisch in das architektonische Gesamtbild einfügen.

Eines der wichtigsten Themen im modernen Zukunftshaus ist eine intelligente Lichtplanung. Experten empfehlen, so früh wie möglich mit der Lichtplanung zu beginnen, denn Kabelauslässe lassen sich später nur schwer korrigieren, jede Form von deckenintegrierter Beleuchtung erfordert entsprechende Aussparungen in der Schalung. Eine interessante Neuerung im Bereich Innenbeleuchtung ist sogenanntes Architekturlicht: Hier werden rund zehn Millimeter große, blendfreie Lichtpunkte in den Decken verteilt, die dennoch mit großer Strahlkraft erfüllt sind. Deplatzierte Leuchten, völlig überbeleuchtete Räume, Spotlights, die grundsätzlich aus allen Richtungen blenden, gehören damit der Vergangenheit an. Ebenfalls neu und hochinnovativ ist das nahezu flimmerfreie, quecksilberfreie LED-Licht, das ein Fertighaushersteller aus Erkheim anbietet. Zwar sieht man nicht, dass Lampen flimmern – aber man kann es spüren. Auf diesen Stroboskop-Effekt reagieren nicht nur empfindliche Menschen mit schnellerer Ermüdung, Kopfschmerzen, teilweise sogar epileptischen Anfällen. Deshalb wurde ein spezielles System mit dem Augenmerk auf weniger Lichtflimmer sowie bester Farbwiedergabe, naturnaher Spektralverteilung und geringer Elektrosmogbelastung entwickelt. Auch das immer häufiger in Privatobjekten eingesetzte Konzept Human Centric Lighting (HCL) zielt in diese Richtung: Hier wird die Lichtqualität automatisch dem natürlichen Biorhythmus angepasst. Allgemein sind Smart-Lighting-Systeme aus einer modernen Lichtplanung nicht mehr wegzudenken, durch automatisierte Steuerungen können Lichtstimmungen je nach Tageszeit, Aktivität oder persönlicher Vorliebe eingestellt werden. Ein durchdachtes Beleuchtungskonzept berücksichtigt zugleich die optimale Nutzung von natürlichem Licht. Auch für außen gibt es Neuerungen: Um ein Insektensterben durch blaues und weißes LED-Licht im Außenbereich zu verhindern, bringen inzwischen insektenfreundliche Leuchten mit Goldlicht den Garten zum Strahlen.

INNOVATIVE ENERGIE- UND BELEUCHTUNGSKONZEPTE

Moderne Fertighäuser bieten die Möglichkeit, Lichtszenarien ganz nach den persönlichen Vorlieben zu gestalten. Licht ist ein entscheidender Faktor für das Wohlbefinden und die Funktionalität der Räume – nicht ohne Grund gilt Licht auch als die vierte Dimension der Architektur. Eine gut durchdachte Beleuchtung beeinflusst nicht nur die Stimmung und Gesundheit der Bewohner, sie entscheidet über die Atmosphäre eines Hauses, kann die Produktivität steigern und die Sicherheit erhöhen. Natürliches Licht ist dabei unersetzlich, weil es den biologischen Rhythmus unterstützt und das Wohlbefinden fördert: Große Fenster, Oberlichter und Glastüren lassen Tageslicht in die Räume strömen. Künstliches Licht spielt jedoch eine ebenso wichtige Rolle, besonders in den Abendstunden und in Bereichen, die wenig oder kein Tageslicht erhalten.

Jeder Bauherr und Nutzer hat seine eigenen Vorlieben und Bedürfnisse, jeder Raum hat eine andere spezifische Funktion – deshalb sollte eine Lichtplanung im privaten Wohnbereich nicht nur eine ausreichende Anzahl von zentralen Auslässen, Schaltern und Steckdosen vorhalten, sondern auch alle Möglichkeiten moderner Beleuchtungsszenarien ausschöpfen – etwa bei der Integration der Beleuchtung in die Innenarchitektur oder bei der Modulation von Helligkeit und Farbe. Hier gibt es Downlight-Lösungen, additive Beleuchtungselemente wie Stromschienensysteme, die Spotlights, aber auch Pendelleuchten tragen können, oder einzelne Leuchten in Aufbaumontage. Durch den Einsatz von LED-Beleuchtung mit stufenloser Farbsteuerung lassen sich unzählige Lichtstimmungen kreieren – vom warmen Kaminlicht bis hin zu kühlen, konzentrationsfördernden Lichtfarben. Smarte Lichtsteuerungen ermöglichen das Speichern und Abrufen verschiedener Lichtszenen per App, Sprachbefehl oder Bewegungsmelder. Durch den gezielten Einsatz von Bewegungsmeldern und Präsenzerfassung wird Licht auch nur dann eingeschaltet, wenn es benötigt wird. Wenn die Lichtsteuerung in ganzheitliche Smart-Home-Konzepte integriert wird, lassen sich Lichtszenarien auch mit anderen Funktionen wie Beschattung, Heizung oder Multimedia verknüpfen. Über eine zentrale

Steuerungseinheit können sämtliche Komponenten gesteuert und individuell programmiert werden. Fortschrittliche Systeme lernen sogar die Gewohnheiten der Bewohner und passen die Beleuchtung automatisch an. Die entsprechenden Produkte liefern zahlreiche Hersteller.

Die individuell passende Energieversorgung eines Hauses ist ebenfalls ein breites Feld, das vorab Überlegungen erfordert: Welche Energieversorgung soll es sein? Wärmepumpe oder Pelletheizung? Wird ein Batteriespeicher benötigt, sollen Solarmodule installiert werden? Viele tendieren inzwischen zu einem Effizienzhaus in Plus-Energie-Bauweise: Mit der Kombination aus perfekter Wärmedämmung, innovativer Haus- und Heizungstechnik, einer Photovoltaikanlage auf dem Dach und einem Energiespeicher im Keller wird das Plus-Energie-Haus zu einem Netto-Stromproduzenten. Scheint die Sonne und produziert das Energiesparhaus mehr Strom als gerade benötigt, lädt das System die hausinterne Batterie auf. Ist der Stromspeicher voll, speist das System die überschüssige Energie ins öffentliche Stromnetz. Dank moderner Haustechnik und innovativen Produkten in diesem Bereich, die die Hersteller Vaillant, tecalor und Kermi auf den nächsten Seiten vorstellen, gibt es immer ein angenehmes Wohlfühlklima im Haus. Mit dem Programm „Klimafreundlicher Neubau – Wohngebäude" fördert die KfW ein Plus-Energie-Haus mit bis zu 150.000 Euro an zinsgünstigen Krediten pro Wohneinheit. Dazu muss das Haus eine Reihe an Voraussetzungen erfüllen – unter anderem muss es dem Energiesparkonzept Effizienzhaus 40 entsprechen sowie eine Zertifizierung mit dem „Qualitätssiegel Nachhaltiges Gebäude" (QNG) vorweisen.

Statement-Leuchten ergänzen moderne Lichtkonzepte.

Links Lichtbänder schaffen interessante Lichtstimmungen.
Oben Wärmepumpen ermöglichen das Heizen ohne Gas und Öl.
Rechts Natürliches Licht und Beleuchtung im Zusammenspiel

VAILLANT HEIZSYSTEME

Vaillant steht für Verantwortung – und das seit 150 Jahren. Als internationales Familienunternehmen mit Hauptsitz in Remscheid sind wir Markt- und Technologieführer in unserer Branche. Unsere energiesparenden und umweltschonenden Systeme für Heizen, Lüften und warmes Wasser sowie unser Fokus auf erneuerbare Energien zeigen unsere Verantwortung für die Zukunft – für unsere Umwelt, unsere Gesellschaft und unsere Mitarbeiter.

Blick in die Historie 1874 war ein besonderes Jahr. Alles begann mit einer Anzeige in der Remscheider Zeitung. Am 1. August 1874 „empfiehlt sich" der „Kupferschläger und Pumpenmacher" Johann Vaillant den Bewohnern Remscheids und dessen Umgebung: Er habe sich in der Alleestraße selbstständig gemacht und sichere „prompte und reelle Bedienung" zu. Damit wurde der Grundstein gelegt für ein heute weltweit tätiges Familienunternehmen, das mit Technologien für effiziente und klimafreundliche Heiztechnik einen Beitrag für ein besseres Klima leistet. Vaillant versteht sich seit damals als Impulsgeber, Forscher und Entwickler. 2024 steht somit ganz im Zeichen des 150. Jubiläums und des übergreifenden Mottos „150 Years – The future of heating".

Die Firmenzentrale von Vaillant in Remscheid mit dem Forschungs- und Entwicklungszentrum Johann Vaillant Technology Center (rechts)

Wir fokussieren uns auf hochwertige Produkte und leisten mit einer konsequenten Ausrichtung auf erneuerbare Energien einen wichtigen Beitrag zum Klimaschutz – stets verbunden mit dem Qualitätsversprechen einer deutschen Traditionsmarke. Um die beste Qualität zu bieten, durchlaufen unsere Wärmepumpen über 300 Tests und arbeiten somit auch unter extremen Bedingungen zuverlässig und effizient.

Mit einer Wärmepumpe werden rund 75 % der Energie zum Heizen und zur Warmwasserbereitung durch die Umwelt kostenlos bereitgestellt. Wärmepumpen machen Sie unabhängig von fossilen Brennstoffen und erfüllen schon heute die immer höheren Anforderungen der Politik an die moderne Heiztechnik und Reduzierung von CO_2. Mithilfe einer Photovoltaikanlage kann ein Teil der erforderlichen Antriebsenergie zudem selbst erzeugt werden – und Sie erhalten ein besonders nachhaltiges und vom Energiemarkt unabhängiges Heizsystem.

»Die stromgeführte Wärmepumpe ist – unabhängig davon, ob es sich um Luft/Wasser- oder Sole/Wasser-Technologien handelt – die Basis der Wärmeversorgung im Neubau.«

Die Photovoltaikanlage liefert nicht nur günstigen Strom für das Haus, sondern auch für die Wärmepumpe und kann so auch die Heizkosten senken. Die Wärmepumpe wiederum steigert durch die hohe Eigennutzung die Wirtschaftlichkeit der PV-Anlage. Die Investition rechnet sich bereits nach einigen Jahren – und der Wert der Immobilie steigt. Um Sonnenenergie für die Stromerzeugung zu nutzen, benötigen Sie nur wenige Komponenten: Photovoltaikmodule auf dem Dach – einen Wechselrichter, Strom- und Bezugszähler sowie optional einen Batteriespeicher. Um überschüssigen Strom für die spätere Verwendung zu speichern, nutzen Sie einen Batteriespeicher. Die Wärmepumpe zum Beispiel wird automatisch genau dann mit Strom versorgt, wenn er benötigt wird – und die Sonne mal nicht scheint.

INTELLIGENTES KLEINES HAUS

Ein neu entwickelter Bungalow schafft viel Wohnqualität auf wenig Platz.

Bauherren kompensieren hohe Grundstückspreise durch nachhaltige Planung

Noch nie war neu Bauen so teuer wie derzeit. Aber die Bauherren steuern intelligent gegen: mit Hausentwürfen, die sich größenmäßig „nur" am eigenen Mindestbedarf orientieren, dafür aber nachhaltig sind – mit entsprechend niedrigen Folgekosten. Wie diese Bedürfnisse dann nahezu prototypisch gedeckt werden, zeigt ein von Nordhaus (Kürten) neu entwickelter Bungalow. Helle, lichtdurchflutete Räume mit fließenden Übergängen kennzeichnen das Haus mit (nur) knapp 130 Quadratmetern Grundfläche, das bemerkenswert klar in die Nutzungsbereiche Essen/Wohnen und Schlafen/Wellness getrennt wurde. Praktischerweise reduziert das automatisch die Wegeflächen auf das absolut notwendige Minimum. Architektonisch bildet sich die Gliederung wiederum durch die beiden Pultdächer auf den Gebäudeflügeln des Neubaus und den verbindenden Eingangsbereich mit Flachdach ab.

Das Energiekonzept

Gebaut wurde nach dem Energiestandard KfW-Effizienzhaus 40 Plus. „Viel weniger akzeptieren speziell die jüngeren, ökologisch bewussten Bauherrn ohnehin nicht mehr. Gleichzeitig wollen aber auch sie eine überzeugende, idealerweise aus der Umgebung herausragende Architektur – selbst wenn die sich energetisch nachteilig auswirkt", sagt Geschäftsführer Holger Cürten. Deswegen setzt man zum einen bei der Bauqualität an. 200 mm Holzständerwerk mit entsprechender Mineral- oder Zellulosedämmung sind die Basis, darauf dann 15 mm Gipsfaserplatte plus Wärmedämmverbundsystem und Mineralputz. Zum anderen werden im nächsten Schritt die Feinheiten der Heiztechnik ausgespielt: Über eine Luft/Wasser-Wärmepumpe vom Typ aroTHERM Split mit dem „Unitower" als Inneneinheit wird geheizt oder gekühlt. Die Wärmepumpe gewinnt etwa 75 Prozent ihrer 5-kW-Leistung aus der Außenluft, der Rest kommt als Antriebsenergie über die PV-Anlage (3,3 kWp) auf dem eigenen Hausdach. Erzeugt die Anlage mehr Strom als benötigt, wird der Überschuss in einem Batteriespeicher gepuffert. Für den gewünschten Warmwasserkomfort verfügt die Inneneinheit über einen integrierten 190-Liter-Speicher. Das reicht problemlos für einen 4-Personen-Haushalt aus.

Für den gewünschten Warmwasserkomfort verfügt das Haus über einen integrierten 190-Liter-Speicher.

Helle, lichtdurchflutete Räume mit fließenden Übergängen kennzeichnen das Haus.

Dass die meiste Technik im Bungalow via Home-Automation-System und App weitestgehend „ferngesteuert" wird, versteht sich fast von selbst. Holger Cürten: „Viele Käufer unserer Häuser sind technikaffin. Deswegen gehört auch ein Bus-System für die Steuerung von Beleuchtung, Rollläden und Sicherheitstechnik fast schon zum Standardangebot." Bei Heizung, Klima und Lüftung können die Leistungswerte der Wärmepumpe oder der PV-Anlage auf dem Smartphone per App ausgelesen werden. „Das schärft das Bewusstsein für Energieverbräuche und Effizienz – spart damit automatisch wieder Energie", so Vaillant Key Account Manager Andreas Seber. Die kompakt auf wenigen Quadratmetern im Hauswirtschaftsraum untergebrachte Haustechnik ist in der Vollkostenrechnung, also über den Nutzungszeitraum betrachtet, nicht teurer als der Einsatz konventioneller Wärmeerzeuger, plus die zusätzlichen Installationen für Klimatisierung sowie der Aufwand für fremdbezogenen Strom. Nordhaus-Verkaufsberater Rolf Blum: „Die Bauherrn sind durch unser Konzept aber ganzjährig energetisch unabhängig und fast CO_2-neutral unterwegs." Und: Trotz der hohen Bauqualität liegt der Quadratmeterpreis für den Bungalow je nach Ausstattung durchschnittlich nur bei etwa 2.000 bis 3.000 Euro. Holger Cürten: „Diese Investitionssumme relativiert sich im Vergleich zudem über die Energieeinsparungen und über den Komfortgewinn. Vor allem, weil die Smart-Home-Objekte eine deutlich höhere Werthaltigkeit als konventionelle Immobilien haben, denn perspektivisch werden Gebäudeautomation und eine möglichst unabhängige Versorgung für jeden Neubau schon sehr bald zur Grundausstattung gehören!"

STROMGEFÜHRTE WÄRMEPUMPE ALS BASIS

Im Gespräch mit Andreas Seber, Head of KAM New Building South, Vaillant Deutschland GmbH & Co. KG

Wie hat sich die Heizungstechnik in den letzten zehn Jahren im Neubau verändert?

AS Der Heizungsmarkt hat sich massiv verändert. Dominierte vor zehn Jahren im Neubau noch die Gas-Brennwerttechnik in Verbindung mit einer solarthermischen Anlage, werden dort heute nahezu ausschließlich Wärmepumpen eingesetzt. Auch im Bestand zeigt der Trend klar in Richtung Wärmepumpe. Den Hintergrund dazu bildeten und bilden Gesetzesanforderungen in der Energieeinsparverordnung (EnEV) und dem Gebäudeenergiegesetz (GEG). Damit Deutschland seine Klimaziele zur Reduzierung der CO_2-Emissionen im Gebäudesektor erreichen kann, werden Wärmepumpen benötigt, die bei der Verwendung von grün erzeugtem Strom keine CO_2-Emissionen haben. Dieser Technologiewechsel von fossilen hin zu erneuerbaren Energieträgern macht die Wärmepumpe zur Basis der heutigen und künftigen Wärmeversorgung in Wohngebäuden.

Wie sieht die Heizungstechnik von morgen aus, und was würden Sie mir empfehlen, sodass ich auch in Zukunft noch auf dem aktuellen Stand der Technik bin?

AS Die stromgeführte Wärmepumpe ist – unabhängig davon, ob es sich um Luft/Wasser- oder Sole/Wasser-Technologien handelt – die Basis der Wärmeversorgung im Neubau. Auch für den Baubestand bietet Vaillant für nahezu alle Gebäude bereits passende Wärmepumpen-Lösungen an. Sie erfüllen alle aktuellen gesetzlichen Anforderungen und werden selbst bei weiteren gesetzlichen Verschärfungen ohne Einschränkungen die wichtigste und umweltschonendste Technologie in der Wärmeversorgung bilden. Idealerweise wird die Wärmepumpe mit einer Photovoltaik-Anlage (PV) und einem Batteriespeicher kombiniert. Zusätzlich ist der Einsatz einer kontrollierten Wohnraumlüftung sinnvoll. Mit dieser Kombination aus Wärmepumpe, PV-Anlage, Batteriespeicher und kontrollierter Wohnraumlüftung ist der Einfamilienhaus-Besitzer in jedem Fall zukunftssicher aufgestellt. Darüber hinaus werden intelligente Stromnetze in der Zukunft eine große Rolle in der Stromversorgung in Deutschland spielen. Auch hierbei bilden Wärmepumpen einen idealen Baustein.

Innovative Haustechnik – wie hier im Nordhaus Kürten – sorgt für rundum zufriedene Kunden.

Welche innovativen Produkte haben Sie für den Neubau im Portfolio?

AS Vaillant bietet zahlreiche Wärmepumpen-Systemlösungen für das Ein- und Zweifamilienhaus im Neubau und dem Baubestand. Dabei umfasst das Produktprogramm sowohl Lösungen für das Heizen als auch das Kühlen, Lüften und die Warmwasserbereitung. Um die höchste Wirtschaftlichkeit dieser Komponenten zu erzielen, ist eine Vernetzung zum System sowohl untereinander als auch mit weiteren Komponenten der Haustechnik wie z. B. der PV-Anlage und dem Batteriespeicher besonders relevant. Auch hierzu bietet Vaillant ausgereifte Lösungen. Darüber hinaus zählen neben den Produkten umfassende Serviceleistungen und der größte Werkskundendienst der Branche, der bereits mehrfach durch den TÜV ausgezeichnet wurde, sowie außergewöhnliche Service- und Garantieleistungen, wie z. B. das 5Plus Sorglos Paket, zum Angebot.

»Vaillant arbeitet als Weltmarktführer für zentrale Heizsysteme weiterhin an Systemen, die einen Beitrag zu einem klimaneutralen Gebäudebestand in Europa leisten.«

Alles lässt sich sehr einfach mit dem Touchpad bedienen.
Credit: berndgabriel

An welchen Produktentwicklungen arbeiten Sie derzeit?

AS Vaillant arbeitet als Weltmarktführer für zentrale Heizsysteme weiterhin an Systemen, die einen Beitrag zu einem klimaneutralen Gebäudebestand in Europa leisten. Im Mittelpunkt stehen dabei Wärmepumpensysteme für Neubau und Renovierung, Heizgeräte, die mit grünen Gasen betrieben werden können, sowie Lösungen zur digitalen Steuerung und Vernetzung von Heizsystemen. Wärmepumpen sind dabei die umweltfreundlichste und effizienteste Lösung für die Wärmeversorgung von Gebäuden. Sie können in rund 70 Prozent aller Gebäude ohne größere Umbaumaßnahmen für Wärme und Warmwasserkomfort sorgen. In den nächsten Jahren stehen hier aufgrund der Novelle der F-Gas-Verordnung weitreichende Änderungen der eingesetzten Kältemittel und damit einhergehende entsprechende Änderungen an den Wärmepumpen-Systemen an.

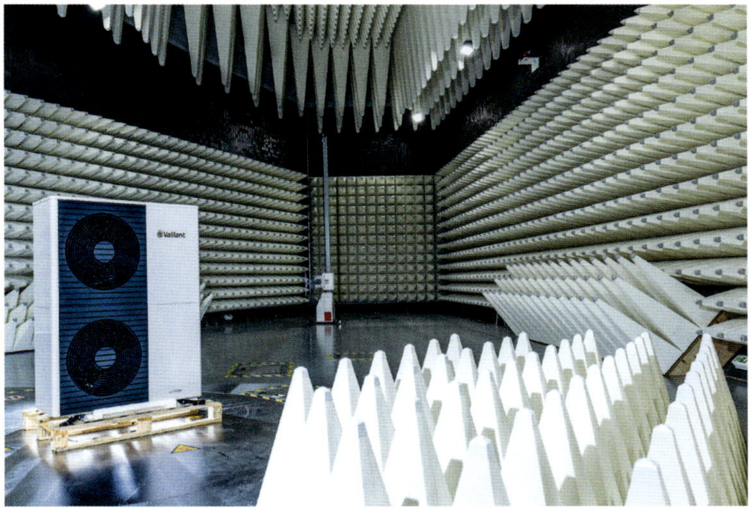

Im Inneren des Johann Vaillant Technology Centers am Hauptsitz der Vaillant Group in Remscheid schlägt das innovative Herz des Unternehmens.

Stichwort Nachhaltigkeit & Ressourcenschonung: Welche Ansätze gibt es bei Ihnen?

AS Unter dem Label S.E.E.D.S., kurz für Sustainability in Environment, Employees, Development & Products and Society, bündelt die Vaillant Group ihre Nachhaltigkeitsaktivitäten. In den Fokusfeldern Umwelt, Mitarbeiter, Entwicklung & Produkte sowie Gesellschaft werden verbindliche messbare Ziele gesetzt, konkrete Maßnahmen abgeleitet und die Ergebnisse laufend überprüft. Warum das für Architekten und Fachplaner relevant ist? Weil nicht nur das Was, sondern auch das Wie eine Rolle spielt. Weil gute Produkte nicht nur durch ihre technischen Kennzahlen überzeugen, sondern der Kunde immer auch ein Image kauft. Hinter den Unternehmensbotschaften der Vaillant-Produkte stehen insofern konkrete Forderungen in Richtung Nachhaltigkeit und Ressourcenschonung – und zwar nicht anhand von Lippenbekenntnissen, sondern belegt durch Auszeichnungen, Leuchtturmprojekte, Referenzen und Engagement. Insbesondere für die Fertighausindustrie werden Themen wie „EPD Daten" und „Cradle to Cradle" in Zukunft wichtig sein. Hier stellt Vaillant bereits heute seinen Kunden aus der Fertighausindustrie entsprechende Produktdaten zur Verfügung.

Andreas Seber
Head of KAM New Building South, Vaillant Deutschland GmbH & Co. KG

WÄRMEPUMPEN- UND LÜFTUNGSTECHNIK VON TECALOR

tecalor ist Spezialist für Wärmepumpen- und Lüftungstechnik, wurde 2001 im niedersächsischen Holzminden gegründet und beschäftigt mehr als 100 Mitarbeiter. Als eines von wenigen Unternehmen der Branche hat sich tecalor auf den zweistufigen Vertrieb spezialisiert und legt den Fokus auf nachhaltige Systemtechnik, die einen Beitrag zur Energiewende in Ein- und Mehrfamilienhäusern sowie im Objektbau leistet.

Die tecalor-Zentrale im niedersächsischen Holzminden

Blick in die Historie Nach seiner Gründung am 1. Oktober 2001 als Tochterunternehmen von Stiebel Eltron mit anfangs sieben Außendienstlern entwickelte sich tecalor schnell weiter. Inzwischen sind es mehr als 100 Mitarbeitende am Standort in Holzminden. 2015 positionierte tecalor sich neu: Aus „Zukunft im Haus" wurde „Wärme wird grün". 2017 wurde das Portfolio um dezentrale Lüftung erweitert und auf der ISH dem Publikum vorgestellt. Seit 2021 umfasst das tecalor-Sortiment auch Wärmepumpenlösungen mit einer Leistung von bis zu 500 kW. Aktuell werden an fünf Standorten deutschlandweit Fachhandwerker im Bereich Lüftungssysteme und Wärmepumpen-Technik geschult.

»Unsere Vision vom Wohnen der Zukunft ist nachhaltig. Dafür sind wir 2001 angetreten und setzen seither auf regenerative und klimaschonende Wärmepumpen und Lüftungssysteme.«

Michael Böhs
Key Account Süd, tecalor GmbH

Die Gebäudehüllen von Neubauten werden heutzutage immer besser gedämmt, sind somit aber auch immer „dichter". Moderne Technik in Form von kombinierter Wärmepumpe mit Lüftungsanlage sorgt nicht nur für den nötigen Luftaustausch, vollautomatisch und effizient, sondern auch dafür, dass die Bausubstanz des Neubaus geschützt und bewahrt wird.

Wärmepumpe mit Lüftungsanlage: die All-in-one-Lösung für den Neubau

Die Haustechnik in einem Gerät: Das Integralsystem THZ 504 von tecalor vereint die Funktionen Heizen, Lüften mit Wärmerückgewinnung, Warmwasserversorgung und Kühlung.

- Kompaktes Gerät zum Lüften, Heizen, Kühlen und für die Warmwasserbereitung
- Integrierter Warmwasserspeicher für hohen Warmwasserkomfort
- Energiesparende Wärmeverteilung durch die integrierte Hocheffizienz-Pumpe
- Kontrollierte Wohnraumlüftung mit hohem Wärmerückgewinnungsgrad
- Einfache Steuerung über die ergonomische Bedieneinheit

Booster für die Lüftung

Lüftungs-Integralgeräte gewinnen rund 90 Prozent der Energie aus der Abluft und erwärmen damit die Zuluft. Damit ist die Zuluft in der Heizperiode kälter als die Raumtemperatur. Der Luftnacherwärmer LWF AR 1.5 von tecalor erhöht den Komfort.

- Luftnacherwärmer zum energieeffizienten Erwärmen der Zuluft
- Nachkühlen der Zuluft im Sommer möglich, wenn die Wärmepumpe eine Kühlfunktion bietet
- Deutlich erhöhter Wohnkomfort, da die Temperatur der Zuluft auf Raumtemperatur angehoben wird
- Kompaktes EPP-Gehäuse eignet sich für die Wand- und Deckenmontage

EFFIZIENT GEPLANT UND ZERTIFIZIERT NACHHALTIG

Musterhaus UrbanLife in Mannheim von Fertighaus WEISS setzt auf nachhaltige Systemtechnik von tecalor

Das Musterhaus UrbanLife ist eine zertifiziert nachhaltige Stadtvilla für Familien.

Die Fertighaus WEISS GmbH mit Sitz in Oberrot (Schwäbisch Hall) hat ihr zweites Musterhaus im Deutschen Fertighaus Center in Mannheim eröffnet. Das Musterhaus UrbanLife ist eine zertifiziert nachhaltige Stadtvilla für Familien. Auf einer kleinen Grundfläche wird bei voller Raumhöhe auch im Obergeschoss die Fläche effizient genutzt – ganz im Sinne von Nachhaltigkeit und kostenbewusster Planung, und ohne dabei auf Komfort zu verzichten. Der praktische Grundriss und die Raumreserve des Hauses sind für eine vierköpfige Familie perfekt dimensioniert. Nachhaltigkeit ist eines der Hauptmerkmale des Musterhauses, das nach den Kriterien des Bewertungssystems Nachhaltiger Kleinwohnhausbau (BNK) entworfen und gebaut wurde. Mit der erfolgreichen BNK-Zertifizierung erhält das Musterhaus UrbanLife das Qualitätssiegel Nachhaltiges Gebäude (QNG), das wiederum Voraussetzung für den Erhalt der staatlichen Förderung als „Klimafreundliches Wohngebäude mit QNG-Siegel (KFWG-Q)“ ist. Um unterschiedlichen Anforderungen gerecht zu werden, bietet Fertighaus WEISS neben der in Mannheim realisierten Variante zusätzlich individuell geplante Grundrissvarianten und Dachformen zwischen 143 Quadratmetern und 164 Quadratmetern nutzbarer Bodenfläche an.

Offener Grundriss mit nachhaltiger Planung

Auf zwei Vollgeschossen bietet das Musterhaus UrbanLife seinen Bewohnern rund 164 Quadratmeter nutzbare Bodenfläche in sechs Zimmern. Der Zugang zum Haus erfolgt durch den seitlich gelegenen Eingang. Rechter Hand liegen der teilweise im Erker untergebrachte Technik- und Hauswirtschaftsraum sowie das Gäste-WC.

Das bewährte Raumprogramm umfasst im Erdgeschoss ein zusätzliches Zimmer für Gäste, als Arbeitszimmer oder drittes Kinderzimmer. Dies ist mit Blick auf das Wohnen im Alter ein empfehlenswerter Planungsgedanke, der auch in den kleineren Varianten des Musterhauses UrbanLife noch Platz findet. Eine offene Planung von Wohnen, Essen und Kochen schafft Großzügigkeit in den Gemeinschaftsräumen. Die Terrasse, überdacht von einem Lamellendach, ist vom Kochbereich aus barrierearm zu erreichen und dadurch auch mit einem Rollstuhl zugänglich. Eine zweiläufige Podesttreppe, die außerhalb des Wohnbereichs platziert wurde, führt ins Obergeschoss. Auch der Einbau eines Treppenlifts ist möglich. Im Obergeschoss liegen rechter Hand die beiden Kinderzimmer. Mit rund 17 Quadratmetern und Fenstern auf zwei Seiten bieten die Räume für Kinder und Jugendliche gleichermaßen ein schönes Ambiente. Das Elternschlafzimmer mit Ankleide und das Badezimmer komplettieren, im Flur links gelegen, das Raumprogramm. Das Familienbad wurde in einer sinnvollen Größe effizient geplant, ohne den Komfort außer Acht zu lassen. So wurden eine große, bodengleiche Dusche und eine halb-freistehende Badewanne installiert. Das WC verschwindet hinter einer Schamwand.

Haustechnik: sparsam und intelligent

Das Musterhaus UrbanLife wurde nach der neuen Förderstufe „Klimafreundliches Wohngebäude – mit QNG“ entworfen und errichtet. Eine Luft-Wasser-Wärmepumpe mit Kühlfunktion und Lüftungsanlage sorgt im Haus für Behaglichkeit: Im Winter heizt das Gerät die Wohnräume effizient, während im Sommer die Kühlfunktion für angenehme Temperaturen sorgt. Die in der Anlage integrierte Wohnraumlüftung stellt eine hohe Qualität der Innenraumluft sicher. Dank einer innovativen Zusatzfunktion eines Luftnacherwärmers kann zudem die Zuluft der Lüftungsanlage weiter gekühlt oder erwärmt werden, sodass das System besonders effizient und umweltschonender als ein Klimagerät ist. Eine Photovoltaik-Anlage (13,28 kWp) sowie ein Batteriespeicher (4,95 KW) zählen ebenfalls zur Haustechnik und sorgen für eine rechnerische Strombedarfsdeckung (Autarkiegrad) von 58 Prozent und für niedrige Betriebskosten.

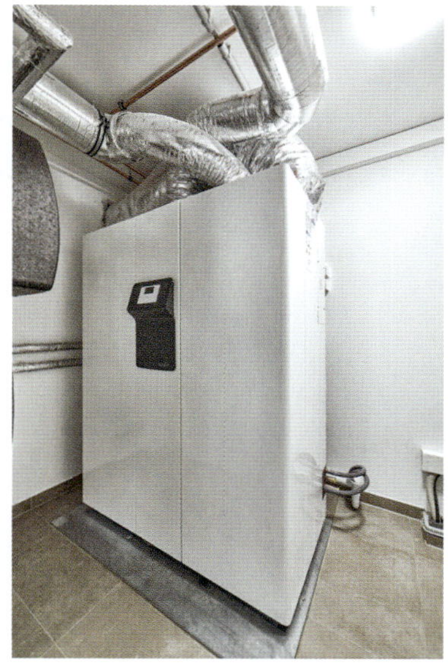

Oben Eine Luft-Wasser-Wärmepumpe mit Kühlfunktion und Lüftungsanlage sorgt für Behaglichkeit.
Mitte Lichtdurchflutete Räume prägen das Stadthaus.
Unten Offen und großzügig: der Koch-/Essbereich

INTEGRALSYSTEM THZ – DER INNOVATIVE ALLESKÖNNER

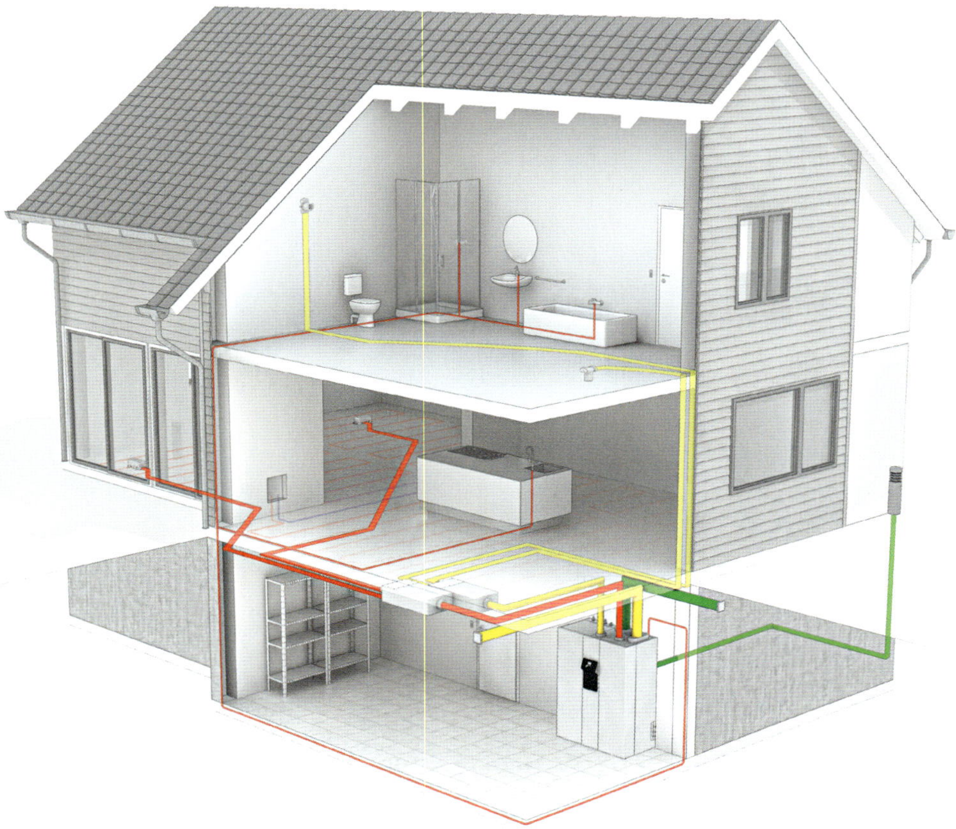

Im Gespräch mit Michael Böhs, Key Account Süd, tecalor GmbH

Was ist Ihre Vision vom Wohnen der Zukunft?

MB Unsere Vision vom Wohnen der Zukunft ist nachhaltig. Dafür sind wir 2001 angetreten und setzen seither auf regenerative und klimaschonende Wärmepumpen und Lüftungssysteme. Eine Vision, der wir gemeinsam mit unseren Partnern Tag für Tag ein Stück näherkommen. Und auch wenn sich die Anforderungen an das Wohnen weiter ändern werden, so bin ich mir sicher, dass der Traum vom eigenen Haus mit Garten bleiben wird.

Das man dann auch Heizen und Kühlen will. Welche Lösungen sind in Ihren Augen zukunftsfähig?

MB Eine kompakte Lösung ist hier erforderlich. Nicht nur Heizen und Kühlen spielt eine Rolle, auch das Lüften in Innenräumen ist bei energieeffizienter Bauweise ein nicht wegzudenkendes Thema. Unser Integralsystem THZ ist die zukunftsfähige Lösung – die sprichwörtliche „eierlegende Wollmilchsau". Sie kombiniert eine Luft-Wasser-Wärmepumpe mit einer zentralen Lüftungsanlage und Warmwasserspeicher in nur einem Gerät. Smart kombiniert mit einer Photovoltaikanlage, ist man noch ein Stück unabhängiger.

Wie arbeitet diese Anlage denn genau?

MB Ein Bestandteil ist die Lüftungsanlage – über sie findet eine kontrollierte Wohnraumlüftung statt. Sie stellt sicher, dass es einen feuchten Abtrag gibt, weil unsere modernen (Fertig-) Häuser sehr dicht gebaut werden. Über die natürliche Lüftung bekommt man das Haus in der Regel nicht mehr vernünftig entfeuchtet. Die integrierte Luft-Wasser-Wärmepumpe nutzt Umweltenergie aus der Luft und macht sie mit Strom für das Heizen und die Warmwasserbereitung nutzbar. Auch die Kombination der THZ mit unserem Luftnacherwärmer LWF AR 1.5 erhöht nochmal den Komfort. Das kompakte Zusatzgerät erwärmt die Luft über Wasser aus dem Heizkreis und gleicht so die Temperaturdifferenz aus bzw. hebt die Temperatur an. Im Sommer kann es zum Nachkühlen und zur Entfeuchtung verwendet werden, wenn das installierte Lüftungsintegralgerät über diese Funktionen verfügt.

Links Optimale Kombination von innovativer Heiztechnik und intelligenter Haustechnik
Rechts Das Integralsystem THZ ist ein kompaktes Gerät zum Lüften, Heizen, Kühlen und für die Warmwasserbereitung.

Und die Anlage kommt in den Keller?

MB In den Keller oder in den Technikraum, je nach Gegebenheiten. Durch die kompakte Bauweise ist die Aufstellfläche mit nur 1,5 Quadratmetern sehr gering. Alle haustechnischen Funktionen sind so clever kombiniert.

Und der Warmwasserspeicher?

MB In dem Kompaktgerät ist auch dieser schon mit integriert. Der Inhalt reicht für einen Vierpersonenhaushalt.

Was hat der Kunde für einen konkreten Nutzen mit der THZ?

MB Der Kunde kann seine Haustechnik für Heizen, Warmwasser, Kühlen und Lüften auf sehr kleinem Raum organisieren, da alle Funktionen in einem Gerät sind. Die THZ wird innen aufgestellt – es gibt also kein Gerät, das außen steht und somit auch keinen außen entstehenden Geräuschpegel. Die integrierte Lüftung mit Wärmerückgewinnung sorgt für Frischluft, ohne Heizenergie zu verschwenden. Was normalerweise einfach nach außen geblasen wird, wird hier zur Energiegewinnung für die Wärmepumpe verwendet.

Wie wohnt es sich denn mit Wärmepumpe und Lüftungsanlage? Sind die im Zusammenspiel nicht irgendwie laut im Haus?

MB Von der Lüftung hört man nichts, wenn sie fachmännisch installiert und richtig eingestellt ist – das läuft mit Schalldämpfern. Bei der Wärmepumpe kann man sich ähnliche Geräusche wie von einer Kühl-/Gefrierkombination vorstellen, also ein ganz leichtes Surren wie bei einem Kühlschrank.

Gibt es Förderungen für Wärmepumpen im Neubau?

MB Ja, die Bundesförderung für effiziente Gebäude (BEG) der KfW unterstützt die Förderung umweltfreundlicher Wärmeerzeugung im Neubausektor, insbesondere, wenn die Effizienzhaus-Stufe 40 Nachhaltigkeit (NH) erreicht wird. Um diese Effizienzhausstufe zu erreichen, muss eine Kombination verschiedener baulicher und technischer Maßnahmen, insbesondere in den Bereichen Heizung, Lüftung und Dämmung, umgesetzt werden.

Michael Böhs
Key Account Süd
tecalor GmbH

KERMI RAUMKLIMA: HEIZEN, KÜHLEN, LÜFTEN

Angenehme Wärme und kontrollierte Lüftung sind wichtig für Gesundheit und Wohlbefinden – Kermi bietet dafür bereits seit über 60 Jahren innovative, zuverlässige Lösungen und zählt heute zu den europaweit führenden Herstellern. Das Sortiment des Raumklima-Spezialisten mit Sitz in Niederbayern enthält effiziente Komponenten: von der Wärmepumpe über Heizkörper und Fußbodenheizung bis hin zur Wohnraumlüftung.

Firmengelände Kermi GmbH, Plattling

»Bei unseren Innovationen denken wir immer daran, die Prozesse zu erleichtern – zum Beispiel mit vormontierten Produkten, platzsparendem und flexiblem Einbau und einfacher Planung.«

Blick in die Historie Die Firma KERMI wurde 1960 als Handwerksbetrieb durch die Gesellschafter KERschl und SchMIdt zur Herstellung von Heizöltanks gegründet. 1967 startete erstmals die Produktion von Flachheizkörpern. 1976 wurde das zweite Geschäftsfeld „Duschkabinen" aufgebaut und in den Folgejahren das Sortiment um Bad- und Designheizkörper, Konvektoren und Heizwände, Fußbodenheizungssysteme x-net und das Kermi Ganzglas Duschkabinen-Programm erweitert. Mit der Präsentation des Kermi Wärmesystems x-optimiert wird 2013 ein Meilenstein gesetzt. Kermi steigt in die Segmente der Wärmeerzeugung, der Wärmespeicherung und der Wärmeregelung ein. Die x-well Wohnraumlüftung bringt seit 2015 angenehmes Klima in alle Räume – als ideale Erweiterung im Kermi Wärmesystem x-optimiert.

Mit den innovativen Raumklima-Lösungen von Kermi wird ein perfektes Wohlfühlklima durch intelligentes Heizen, Kühlen und Lüften geboten – geschaffen durch das Bewusstsein, wie wichtig Wärme für Gesundheit und Wohlbefinden ist! Dafür werden die Produkte und Systeme laufend optimiert, für noch bessere Leistungswerte bei noch geringerem Energieverbrauch – wie das Kompaktlüftungsgerät C225, der Niedertemperaturheizkörper x-flair und die modulierende x-change dynamic pro Luft/Wasser-Wärmepumpe.

Zentrale Wohnraumlüftung. Schrankeinbaugerät mit Wärmerückgewinnung

Das x-well® C225 Lüftungsgerät ist für die zentrale kontrollierte Be- und Entlüftung von Wohnungen ohne speziellen Technikraum konstruiert.

- Für Wohnungen und Häuser bis ca. 160 m² Wohnfläche geeignet
- Mit Enthalpie-Wärmeübertrager für Feuchterückgewinnung
- Platzsparend: Bautiefe weniger als 300 mm, Breite weniger als 550 mm, für Wandmontage geeignet
- Nur ein Gerätetyp, Anschlüsse sind wechselbar
- Optionaler Zuluftanschluss auf der Geräteunterseite
- Integrierbares Vorheizregister, einfach nachrüstbar
- Bedarfsgeführte Regelung mittels Feuchtesensor

x-flair® Wärmepumpen-Heizkörper

Der Kermi x-flair ist der richtige Heizkörper für niedrige Vorlauftemperaturen. Durch die Kombination der x2-Technologie mit Axiallüftern erwärmt sich der Niedertemperaturheizkörper schnell und verteilt die Wärme effektiv im Raum.

- Prädestiniert für den Betrieb mit allen Wärmeerzeugern im Niedertemperaturbereich.
- Der x-flair wird wie ein herkömmlicher Heizkörper über den Thermostatkopf bedient.
- Die Lüfter schalten sich automatisch nach Bedarf an bzw. aus.
- Mit nur 25 dB so leise wie Ihr Atemgeräusch
- Mit ihrer Kühlfunktion sorgen die x-flair Wärmepumpenheizkörper auch im Sommer für angenehmes Raumklima.

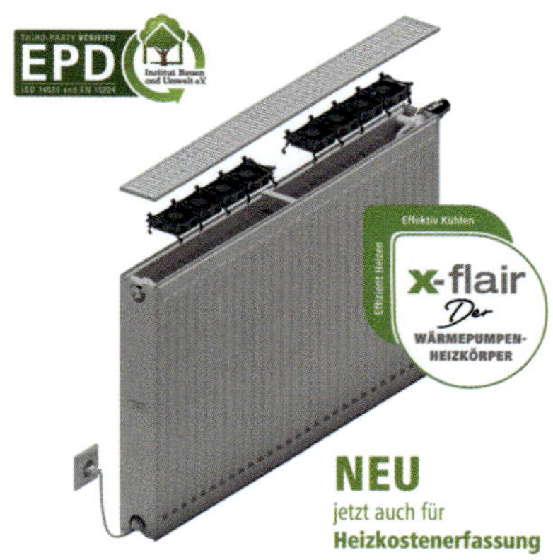

x-change® dynamic pro - Modulierende Luft/Wasser-Wärmepumpe, Außenaufstellung

Effizienter und nachhaltiger. Die modulierende x-change dynamic pro Luft/Wasser-Wärmepumpe überzeugt durch einen sehr effizienten und flüsterleisen Betrieb.

- Natürliches Kältemittel R290 mit sehr niedrigem GWP von 3
- Kaskadierbar bis drei WPs mit ca. 60 kW
- Hohe Vorkonfektionierung der „pro"-Familie spart Installationskosten
- Flüsterleiser Betrieb durch den Einsatz der neuesten Lüftergeneration sowie optimaler Schall- und Schwingungsentkopplung
- Mit aktiver Kühlfunktion serienmäßig

WOHNQUALITÄT MIT FUNKTIONALITÄT UND NACHHALTIGKEIT VEREINT

Ein Ziegler Haus zeigt, wie es geht

Am Hauptstandort der Ziegler Group stehen die Musterhäuser MAX (links) und LINA.

Ehrgeizige Klimaschutzziele der Bundesregierung, die der Pariser Klimaschutzkonferenz von 2015 entstammen, ergeben zahlreiche Anforderungen an die Bau- und Wohnungswirtschaft – denn Gebäude sind in Deutschland für etwa 35 % des Endenergieverbrauchs verantwortlich und verursachen etwa ein Drittel der CO_2-Emissionen. Deshalb soll der Primärenergiebedarf von Gebäuden bis 2045 um 80 % gegenüber dem Vergleichsjahr 2008 sinken. Auch die CO_2-Emissionen müssen deutlich reduziert werden: Im Jahr 2030 soll der Gebäudebereich nur noch 70 bis 72 Millionen Tonnen CO_2-Äquivalente ausstoßen – eine Minderung um ca. 65 % gegenüber 1990. Um die Klimaziele der Bundesregierung zu erreichen, sind nachhaltige Neubauten unabdingbar. Eine Möglichkeit, umweltfreundlich und schnell neuen Wohnraum zu schaffen, bietet der Holzmodulbau. In Kombination mit energieeffizienten Produkten kann die Nachhaltigkeit sogar noch gesteigert werden. Ziegler Haus schafft es so zum Beispiel, mit seinen ökologischen Holzhäusern das Qualitätssiegel Nachhaltiges Gebäude (QNG) des Bundesministeriums für Wohnen, Stadtentwicklung und Bauwesen zu bekommen. Ein Wohngebäude erreicht dieses Zertifikat, wenn es mindestens der „Effizienzhaus-Stufe 40" entspricht.

HOLZMODULBAU: NACHHALTIG UND SCHNELL

Ziegler Haus setzt auf Raummodule, die bereits im Werk nahezu komplett fertiggestellt und zu 90 % schlüsselfertig zur Baustelle geliefert werden. Jeder Modulbau ist neben Decken und Wänden bereits mit Türen, Fenstern, Elektronik, Bodenbelägen und Installationen ausgestattet. Vor Ort müssen die Module nur noch verankert, miteinander verbunden und angeschlossen werden. Für einen optimierten Energiebedarf sorgen eine diffusionsoffene Bauweise, eine luftdichte Gebäudehülle, die Reduzierung von Wärmebrücken und eine sehr gute Wärmedämmung der Außenbauteile. Für die dezentrale Energieversorgung sorgen Photovoltaik-Anlagen auf dem Dach – die Wärmeversorgung übernehmen elektrische Flächenheizungen.

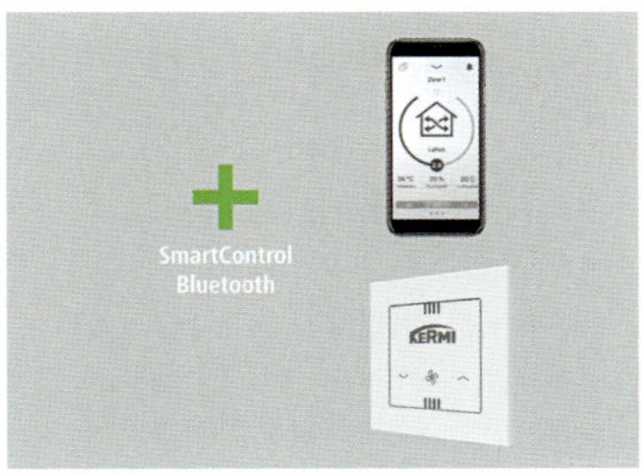

Ziegler Haus setzt auf die kontrollierte Wohnraumlüftung des Raumklima-Spezialisten Kermi.

INDIVIDUELLE LÜFTUNGS-TECHNIK

Neben seiner herausragenden Ökobilanz sorgt Bauen mit Holz auch für ein angenehmes Raumklima. Um das jederzeit zu erhalten und zu unterstützen, setzt Ziegler Haus auf die kontrollierte Wohnraumlüftung des Raumklima-Spezialisten Kermi. Im Speziellen kommt das deszentrale Pendellüftungsgerät x-well D13 zum Einsatz. Es punktet sowohl mit geringem Planungsaufwand und einfachem Einbau sowie mit einem vorhandenen Montagestein für die einfache Rohbauinstallation. Für die Vorfertigung der Module in den Fertigungshallen ist die Verbindung der D13-Lüftungsgeräte untereinander via Bluetooth ein großer Vorteil. Ein besonderes Plus des D13-Pendellüftungsgeräts bietet die Design-Innenblende aus Kunststoff – versehen mit einer Verschlussklappe und einem Filter, die für eine optimale und geräuscharme Strömung der Luft sorgen. Zwischen den Lüftern ist keine Verdrahtung erforderlich, und es gibt keine Volumenstromreduktion beim Einsatz eines Schalldämpfers. „Uns war das Gesamtkonzept wichtig. Von der Planung, die bei der Bereitstellung der BIM-Daten durch Kermi bis hin zur finalen Ausarbeitung der Lüftungskonzepte passen, sind die Produkte von Kermi ideal für unser Anforderungsprofil“, sagt René Oertel von Ziegler Haus.

IN UNSEREN PRODUKTEN STECKT EINE INTENSIVE ENTWICKLUNGSARBEIT

Interview mit Markus Kolitsch

Wie wird sich das Bauen in den nächsten Jahren entwickeln?

MK In den letzten Jahren hat sich vor allem der Fachkräftemangel zugespitzt. Auch in den nächsten Jahren ist hier keine Entspannung zu erwarten. Dadurch sind zunehmend Lösungen und Prozesse gefragt, die dieses Problem z. B. durch vorgefertigte Produkte ausgleichen. Wir entwickeln bereits seit einigen Jahren Produkte unter dem Motto „Weg von der Manufaktur hin zur industriellen Fertigung". Wie z. B. der komplett vormontierte Verteilerschrank für die Flächenheizung/-kühlung oder unser Hydromodul pro für die Wärmepumpe mit bereits installierter Regelung, Frischwasserstation und allen Pumpen. Damit können wir alle Akteure in der Baubranche unterstützen und Vorteile generieren.

Auch die Sanierung wird und muss sich im deutlich größeren Umfang entwickeln, um unsere Klimaziele zu erreichen. Hier sind Lösungen gefragt, die zum einen einfach zu installieren und gleichzeitig ressourcensparend sind. Dieses Thema nehmen wir sehr ernst und haben dafür z. B. unseren x-flair Niedertemperaturheizkörper entwickelt. Durch die 45 % höhere Leistung bei gleicher Baugröße ist der Umstieg auf ein Niedertemperatursystem, wie die Kermi-Wärmepumpe, problemlos möglich.

Generell merken wir eine starke Zunahme des seriellen und modularen Bauens. Aus diesem Segment haben uns in den letzten Jahren einige Kunden Ihr Vertrauen geschenkt. Hier konnten wir in den letzten Jahren einige Kunden aus diesem Segment gewinnen. Überzeugen konnten wir auch durch unsere starke planerische Zuarbeit aus der eigenen Anwendungstechnik, mit der wir in der Lage sind, z. B. Standardisierungsprozesse zu begleiten.

Wie sieht die Energieversorgung der Zukunft im Fertighaus/Einfamilienhaus aus?

MK Der Energiebedarf wird geringer, Kühlung wird wichtiger und die Anforderung nach Wohn-/Raumluftqualität wird steigen. Um heutige und zukünftige Energiestandards – insbesondere beim Neubau – einhalten zu können, sollte auf jeden Fall der Einbau einer Wärmepumpe mit Kühlfunktion in Betracht gezogen werden. Die Wärmepumpe als Heizung nutzt erneuerbare Energie, die bestenfalls in Kombination mit einer Flächenheizung/-kühlung oder Niedertemperaturheizkörpe und PV-Anlage auf dem Dach zum Einsatz kommt. Besonders im Neubau ist der Einbau dieser zukunftsfähigen Kombination inzwischen Standard. Im Idealfall wird zusätzlich noch eine Lüftungsanlage verbaut, um das Raumklima zu erhalten. Durch die Wärmerückgewinnung der Lüftungsanlage wird die Abwärme der verbrauchten Luft genutzt und die frische Zuluft damit erwärmt. Dieser Prozess erhöht die Energieeffizienz von Gebäuden und sollte vor allem im Neubau zum Einsatz kommen.

Welche innovativen Produkte haben Sie jetzt schon im Portfolio?

MK Nachhaltigkeit nehmen wir sehr ernst. Wir sind der erste und einzige Hersteller, der bereits heute alle Stahlheizkörper EPD-verifiziert hat und im DGNB-Navigator gelistet ist. Bei unseren Innovationen denken wir daran, die Prozesse zu erleichtern. Wie z. B. vormontierte Produkte, platzsparender und flexibler Einbau und einfache Planung. Beispiele sind hier neben bereits genannten unser x-buffer combi pro. Ein komplett vorinstallierter Puffer- und Warmwasserspeicher. Unsere neueste Wärmepumpe dynamic pro mit natürlichem Kältemittel R290 ist ebenso für alle Anforderungen passend. Extrem leise für hohe Schallschutzanforderungen, immer mit serienmäßiger Kühlfunktion, flexiblem Anschluss von unten oder hinten, dazu unsere x-center pro Regelung, die auch unsere Lüftung steuern kann. Ebenso unser kleines, kompaktes Lüftungsgerät C225 mit Wärmerückgewinnung. Die Abmessungen des C225 sind perfekt für den platzsparenden Schrankeinbau geeignet. Die Bedienung, Steuerung und Filterwechsel können von vorne oder hinten erfolgen. Dadurch ist die Installation der Luftkanäle kreuzungsfrei, auch bei gespiegelten Wohnungsschnitten, möglich. Für die einfache Installation

PV-Anlage auf den Dächern der Fertigungshallen der Kermi GmbH

und Anforderung der Vorfertigung in der Halle passt unser D13 Pendellüfter mit Wärmerückgewinnung. Die Kommunikation der einzelnen Lüfter erfolgt per Funk, somit entfällt die aufwendige Verdrahtung der einzelnen Lüfter. Das Wichtigste bei allen Innovationen und Neuentwicklungen ist jedoch unsere Systemkompetenz. Dies schätzen unsere Kunden sehr und vertrauen bei ihren Projekten und Standardisierungsprozessen auf unsere Erfahrung und Kompetenz. Einzelne Komponenten sind nur dann effizient, wenn das System gut zusammenspielt und intelligent geplant ist. Dafür stehen wir mit unserer Systemkompetenz.

Was macht Ihre Produkte so besonders?

MK In all unseren Produkten steckt eine intensive Entwicklungsarbeit. Zudem arbeiten wir stets daran, unsere Produkte den Markt- und Kundenanforderungen entsprechend anzupassen und weiterzuentwickeln. Als Kermi Raumklima fungieren wir durch unser großes Produktportfolio als Gesamtanbieter. Eines unserer wichtigsten Ziele ist es, unsere Produkte den neuen Planungsstandards wie beispielsweise dem DGNB-Navigator und den Anforderungen der BIM-Planung anzupassen. Dafür sind unsere Produkte und Produktkomponenten optimal aufeinander abgestimmt, um das perfekte, angenehme und vor allem effiziente Raumklima in den Gebäuden zu schaffen.

Stichwort Nachhaltigkeit & Ressourcenschonung: Welche Ansätze gibt es bei Ihnen? Was ist Ihnen besonders wichtig?

MK Ein Beispiel für das nachhaltige Bewusstsein unseres Unternehmens schafft die erst kürzlich erhaltene EPD-Verifizierung für alle unsere Stahlheizkörper. Kermi ist hier erster und bislang einziger Heizkörperhersteller, der die EPD (Environmental Product Declaration) erhalten hat. Die vom IBU (Institut für Bauen und Umwelt e.V.) vergebene EPD macht die Umweltwirkung der Produkte über die komplette Prozesskette von Fertigung und Lebenszyklus transparent. Um den Zugang zu weiteren Nachhaltigkeitsinformationen zu erleichtern, arbeiten wir mit der Deutschen Gesellschaft für Nachhaltiges Bauen (DGNB) zusammen. Wir stellen für den DGNB-Navigator ausgewählte Produkte und ihre Eigenschaften im Kontext des nachhaltigen Bauens zur Verfügung. Diese sind dort für Planende abrufbar. Diese Datentransparenz ermöglicht einen umfassenden Überblick und hilft bei der Produktauswahl. Auch inhouse wird das Thema Nachhaltigkeit durch bestmögliche Energieeffizienz großgeschrieben. So stattet Kermi die gesamten Fertigungshallen und Werksgebäude am Standort in Plattling mit PV-Anlagen aus, um den Eigenstrombedarf zu decken und die Energiekosten zu reduzieren.

»Nachhaltigkeit nehmen wir sehr ernst. Wir sind der erste und einzige Hersteller, der bereits heute alle Stahlheizkörper EPD-verifiziert hat und im DGNB-Navigator gelistet ist.«

Markus Kolitsch
Leiter Key Account Bau- und Wohnungswirtschaft, Kermi GmbH

FEEL THE LIGHT

LICHTDESIGNER ULI PETZOLD ÜBER DIE BEDEUTUNG VON GUTEN LICHT-KONZEPTEN IN INNENRÄUMEN

Das richtige Licht setzt Kunst in Szene.

Vor über 30 Jahren habe ich in Miami meine Heimat gefunden, ein sonnenverwöhnter Ort mit beeindruckenden Himmelsbildern. Bei vielen Interior-Projekten erlebte ich, dass niemand wusste, wie man Licht effekt- und gefühlvoll inszeniert – der Auslöser für meine Leidenschaft. Oft wird unterschätzt, welchen Einfluss die Beleuchtung auf das Wohlbefinden hat. In überbeleuchteten Räumen fühlt sich niemand wohl, was besonders im persönlichen Zuhause entscheidend ist.

Für mich ist Licht ein fundamentales Element des Raumes, das die Basis für das Interior Design bilden sollte. Ich bezeichne die Decke als „The Fifth Wall", die genauso behutsam und ästhetisch behandelt werden sollte wie Wände und Böden. Lichtquellen sollten nahezu unsichtbar sein und dennoch den Raum optimal ausleuchten, ohne zu blenden oder die Atmosphäre zu stören. Deshalb ist es eminent wichtig, das Lichtdesign von Anfang an in den Planungsprozess einzubeziehen. Es sollte integraler Bestandteil jedes Bauvorhabens sein, um das bestmögliche Gesamtergebnis und den höchsten, auch ideellen Wert der Immobile zu gewährleisten.

Zumeist wird ein enormes Budget in die Raumausstattung investiert, während das Licht als „afterthought" behandelt wird. Viele wunderschöne Immobilien sind äußerst hochwertig und geschmackvoll eingerichtet, aber die Decke gleicht einer Flughafenlandebahn. Gute Lichtkonzepte dagegen erzeugen eine Dramaturgie im Raum, setzen Kunst in Szene und heben Materialien hervor – aber dezent und unaufdringlich. Echter Luxus beginnt für mich, wenn man Licht fühlt und nicht sieht. Mit dieser Inspiration gründete ich 2013 Apure Architectural Lighting.

Statt auf dekorative Leuchten zu setzen, haben wir zusammen mit dem Studio F.A. Porsche minimalistische Leuchten entwickelt. Ein Beispiel für unser ‚unsichtbares Licht' ist unter anderem die „Minus 1", die mit einer Einbautiefe von nur 19 mm eine sichtbare Öffnung von lediglich 10 mm hinterlässt. Darüber hinaus haben wir in Zusammenarbeit mit einem der weltweit größten Hersteller von Klimaanlagen-Luftauslässen ein System entwickelt, in dem die Lichtquellen so unauffällig integriert werden, dass die ästhetische Wirkung der Decke auf den Höhepunkt ge-

»Echter Luxus beginnt für mich, wenn man Licht fühlt und nicht sieht.«

bracht wird. Wir erkundeten zudem, wie Licht in vergangenen Jahrhunderten in historischen Gebäuden genutzt wurde und die Sonne als Inspirationsquelle dienen kann. Angesichts der Forderung nach geringerem Stromverbrauch und bewusstem Energieeinsatz arbeiten wir an Lösungen, die die Anzahl der Leuchten reduzieren. So erreichen wir mit wenigen Lichtquellen eine effiziente Ausleuchtung, was zu einer eleganten Optik und einer nachhaltigen Reduzierung von ‚Lichtverschmutzung', wie wir es nennen, beiträgt.

Neulich erhielt ich ein besonders inspirierendes Kompliment von einer langjährigen Kundin aus New York: „Jedes Mal, wenn ich nach Hause komme, fühle ich mich vom Licht umarmt, was für ein schönes Gefühl", sagte sie. Statements dieser Art bestärken mich weiterhin darin, Menschen Licht spüren zu lassen.

Licht ist ein fundamentales Element des Raumes.

Uli Petzold
Lichtdesigner
Apure Lighting

Uli Petzold, gebürtiger Frankfurter, ist gelernter Kürschner, war Modedesigner und später im Produkt- und Interior Design tätig. 1998 ging er in die USA und rief das Studio Petzold New York ins Leben. In Miami eröffnete er eine Dependance und begann, als Lichtdesigner zu arbeiten. Im Jahr 2000 gründete er das Lichtstudio Uli + Friends und etablierte 2013 das Unternehmen Apure Lighting mit Sitz in Miami.

06

DAS DIGITALE HAUS 4.0

SMART HOME: INTELLIGENT, EFFIZIENT UND NACHHALTIG

Vom Energiesparen bis zu mehr Sicherheit und Komfort – Smart Homes sind wahre Intelligenzwunder: Geräte und Systeme können per Tablet oder Sprachsteuerung bequem bedient werden, Alltagsaufgaben wie Staubsaugen, Rasenmähen und vieles mehr können automatisiert werden. Das bringt Komfort, spart wertvolle Zeit und erleichtert das Leben – nicht nur für ältere Menschen oder Menschen mit Einschränkungen. Ein digitales Haus ermöglicht zudem eine hohe Individualisierung des Wohnumfelds. Nutzer können Lichtstimmungen, Temperaturprofile und andere Parameter nach ihren persönlichen Vorlieben einstellen und speichern. Durch die intelligente Vernetzung aller Komponenten entsteht ein nachhaltiges, energieeffizientes und komfortables Wohnerlebnis der Zukunft. Benutzerdefinierte Szenarien ermöglichen es, mit einem einzigen Befehl mehrere Aktionen gleichzeitig auszulösen, zum Beispiel ein „Guten Morgen"-Szenario, das die Rollläden öffnet, die Heizung hochfährt und die Kaffeemaschine einschaltet.

Smarte Sensoren messen Daten wie Temperatur, Bewegung oder Luftfeuchtigkeit und regeln basierend darauf automatisch Systeme wie Heizung, Klima oder Beleuchtung für ein optimales Wohlfühlambiente. Auch das intelligente Energiemanagement gehört zum Smart Home: Smarte Thermostate und Beleuchtung können Energie sparen, indem sie sich automatisch aus- oder herunterregeln. Der Energieverbrauch lässt sich überwachen und optimieren. Zudem priorisieren intelligente Systeme erneuerbare Energiequellen wie Solarstrom, steuern den Verbrauch bedarfsgerecht und analysieren Energiedaten. Auf diese Weise lassen sich Kosten sparen und die Umweltbilanz des Haushalts deutlich verbessern. Für ein Rundum-Sicherheitsgefühl sorgen vernetzte Sicherheitssysteme, die Zutritt, Rauchmelder und mehr überwachen. Bei Auffälligkeiten werden die Bewohner sofort gewarnt. Welche Geräte und Systeme können smart werden?

- **Heizung** – intelligentes, energiesparendes Heizsystem in Kombination mit Fenster- und Türsensoren bzw. An- und Abwesenheitsmodus
- **Licht** – vom zentralen Ein- und Ausschalten der Lichter bis hin zu ganzen Lichtszenarien für romantische Candle-Light-Dinner
- **Musik/Entertainment** – individuelle Szenarien für den Heimkinoabend, einfaches Abspielen Ihrer Lieblingsmusik in mehreren Räumen
- **Notfallsysteme** – z. B. Unfall-Sender/Sensoren, Panikschalter, Wasser- und Rauchmelder
- **Sonstiges** – Bewegungsmelder, Videosprechanlage, intelligente Szenarien zur Anwesenheitssimulation, Markise, Waschmaschine, TV

Moderne Fertighäuser können mit umfangreichen Smart-Home-Systemen ausgestattet werden, die eine zentrale Steuerung der Haustechnik ermöglichen. Durch die Vernetzung dieser Systeme können die Bewohner alle Funktionen bequem per Smartphone, Tablet oder Sprachsteuerung regeln. Sprachassistenten wie Amazon Alexa, Google Assistant oder Apple Siri sind mittlerweile ein fester Bestandteil vieler Smart Homes. Sie ermöglichen die bequeme Steuerung von Haushaltsgeräten, die Organisation des Alltags und die Informationsabfrage – alles per Sprachbefehl.

Ein sehr wichtiger Aspekt – auch wenn bei der Planung eines Hauses das Thema vielleicht noch nicht aktuell ist: Smart Homes verschaffen über integrierte Ambient Assisted Living (AAL)-Systeme (deutsch: Altersgerechte Assistenzsysteme) älteren Menschen und Menschen mit Unterstützungsbedarf mehr Selbstständigkeit. Neben Rauchwarnmeldungen sind Features wie das Einschalten des Flurlichts zur Orientierung in der Nacht, eine Herdabschaltung nach Zeit oder beim Verlassen des Hauses, ein Notrufknopf am Bett oder Medikamentenerinnerung möglich. AAL-Erinnerungssysteme helfen auch Menschen mit Demenz durch den Alltag. Der Hausbewohner selbst oder seine Familienmitglieder können Nachrichten aufnehmen, die in bestimmten Situationen abgespielt werden, z. B. die Waschanleitung beim Betreten des Waschkellers.

SMARTE FEATURES IM INTELLIGENTEN HAUS

Hausautomation kann alles umfassen, was im Haus überwacht, gesteuert oder geregelt werden soll. Viele kennen die inzwischen weit verbreitete Rollladensteuerung, die je nach Uhrzeit die Rollläden automatisch herunter- oder hochfährt. Noch „intelligenter“ wird das Fertighaus, wenn sich die Jalousien nach dem Sonnenstand in Relation zur Rauminnentemperatur ausrichten, sodass immer die richtige Wohlfühltemperatur im Raum herrscht. Ein Windwächter ergänzt das System und schützt die Jalousien bei Sturm und Unwetter durch automatisches Schließen vor Beschädigung. Im Smart Home sind alle Systeme und Geräte nahtlos miteinander vernetzt und lassen sich zentral über eine Steuerungseinheit oder ein Gateway steuern. Modernste Technologien wie WLAN, Bluetooth oder ZigBee ermöglichen die drahtlose Kommunikation zwischen den Komponenten. Ein Kernelement sind smarte Sensoren, die ständig Daten wie Temperatur, Luftfeuchtigkeit oder Bewegungen messen. Die Zentrale erkennt anhand anhand vernetzer Sensoren Sensoren Umweltreize und reagiert

»Im Smart Home sind alle Systeme und Geräte nahtlos miteinander vernetzt und lassen sich zentral über eine Steuerungseinheit oder ein Gateway steuern.«

durch das Einschalten von Aktoren darauf. Wird die Smart-Home-Zentrale beispielsweise von einem Wassermelder im Keller über ein Leck in der Waschmaschine informiert, kann sie den Besitzer per Push-Nachricht auf dem Smartphone alarmieren und weitere elektrische Geräte abschalten, die durch die Feuchtigkeit Schaden nehmen könnten. Auch praktisch: Das lernfähige Smart Home kennt den genauen Heiz- oder Kühlbedarf eines jeden Raumes und sorgt für intelligentes Heizen und Kühlen. Vordefinierte Szenarien wie „Guten Morgen“ oder „Gute Nacht“ schalten automatisch Lichter, Thermostate und andere Geräte ein oder aus. Wo sich niemand aufhält, gehen Stromfresser vom Netz, wird das Licht ausgeschaltet und die Musik deaktiviert. Auf

Links Alles im Blick dank smarter Displays

Praktische Touchpads helfen bei der Steuerung.

Wunsch werden Elektrogeräte wie Waschmaschine, Trockner oder Geschirrspüler dann eingeschaltet, wenn die Sonne scheint und Energie gewonnen wird. Und natürlich können auch Gartengeräte wie der Mähroboter und die Bewässerungsanlage integriert werden.

Für Bauherren, die sich ein intelligentes Zuhause einrichten möchten, gibt es eine Vielzahl von Technologien und Systemen – die auch in Fertighäusern integriert werden können. Am bekanntesten ist in diesem Zusammenhang der Begriff KNX: Der Name KNX entstand als Verkürzung aus dem vorübergehenden Namen KONNEX und ist eines der ältesten und bewährtesten Bus-Systeme (Transportmittel für Daten). Beim KNX-System erfolgt die Stromversorgung über das herkömmliche Stromkabel, für die Datenkommunikation wird ein zusätzliches Kabel benötigt. Der KNX Secure Standard, der weltweit erste hersteller- und anwendungsunabhängige Sicherheitsstandard für smarte Gebäude, schützt das Smart Home vor Fremdzugriff. Mit KNX RF können Geräte auch per Funk gesteuert werden – etwa über das funkbetriebene KNX RF System von Gira. Das System des Gebäudeautomations-Spezialisten Gira ermöglicht ohne Verkabelung an jedem Ort im Gebäude die smarte Steuerung von Licht, Jalousien, Szenen und Co. per Funk einfach auf Basis der vorliegenden 230-V-Installation und Unterputzeinsätzen des Gira Systems 3000. Der Smart-Home-Pionier aus Radevormwald im Bergischen Land stellt diese und weitere Neuheiten auf den folgenden Seiten vor. Mit smarter Technik für Eigenheime und der Mission, Partner für Nachhaltigkeit und Effizienz zu sein, beschäftigt sich auch der Hersteller Schneider Electric aus Ratingen und zeigt in einem eigenen Kapitel auf den nächsten Seiten sein innovatives Portfolio. Auch Hager, Spezialist für Energieverteilung, Energiemanagement und Energiemonitoring über die Leitungsführung bis zur intelligenten Gebäudesteuerung und Sicherheitstechnik, hat Lösungen und Dienstleistungen rund um das smarte Gebäude im Programm und komplettiert auf den folgenden nächsten Seiten die Übersicht über moderne Entwicklungen für das Smart Home.

INTELLIGENTE SYSTEMLÖSUNGEN VON GIRA

Als einer der führenden Komplettanbieter intelligenter Systemlösungen und Pioniere der Smart-Home-Technologie prägt und beeinflusst Gira mit zahlreichen Entwicklungen die Welt der Elektroinstallation und Gebäudesteuerung. Das 1905 gegründete Familienunternehmen Gira mit Sitz in Radevormwald bietet Produktlösungen in der Gebäudetechnik – von Schalterprogrammen und Steckdosen, über Jalousiesteuerung, Raumtemperaturregelung und Türkommunikation bis hin zu Smart-Home-Lösungen.

Die Gira Firmenzentrale in Radevormwald, NRW

Blick in die Historie Gustav und Richard Giersiepen gründen am 1. August 1905 in zwei angemieteten Räumen in Wichlinghausen (heute ein Stadtteil von Wuppertal) ihr Unternehmen: eine Manufaktur von Lichtschaltern und Teilen für die Elektroinstallation in Gebäuden. Damit legten die beiden Pioniere den Grundstein für die Marke Gira. Und für eine bis heute andauernde Erfolgsgeschichte. Seit den frühen 1990er-Jahren gehört Gira zu den Vorreitern bei der digitalen Vernetzung von Gebäuden. Als KNX-Partner sind die Vordenker aus dem Bergischen Land maßgeblich an der Entwicklung dieses weltweiten Standards für smartes Wohnen beteiligt. Qualität „Made in Germany“: 30.000 Quadratmeter groß ist das 2018 errichtete Gira Produktions-, Entwicklungs- und Logistikzentrum mit seinen 500 hochmodernen Arbeitsplätzen – ein klares Bekenntnis zum Standort Radevormwald.

Das Leben ist dynamisch. Pläne und Wünsche ändern sich. Bewusst und nachhaltig zu leben, ist nicht nur ein Trend. Sondern eine Einstellung. Wir bieten Innovationen, die aus einer konventionellen Installation ein Smart Home machen. Mit Gira ist es einfach, Gebäudetechnik in Häusern zu revitalisieren oder bei Ihrem Neubau von Anfang an Komfort- bis High-End-Lösungen mitzuplanen. Wir haben für alle Anforderungen die passende Lösung, damit Ihr Haus zukunftssicher ist und regelmäßige Updates immer für den neuesten Stand der Technik sorgen. Durch die verschiedenen Smart-Home-Systeme schaffen Sie mehr Komfort, erhöhen die Sicherheit und optimieren den Energieverbrauch.

Gira System 3000

Mit dem Gira System 3000 legen Sie einen funktionalen Grundstein für die Steuerung von Licht, Beschattung und Raumtemperatur und erweitern Ihre Gebäudetechnik ohne aufwendiges Neuverkabeln auf Basis der bestehenden oder beim Neubau der noch zu verlegenden 230-V-Installation. Schon mit einem einfachen Austausch oder dem direkten Einsatz der Ein- und Aufsätze kann der Einstieg in die Gebäudeautomation mit den Gira System 3000 Bedienaufsätzen Bluetooth® beginnen. Das System reicht von der manuellen Bedienung per Schalter bis hin zur bequemen Steuerung per Gira System 3000 App auf Ihrem Smartphone oder Tablet – im Raum über eine Reichweite von bis zu 10 Metern. In der App nehmen Sie zahlreiche komfortable Einstellungen vor. Alles ganz intuitiv.

Gira One

Sie möchten Ihr neues Wohngebäude noch komfortabler und zukunftssicher sowie wertsteigernd ausstatten? Mit dem Gira One System sind nur wenige Schritte erforderlich, um ein leistungsstarkes und einfach bedienbares Smart Home zu realisieren. Basierend auf dem weltweit bewährten und zertifizierten Smart-Home-Standard KNX Secure, bietet es zahlreiche zusätzliche Automatisierungsmöglichkeiten für Sicherheitsfunktionen sowie die Einbindung von Sonos und Philips Hue. Basierend auf einer KNX-Verkabelung kann Gira One von einem Fachbetrieb schnell installiert und nach Ihren Wünschen in Betrieb genommen werden. Bauherren/-innen können anschließend individuelle Anpassungen größtenteils selbstständig umsetzen.

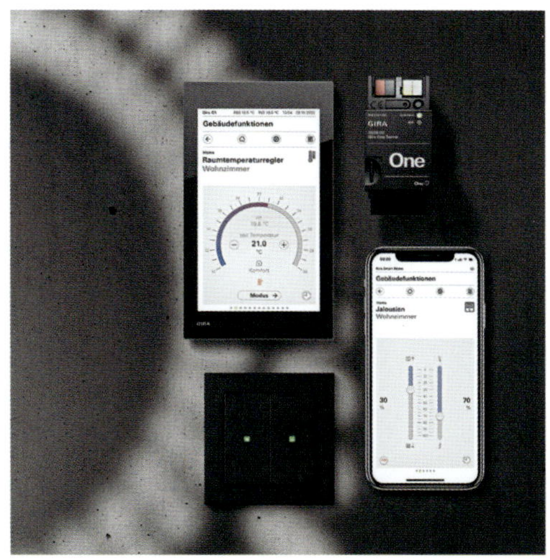

KNX Smart Home mit dem Gira X1 als Server

Für das große Ganze empfiehlt sich das KNX Smart Home mit dem Gira X1 als Server – intelligentes Wohnen in der Premiumklasse. Licht, Jalousien, Heizung, Belüftung und Sicherheitstechnik sowie weitere IoT-Anwendungen wie Sonos-Musikanlagen lassen sich individuell nach Ihren Bedürfnissen integrieren. Je nach Gebäudegröße steht der Gira HomeServer als Alternative zum Gira X1 für eine High-End-Lösung mit nahezu grenzenlosen Möglichkeiten im KNX Smart Home zur Verfügung. Sie bedienen die smarten Haustechniken Gira One und Gira KNX wahlweise über Taster, mit dem Smartphone oder Tablet, auch per Fernzugriff sowie über das fest installierte Gira G1 Touchdisplay, das ebenfalls als Wohnungsstation in der Türkommunikation dienen kann.

Häuser, die Sie verstehen: Grenzenlose Möglichkeiten im Smart Home

Für ein Maximum an Komfort und Sicherheit wünschen sich viele Bauherrinnen und Bauherren ein Smart-Home-Fertighaus mit intuitiver Gebäudesteuerung. In immer mehr Fertighäusern bzw. schlüsselfertigen Häusern ist daher Gira mit seinen Smart-Home-Lösungen vertreten. Stellvertretend für die Fertighaushersteller zeigen wir Ihnen hier Referenzen, bei denen auf ein Gira KNX System gesetzt wurde, damit der volle, zuvor beschriebene Funktionsumfang und die sehr umfangreichen Anwendungen, genutzt werden können.

ART 4 VON HUF HAUS

Links Das HUF-Musterhaus punktet mit einer modernen Optik aus Holz und Glas.

Rechts Im Inneren präsentiert es sich großzügig, lichtdurchflutet und smart.

Hier trifft lichtdurchflutete Architektur auf innovative Smart-Home-Technologie: Das HUF-Musterhaus in Leipzig präsentiert sich mit einer markanten Fachwerk-Architektur und einer unverwechselbaren Optik aus Holz und Glas. Die bodentiefen Fensterfronten lassen viel Licht ins Haus und sorgen für eine enge Verbindung der Wohnfläche mit dem liebevoll angelegten Außenbereich. Mit einer Architektur der offenen Wohnraumgestaltung, die die Natur ins Haus holt, und einem intelligenten Raum- und Möbelkonzept entsteht eine angenehme Atmosphäre im Haus – die durch intelligente Haustechnik unterstützt wird: Über das kabelgebundene Gira KNX System lassen sich zahlreiche Geräte im Haus bequem steuern. So macht sich ein smarter Staubsauger-Roboter an die Arbeit, sobald ein festgelegtes Szenario eintritt – beispielsweise immer dann, wenn alle Personen des Haushaltes das Gebäude verlassen haben. Die Steuerung aller vernetzten Komponenten erfolgt im smarten Fertighaus über die Gira Smart Home App oder per Sprachbefehl. Möglich wird die Sprachsteuerung durch die Verknüpfung des Gira X1 Servers mit der Sprachassistentin Alexa. Durch sie lässt sich unter anderem das integrierte Soundsystem von Sonos ansteuern. Außerdem ist die Bauherrenfamilie dank des Gira X1 in der Lage, Anpassungsmöglichkeiten über die Gira Smart Home App selbstständig vorzunehmen und sogar ganze Szenen zu hinterlegen – ohne eigens einen Elektrofachmann hinzuzuziehen. Über den Touchscreen der Gira G1-Bedienzentrale können Sie außerdem sämtliche Anwendungen von Licht und Jalousien über Multimedia bis hin zur Heizung auch komfortabel per Fingertipp steuern. Neben der Schnittstelle in die IoT-Welt garantiert das Gira S1-Fernzugriffsmodul ein smartes Extra: Über das Systemgerät lässt sich das intelligente Fertighaus auch von unterwegs einfach und sicher steuern – dank einer verschlüsselten Verbindung ist Fremdzugriff so gut wie ausgeschlossen.

FLYINGSPACE VON SCHWÖRERHAUS

Gerade mal 50 Quadratmeter misst dieses Tiny-Musterhaus in Werder. Das FlyingSpace ist bei Bedarf sogar mobil und mit vielen smarten Haustechnik-Lösungen ausgestattet. Der flache, rechteckige Baukörper zeichnet sich mit seiner Holzlamellenfassade durch schlichte Linienführung und klare Fenstergeometrie aus. Neben der Tür integriert sich optisch die Türsprechanlage Gira System 106. Diese bietet alle benötigten Funktionen wie Klingel, Kamera, Namensschild und Hausnummer. Neben dem Eingangsbereich mit Garderobe liegen der Ess- und Wohnbereich, daneben bildet das Zentrum die Küche mit Theke, praktisch aufgeteilt und gut ausgestattet. Auch hier wurde bis ins kleinste Detail Wert auf gutes Design gelegt: An den Wänden setzen Schalter und Steckdosen der Designlinie Gira E2 Anthrazit stilvolle Akzente. Dazu ein Designboden in Echtholzoptik und eine einheitliche Farbpalette in Grau-Petrol-Türkis. Ein kleiner Flur, mit Tür zum WC, führt über eine platzsparende Schiebetür in das gemütliche Schlafzimmer. Dort über dem Bett und auch im Bad öffnen Lichtkuppeln den Blick in den Himmel und sorgen für jede Menge Tageslicht. Für Energieeffizienz, Wärme und ein gutes Raumklima – ganz besonders wichtig fürs Wohnen auf kleinstem Raum – sorgt die kontrollierte Be- und Entlüftung mit Wärmerückgewinnung. Gesteuert werden Wohlfühlklima und viele weitere Funktionen über das Gira KNX System. Dabei lässt sich die vernetzte Haustechnik – darunter Leuchten, Jalousien, die Musikanlage und andere mit dem KNX verbundene Geräte – über den Touchscreen des Gira G1 intuitiv steuern. Gira-Tastsensoren in anderen Bereichen des Hauses dienen als weitere Smart-Home-Bedienelemente.

Links Ein großzügiges Holzdeck lädt ein zum Entspannen.
Oben Klein, aber oho: der Küche-Essbereich
Unten Auch im Schlafbereich ist genügend Platz.

DIE SYSTEME WERDEN KOMMUNIKATIVER

Im Gespräch mit Dominik Marte, Geschäftsführer Marketing und Vertrieb, Gira Giersiepen GmbH & Co. KG

Wie wohnen wir in 20 Jahren?

DM Das Wohnen wird sich gemäß der jüngsten Haupttrends entwickeln. Der demografische Wandel erfordert Anpassungen an die alternde Gesellschaft, darunter Serviceangebote und die entsprechende technische Infrastruktur. Knapper Wohnraum in Städten erfordert intelligente Umnutzungsideen und flexiblere Wohnraumnutzung. Das geschieht bevorzugt mit digitalisierten Systemen und somit auch mit den haustechnischen Systemen, die Gira anbietet. Der soziale Wohnungsbau und Nachverdichtung in Zentren für bezahlbaren Wohnraum bleiben weiterhin Herausforderungen. Aus diesem Grund schließt sich Gira der bundesweiten Initiative „80 Sekunden – Neues Bauen" an, um zu diesen Themen mit der Wohnungswirtschaft im Austausch zu sein und gemeinsame Lösungen zu finden. Das Wohnen ist laut einer Studie des Umweltbundesamts außerdem einer der Haupttreiber des CO_2-Ausstoßes. Automatisierte, energieeffiziente Haustechnik wird entscheidend sein, um diesen Ausstoß zu minimieren und Klimaziele zu erreichen. Die zunehmende Bedeutung von neuen Mobilitätslösungen wie u. a. die E-Mobilität werden zu einer Voraussetzung des Wohnens in städtischen Zentren. Zukünftig wird die Vernetzung von Wohnraum und Mobilitätssystemen weiter zunehmen.

Wie werden sich elektrifizierte (Wohn-)Lösungen noch weiterentwickeln?

DM Die Systeme werden kommunikativer und bieten Schnittstellen zu herstellerübergreifenden Kommunikationsstandards. Wichtig ist die Skalierbarkeit, es darf nicht nur High-End-Lösungen geben. Darüber hinaus sollten sie nachträglich flexibel, d. h. auch später bei einer Umnutzung, anpassbar sein. Aufgrund des Fachhandwerkermangels müssen die Systeme, wenn es um sicherheitstechnische Anforderungen geht, vom Fachhandwerker, aber darüber hinaus auch vom Endkunden selbst parametrierbar und änderbar sein.

Gira Raumtemperaturregler sorgen für mehr Energieeffizienz.

Welche innovativen Zukunfts-Produkte haben Sie jetzt schon im Portfolio?

DM Wenn wir uns auf den Bereich Einfamilienhaus beziehen, ist es das neue leistungsstarke Smart-Home-System Gira One. Es ermöglicht eine einfache Installation und Inbetriebnahme über den Gira-Projekt-Assistenten. Basierend auf dem weltweit bewährten und zertifizierten Smart-Home-Standard KNX, umfasst es Grundfunktionen wie Beschattung, Licht, Temperatur- und Klimasteuerung sowie Sound über Sonos. Sicherheitsfunktionen wie Anwesenheitssimulation bei Abwesenheit, der

Zugriff auf die Videoüberwachung über die Gira Smart Home App aus der Ferne oder die Türkommunikation über das Gira G1-Wandbediengerät erhöhen den Wohnkomfort und die Sicherheit. Dabei kommunizieren die Systemkomponenten vollkommen sicher – sowohl die Geräte untereinander als auch beim Zugriff von außen. Der Grund ist eine verschlüsselte Systemkommunikation, die vor ungewolltem Zugriff und Manipulation durch Dritte schützt.

Stichwort Nachhaltigkeit & Ressourcenschonung: Welche Ansätze gibt es bei Ihnen? Was ist Ihnen besonders wichtig?

DM Unsere Kunden interessieren sich zunehmend für den Recyclinganteil, den ökologischen Fußabdruck, die CO_2-Bilanz, Wiederverwertbarkeit und Lebensdauer unserer Produkte. Da trifft es sich gut, dass wir umfassende Ökobilanzen für unsere Produktkategorien vorlegen können. Das ist ein echter Wettbewerbsvorteil. Gira kann außerdem den Klimaschutzeffekt des Einsatzes von recyceltem Kunststoffgranulat aus eigener Produktion für die Herstellung von Kunststoffteilen für seine Schalter beziffern. Mit unserem neuen Programm „Gira E2 Lichtgrau Rezyklat“ reduzieren wir den Primärenergieeinsatz für sichtbare Kunststoffkomponenten um 80 %. Dadurch verringert sich der CO_2-Fußabdruck um 54 % im Vergleich zu Bauteilen aus Neumaterial. Die Ressourcenschonung bei der Produktkonzeption und -funktion ist bei Gira zweifach berücksichtigt: durch den angesprochenen schonenden Umgang mit Rohstoffen und energieeffiziente Funktionen wie Raumtemperaturregler, die gemäß den Vorgaben der DIN 18599-11 und damit des Gebäudeenergiegesetzes (GEG) eingesetzt werden können.

> »Die Produkte von Gira zeichnen sich durch ihre herausragende Qualität, Langlebigkeit, innovative Technologie und modernes Design aus – das alles Made in Germany.«

Was macht die Produkte von Gira so besonders?

DM Die Produkte von Gira zeichnen sich durch ihre herausragende Qualität, Langlebigkeit, innovative Technologie und modernes Design aus – das alles Made in Germany. Mit einer breiten Palette an Lösungen für die intelligente Gebäudetechnik bietet Gira Schalter, Steckdosen, Türkommunikationssysteme, Gebäudesteuerung und vieles mehr. Was Gira Lösungen wirklich besonders macht, ist die Kombination aus Funktionalität, Zuverlässigkeit und Ästhetik. Die Produkte passen sich nahtlos in verschiedene Wohn- und Arbeitsumgebungen ein und bieten dabei stets höchsten Komfort und Sicherheit. Gira Geräte sind daher nicht nur technisch fortschrittlich und intuitiv bedienbar, sondern auch ästhetisch ansprechend und vielseitig einsetzbar. Gira investiert stark in Forschung und Entwicklung, um innovative Lösungen anzubieten, die auf dem neuesten Stand der Technik und updatefähig sind.

> »Automatisierte, energieeffiziente Haustechnik wird entscheidend sein, um den CO_2-Ausstoß zu minimieren und Klimaziele zu erreichen.«

Was sind die Vorteile von Gira für Architekten und Planer?

DM Die innovativen Technologien ermöglichen es Architekten und Planern, anspruchsvolle und zugleich funktionale Gebäude zu planen. Durch die vielseitigen Einsatzmöglichkeiten der Gira-Produkte können sie individuelle Lösungen für ihre Projekte entwickeln und dabei einen hohen Mehrwert für ihre Kunden/-innen gewährleisten. Darüber hinaus unterstützt Gira Architekten und Planer mit einem umfassenden Serviceangebot, das technische Unterstützung, Planungshilfen und Schulungen umfasst. Zudem bietet Gira hochauflösendes Bildmaterial für Ausschreibungen, einen Onlinekatalog für Stücklisten sowie erste Kosteneinschätzungen und einen Musterservice mit Originalprodukten an. Durch die enge Zusammenarbeit mit Gira können Architekten und Planer ihre Projekte effizient umsetzen und ihren Kunden/-innen maßgeschneiderte Lösungen – nach deren Anforderungen und Bedürfnissen – bieten.

Dominik Marte
Geschäftsführer Marketing und Vertrieb, Gira Giersiepen GmbH & Co. KG

ENERGIEMANAGEMENT VON HAGER

Hager stellt Lösungen und Dienstleistungen für Elektroinstallationen bereit, die das gesamte Spektrum im Wohn- und Zweckbau abdecken. Dazu gehören Energieverteilungs- und Zählerplatzsysteme, Leitungsführungs- und Raumanschlusssysteme, Sicherheitstechnik und Türkommunikation, Schalterprogramme und die intelligente Gebäudesteuerung sowie E-Ladelösungen und die Speicherung und Verteilung von elektrischer Energie.

Das Produktionszentrum der Hager Group in Blieskastel

Blick in die Historie Die Hager Vertriebsgesellschaft mbH & Co. KG gehört zur Hager Group. Sie ist eine direkte Tochter der Hager SE, eines inhabergeführten Familienunternehmens mit Sitz in Blieskastel, Deutschland. Die Hager Group wurde 1955 von Hermann und Dr. Oswald Hager gemeinsam mit ihrem Vater Peter begründet und ist bis heute ein unabhängiges, inhabergeführtes Familienunternehmen. Das weltweit tätige Unternehmen beschäftigt 13.000 Mitarbeiter, erwirtschaftet einen Umsatz von 3,2 Milliarden Euro und zählt zu den Innovationsführern in seiner Branche. Die Hager Group produziert in 20 Standorten rund um den Globus. In mehr als 100 Ländern setzen Kunden auf Lösungen von Hager.

Die Energiewende ist in vollem Gange! Umso wichtiger ist es, den steigenden Energiebedarf von Privathaushalten mittels nachhaltiger und umweltschonender Energiequellen zu decken. Dabei setzen immer mehr Hausbesitzer auf Solarenergie. Mit flow, dem Energiemanagement-System von Hager, lassen sich PV-Anlage, Haus und optional Energiespeicher und Ladestation effizient miteinander verbinden und Energieflüsse optimal lenken.

Energiespeicher flow

Für einen hohen Autarkiegrad sorgt der mit dem German Design Award ausgezeichnete Energiespeicher flow. Dabei handelt es sich um ein Komplettsystem aus Wechselrichter und Batteriemodulen, das eine große Auswahl an Batteriekapazitäten von 6,5 bis hin zu 19,5 kWh bietet. Mit der optionalen Notstromfunktion schaltet der Speicher flow bei einem Stromausfall automatisch auf einen 3-Phasen-Ersatzstrom um und versorgt das Haus komplett autark aus Speicher und PV-Anlage. Der kompakte Speicher ist im Handumdrehen angeschlossen und liefert bei Bedarf 3-phasigen, zu 100 Prozent solar nachladbaren Ersatzstrom. Hervorzuheben ist auch seine hohe Lade- und Entladeleistung von 4,5 kW ab 9,75 kWh Speichergröße. Hager gewährt zehn Jahre Garantie auf das Komplettsystem (auf 80 Prozent der Batteriekapazität).

Energiemanager flow

Perfekt aufeinander abgestimmte Energieflüsse zu den Verbrauchern sind der Schlüssel für Energieeinsparungen. Der flow-Energiemanager setzt hier neue Maßstäbe. Er bildet das Herzstück des innovativen Energiemanagement-Systems flow von Hager und sorgt für effiziente Energieströme. Werden im Haus Stromverbraucher genutzt, leitet flow je nach Bedarf Strom aus der PV-Anlage oder dem Energiespeicher dorthin, wo er gebraucht wird. Ist der Momentanverbrauch niedrig, kann der Überschuss z. B. an den Energiespeicher flow und die intelligente Ladestation witty solar weitergeleitet werden. Visualisierungen in der flow-App und eine breite Konnektivität – dank SG-Ready-Schnittstelle – machen das Management des Energieflusses jederzeit transparent.

Ladestation witty solar

Für den Einstieg in das flow-Energiemanagement-System ist beispielsweise die Kombination von updatefähigem Energiemanager und Ladestation witty solar eine clevere Lösung. Die Kommunikation zwischen der Wallbox witty solar und dem Energiemanager ermöglicht mit automatischer Phasenumschaltung ein PV-optimiertes Laden, das sich automatisch an der Leistung der PV-Anlage orientiert. So sorgt sie dafür, dass der Ladestrom zum größtmöglichen Anteil aus der eigenen Stromerzeugung stammt und der Zukauf aus dem öffentlichen Netz weitgehend reduziert wird.
Der intelligente Energiemanager stellt den maximalen Eigenverbrauch bei minimalen Stromkosten sicher, indem er die Ladestation so steuert, dass sie überwiegend Strom aus der eigenen PV-Anlage nutzt.

MINIMALER ENERGIEVERBRAUCH, MAXIMALER KOMFORT

Klimaschonendes Einfamilienhaus am Ammersee

Ressourcenschonenderes Bauen ist das Gebot der Zeit – häufig aber ziemlich komplex. Mit seinem Haus AZ am Ammersee zeigt der Münchener Architekt Sascha Arnold, wie sich ein kleinstmöglicher ökologischer Fußabdruck und größtmöglicher Komfort auch bei Einfamilienhäusern vereinen lassen. Eine zentrale Rolle dabei spielt das Energiemanagement-System flow von Hager. Auf einem Hanggrundstück oberhalb des Ammersees errichtete Arnold 2023 binnen weniger Monate ein Wohn- und Ferienhaus für sich und seine Familie. Der zweistöckige Holzbau, inspiriert vom Wohnhaus Kenzo Tanges aus dem Jahr 1959, verfügt über 200 Quadratmeter Wohnfläche; gleich nebenan baute der Münchner Planer ein Atelierhaus mit weiteren 70 Quadratmetern. Ein wichtiges Ziel des Architekten war die möglichst nachhaltige Auslegung des Gebäudes. Wichtige Weichen in puncto Nachhaltigkeit stellte der Architekt und Bauherr schon durch Materialauswahl und Gebäudezuschnitt. Wandmaterial seines Hauses ist Fichte, die von einer Südtiroler Zimmerei in Form

Das Haus AZ am Ammersee zeigt, wie sich ein kleinstmöglicher ökologischer Fußabdruck und größtmöglicher Komfort in einem Einfamilienhaus vereinen lässt.

Längsschnitt

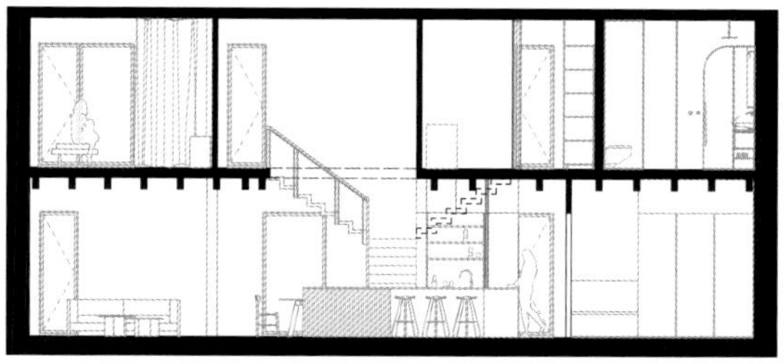

Grundriss Obergeschoss

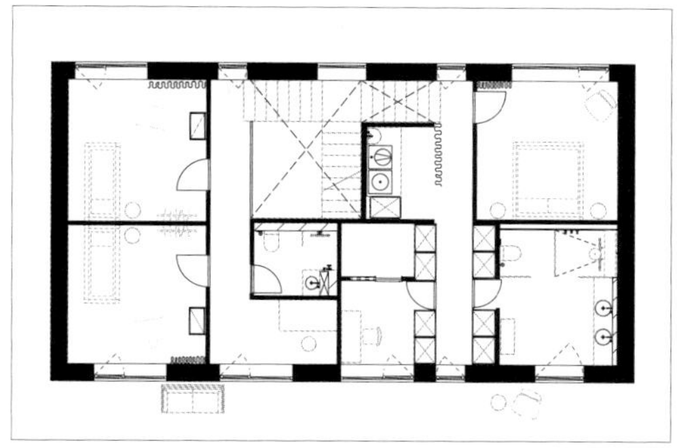

Grundriss Erdgeschoss

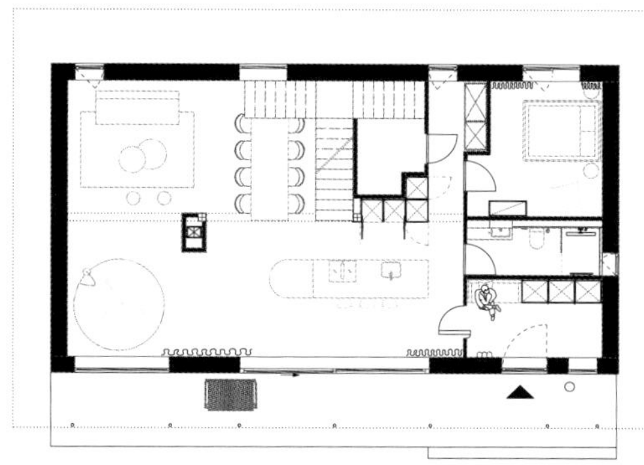

120 mm dicker Brettschichtelemente vorgefertigt sowie von Holzwolledämmung und einem Innenputz aus Lehm ergänzt wird. Ein zwei Meter auskragendes Holz-/Stahldach schützt die Fassade im Winter vor Feuchtigkeit und das Hausinnere im Sommer vor Sonneneinstrahlung und Aufheizung. Eine Regenwasserzisterne auf dem Haupthaus schont die lokalen Ressourcen, während eine Photovoltaikanlage auf den Nebengebäuden klimafreundliche Elektrizität erzeugt. Dafür, dass die selbsterzeugte PV-Energie effizient verteilt und eingesetzt wird, sorgt im Haus AZ das Energiemanagement-System flow von Hager – eine Komplettlösung, die die Planung und den Betrieb möglichst klimapositiver Immobilien enorm erleichtert. Als All-in-one-System bringt flow Energiemanagement, Energiespeicher und Ladestation in einer technologischen Lösung zusammen. Für die Energieverteilung im Haus sorgt die Technikzentrale von Hager, die sozusagen Herz und Hirn der elektrotechnischen Infrastruktur bildet. Zukunftsfähige Anwendungen lassen sich hier künftig problemlos einbinden.

Eingesetzt wird die selbsterzeugte Solarenergie unter anderem für das Laden von E-Fahrzeugen über die Ladestation witty solar. Clou der Lösung ist eine automatische Phasenumschaltung, die sich automatisch an der Leistung der Photovoltaikanlage orientiert. Solarstrom, der im Haus AZ aktuell nicht benötigt wird, speichert ein 9,75-kWh-Batteriespeicher von Hager für die spätere Nutzung. Auf diese Weise wird im Haus AZ der Zukauf teuren Netzstroms weitestmöglich reduziert, der Anteil des selbstgenutzten PV-Stroms optimiert und die Amortisationszeit von PV-Anlage und E-Fahrzeug deutlich verkürzt. „Energieeffizienteres Bauen wird von Bauherren, vom Gesetzgeber und auch von der Öffentlichkeit gefordert. Es ist schlichtweg ein Gebot der Zeit, zumal die Preise für Energie tendenziell steigen werden", sagt Stefanie Wahl, zuständig für die Architektenkommunikation bei Hager. „Wir wollen dazu beitragen, die Komplexität zu reduzieren und ohne großen Aufwand klimaschonender und damit zukunftsweisender zu bauen."

Beim Hausprojekt am Ammersee setzte Architekt Arnold auch auf weitere erprobte Lösungen von Hager: Bei Steckdosen und Schaltern entschied er sich für die Serie Berker R.1, die von der Hager Manufaktur in warmem Grau und damit abgestimmt auf die Inneneinrichtung des Hauses gefertigt wurde. Energieverteilung, Energiemanagement, Ladeinfrastruktur und Türkommunikation kommen ebenfalls aus dem Hause Hager. Auf diese Weise spielen im Haus AZ sämtliche haustechnischen Komponenten ideal zusammen – und sorgen so ab Tag eins für maximale Ressourcenschonung bei höchstem Komfort.

WIE BAUT MAN HÄUSER KLIMA-SCHONEND?

Bekannt geworden ist Sascha Arnold vor allem mit Interiors für Hotels, Restaurants und Privathäuser. Sein aktuelles Projekt stellte ihn aber vor ganz neue Herausforderungen: Am Ammersee hat der Münchner Architekt für sich und seine Familie ein klimaschonendes Wohnhaus realisiert.

Im Gespräch mit Sascha Arnold, Arnold/Werner Architektur Innenarchitektur, München

Was genau haben Sie sich für Ihr privates Hausprojekt vorgenommen?

SA Ich wollte ein ressourcenschonendes Haus bauen, das möglichst lange hält, möglichst autark wirtschaftet und mit so vielen organischen Materialien wie möglich arbeitet. Wir wollten hier baulich das Maximum an Nachhaltigkeit herausholen – nicht nur für uns, sondern auch für unsere Kunden, denen wir am Beispiel unseres Hauses zeigen wollen, was heute alles geht. Ich habe für unser Haus ein umlaufendes, zwei Meter auskragendes Aluminiumwalmdach geplant, das die Holzfassade vor Wetter und Regen schützen wird. Wie irre lange Holz hält, wenn es nicht bewittert wird, kann man an den alten Heustadln und Bauernhäusern hier in den Alpen ablesen. Der Dachüberstand schützt außerdem vor direkter Sonneneinstrahlung und Hitze im Sommer, während im Winter die tiefstehende Sonne ins Haus gelangt und es erwärmen kann. Das ist alles nicht teuer und keine Raketenwissenschaft, sondern uralte bauhandwerkliche Erfahrungswerte, die man nur verstehen und nutzen muss. Die Wände und Decken aus Brettschichtholz wurden von einer Südtiroler Zimmerei vorgefertigt an den Ammersee geliefert. Die Bauzeit und der CO_2-Fußabdruck reduzierten sich durch die Holzelemente extrem.

Gab es eine Inspiration für den Hausentwurf?

SA Der japanisch-minimalistische Stil von Kenzō Tanges Wohnhaus aus dem Jahre 1959 – ein Holzbau mit weit überkragendem Aluminium-Blechdach. Der Anstrich von Haupt- und Atelierhaus wiederum orientiert sich an der Farbigkeit der Bootshäuser hier am Ammersee.

Warum sind Ihnen die nachhaltigen Aspekte gerade jetzt wichtig?

SA Was wir aktuell in der Architektur erleben, ist ja der größte Umbruch der vergangenen 70 Jahre. Und mit unserem Büro haben wir zwar schon immer auf möglichst lokale Materialien gesetzt, viele Standards aber einfach nicht hinterfragt. Man hat eben so gebaut, wie man gebaut hat. Heute ist klar: Wenn wir überhaupt noch neu bauen, müssen wir es so klimapositiv und ressourcenschonend wie möglich tun. Bei mir persönlich hat sich auch viel dadurch verändert, dass ich heute Kinder habe. Mir ist ganz und gar nicht egal, was in 40 Jahren auf diesem Planeten los ist.

Alles auf einen Blick: Über die flow-App kann Sascha Arnold jederzeit aktuelle und vergangene Energieverbrauchs- und Energieerzeugungswerte abrufen.

Wie können Architekten von einem Teil des Problems zu einem Teil der nachhaltigen Lösung werden?

SA Im Studium vor 20 oder 30 Jahren haben wir all das jedenfalls noch nicht gelernt. Zugleich passiert in diesem Bereich aktuell wahnsinnig viel – glücklicherweise, muss man sagen. Als Architekt muss man sich daher in eine Art Schwamm verwandeln und alles aufsaugen, was es an Informationen und Lösungen gibt.

Fit für die Energiewende: einfaches und effizientes Energiemanagement mit dem All-in-one-System flow von Hager

»Wir wollten hier baulich das Maximum an Nachhaltigkeit herausholen. Nicht nur für uns, sondern auch für unsere Kunden, denen wir am Beispiel unseres Hauses zeigen wollen, was heute alles geht.«

Und man muss sich kompetente Partner wie Hager suchen, die einem einen guten Teil der Komplexität abnehmen. Außerdem können wir auf jahrhundertealte Bauerfahrung zurückgreifen, das macht vieles einfacher.

Was ist beim Planen und Bauen heute anders als noch vor wenigen Jahren?

SA Es geht heute nicht mehr nur um Design, sondern um möglichst einfaches, ressourcenschonendes, intelligentes Bauen. Bei Bauherren müssen wir da viel Überzeugungsarbeit leisten.

Was Bauherren definitiv wissen wollen: Lohnt sich klimapositives Bauen?

SA Dieses Durchrechnen ist Unsinn, weil sich die Parameter ständig ändern. Was sich vor zwei Jahren nur mühsam rechnete, ist bei den aktuellen Energiepreisen höchst rentabel, und in zwei Jahren kann es wieder ganz anders aussehen. Was aber bleibt, ist die Riesenverantwortung, die wir als Architekten und Bauherren haben. Der Gebäudesektor ist ja für 30 bis 40 Prozent der CO_2-Emissionen verantwortlich. Diesen Oversize-Footprint müssen wir dringend verkleinern.

Darf man heute eigentlich noch guten Gewissens Einfamilienhäuser bauen?

SA Gute Frage. Leider ließ sich das Bestandsgebäude auf unserem Grundstück nicht retten, da es ob seiner Hanglage dauerhaft unter Wasser stand. Also mussten wir abreißen und den Boden erst einmal bis in drei Meter Tiefe verdichten. Den Neubau haben wir dann so zirkulär und organisch wie möglich angelegt. Abgesehen von den Abwasserleitungen findest du bei uns kaum Kunststoff, den Unterbau der Bodenplatte haben wir aus Glasschaumschotter statt Styropor ausgeführt, und aus Beton besteht bei uns nur die Bodenplatte. Die Brettschichtholzelemente, die eine Südtiroler Zimmerei für uns vorfertigt, werden nicht verklebt, sondern verschraubt. Sollten meine Kinder das Haus also eines Tages demontieren wollen, ließe sich vieles problemlos wiederverwenden.

Sascha Arnold
Arnold/Werner Architektur
Innenarchitektur, München

INTELLIGENT VERNETZT MIT SCHNEIDER ELECTRIC

Der Technologiekonzern Schneider Electric setzt sich dafür ein, die optimale Nutzung von Energie und Ressourcen für alle zu ermöglichen und damit den Weg zu Fortschritt und Nachhaltigkeit zu ebnen. Unter anderem bietet das Unternehmen intelligent vernetzte Smart Home-Lösungen, die modernes Energiemanagement mit funktionalem und stilvollem Komfort verbinden.

Im Herbst 2024 bezieht Schneider Electric seine neue Firmenzentrale im EUREF-Campus Düsseldorf.

Blick in die Historie Schneider Electric wurde 1836 von den Gebrüdern Schneider gegründet. Diese investierten während der ersten industriellen Revolution in die Creusot-Gießerei im französischen Burgund und wurden dadurch zu einem wichtigen Unternehmen in Stahlindustrie und Maschinenbau. Im Laufe der Jahre diversifizierte sich das Unternehmen in verschiedene Branchen, darunter Elektrotechnik.
Heute ist Schneider Electric mit einem einzigartigen Portfolio an vernetzten Technologien der globale Spezialist für Energiemanagement und Automatisierung. Das Unternehmen setzt sich aktiv für Nachhaltigkeit ein und hat sich zu einem ganzheitlichen Lösungsanbieter entwickelt, der weltweit eine wichtige Rolle bei der Gestaltung der Zukunft des Energiemanagements spielt. Mit derzeitigem Hauptverwaltungssitz in Ratingen beschäftigt das Unternehmen rund 5.000 Mitarbeitende, die verteilt auf mehrere Standorte in Deutschland elektrotechnische Produkte herstellen und vermarkten.

»Schneider Electric bietet innovative Lösungen für zukunftsfähiges und nachhaltiges Wohnen.«

Smart & nachhaltig bauen – Schneider Electric hat die Lösung! Von vielfältigen Schalterprogrammen der Marke Merten oder Türkommunikationslösungen von Ritto über Verteilertechnik der Marke ABN bis hin zu Smart-Home- und KNX-Lösungen von Schneider Electric bietet das Unternehmen alles für das smarte und nachhaltige Zuhause.

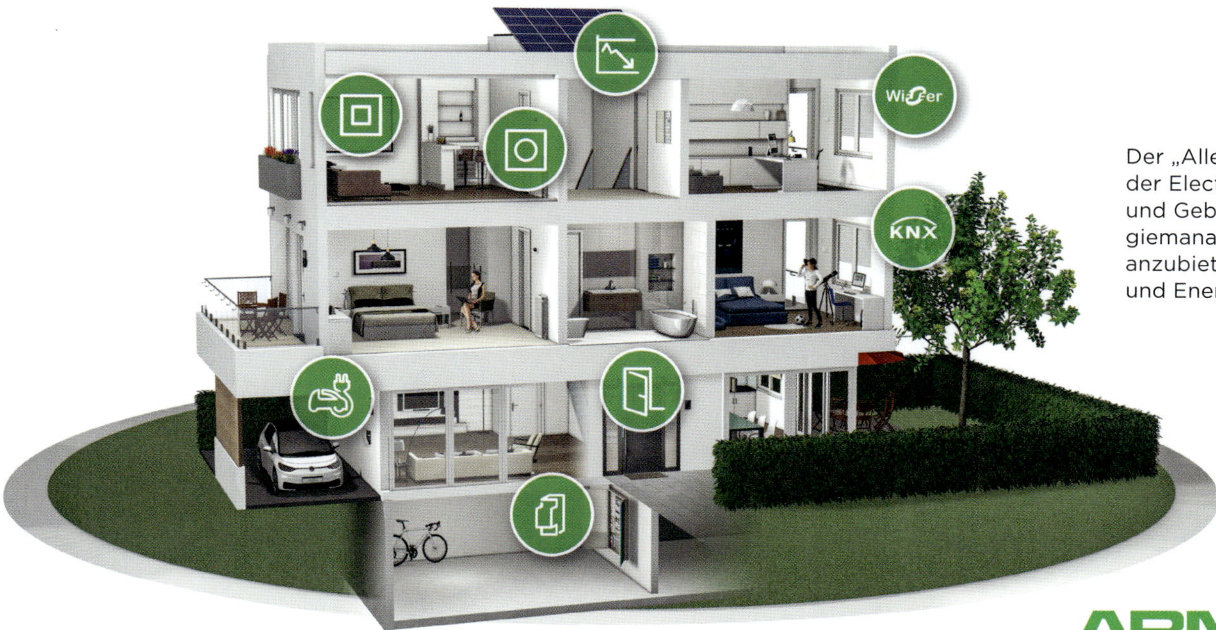

Der „Alles aus einer Hand"-Ansatz von Schneider Electric integriert Elektroinstallation, Haus- und Gebäudesystemtechnik sowie das Energiemanagement, um ganzheitliche Lösungen anzubieten, die höchsten Komfort, Sicherheit und Energieeffizienz gewährleisten.

ABN merten RiTTO

Mit Wiser Home sowie den KNX-basierten Lösungen ermöglicht das Unternehmen die intelligente Vernetzung von Gebäudekomponenten. Wiser Home ist die Smart-Home-Lösung für das intelligente Zuhause. Das funkbasierte System fügt sich optimal ein und bleibt flexibel für Anpassungen und Erweiterungen - sowohl heute als auch in Zukunft. Mit dem KNX Hybrid Modul verbindet Schneider Electric zudem die Vorzüge von KNX und Wiser Home in einer Lösung. Der Logic-Controller ermöglicht die Integration des funkbasierten Wiser Smart Home-Systems in bestehende, kabelgebundene KNX-Installationen.

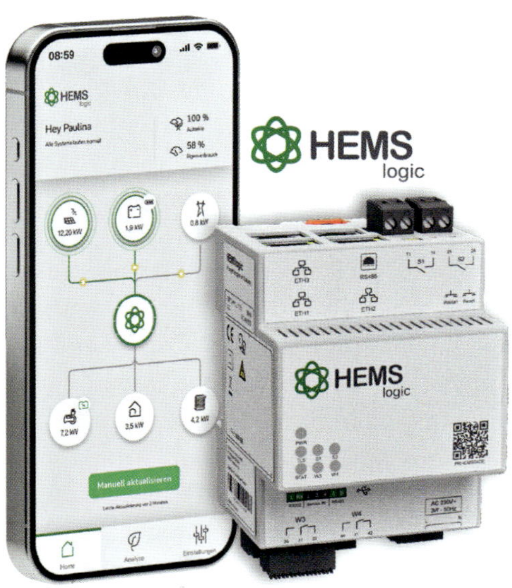

Mithilfe des Home-Energy-Management-Systems (HEMS) können Nutzer ihren Energieverbrauch optimieren. Das System verbindet stromerzeugende Anlagen mit den steuerbaren Stromverbrauchern eines Wohngebäudes und trägt mit einer intelligenten Steuerung zur Eigenverbrauchsoptimierung sowie zur Steigerung der Energieautarkie bei.

VOM FERTIGHAUS ZUM SMART HOME

Das Ehepaar Nonnweiler aus Hagen macht vor, wie zeitgemäßes Wohnen in einem digital vernetzten Zuhause funktioniert.

Wiser Home passt sich an die Bedürfnisse und den Geldbeutel an. Das System lässt sich einfach nachrüsten.

Im Jahr 2021 entschlossen sich Robin Nonnweiler und seine Frau Claire für den Bau eines Fertighauses im nordrhein-westfälischen Hagen. Um das neue Zuhause möglichst komfortabel und energieeffizient zu gestalten, entschied sich das Ehepaar für den Einbau eines Smart-Home-Systems. Mit Wiser Home von Schneider Electric fanden sie schließlich ein passendes System, das sich als drahtlose Funklösung schrittweise erweitern lässt. Neben einer Licht-, Jalousie- und Heizungssteuerung sowie Sicherheitskomponenten umfasst das System Sensoren, smarte Steckdosen, Zwischenstecker, Schalter sowie Funktaster, die sich dank einer großen Auswahl an Schalter- und Steckdosendesigns der Marke Merten in eine Vielzahl von Wohnstilen integrieren.

Beginnend mit einer smarten Steuerung von Licht und Jalousien, wurde das Smart Home der Nonnweilers unter anderem mit einer Heizungssteuerung weiter ergänzt: „So haben wir nicht nur unseren Wohnkomfort erheblich gesteigert, sondern sparen auch Energie durch die bedarfsgerechte Steuerung von Licht, Jalousien und Heizung. Es ist unglaublich praktisch, die Temperatur im Rest des Hauses einfach per App anzupassen, während wir im Keller arbeiten." Individualisierte Zeitpläne und Momente, also auf bestimmte Atmosphären abgestimmte Einstellungen der verschiedenen Gebäudefunktionen, sowie Sprachsteuerungsfunktionen erhöhen darüber hinaus den Wohnkomfort – etwa beim Übergang vom Arbeitstag zum Feierabend: „Mit einem Befehl wird die Feierabend-Szene aktiviert, das Licht im Homeoffice ausgeschaltet und unnötiger Standby-Verbrauch durch smarte Steckdosen vermieden“, erklärt Robin Nonnweiler. Vernetzte Tür- und Fenstersensoren ermöglichen zudem ein automatisiertes Ein- und Ausschalten der Beleuchtung, sobald das Haus betreten oder verlassen wird. Und sogar dann, wenn niemand im Haus ist, zahlt sich das Smart-Home-System aus. Denn dank Anwesenheitssimulation, mit der Jalousien und Lichtquellen automatisiert gesteuert werden, bleibt das Haus vor ungebetenen Gästen geschützt. Zusätzliche Sicherheit garantieren intelligente Rauch- und Wassermelder, die potenzielle Gefahren frühzeitig erkennen und über die App an die Bewohner melden können. Im Laufe der Zeit hat das Ehepaar sein Smart Home weiter an seine Bedürfnisse angepasst. So ermöglichen beispielsweise High-Power-USB-Steckdosen eine bequeme und schnelle Aufladung von Smartphones oder Tablets. Einfach nachzurüstende, schaltbare Steckdosen – sogenannte Smart Plugs – messen den Stromverbrauch der angeschlossenen Geräte. Dieser lässt sich wiederum mithilfe der Wiser-Home-App einsehen: „Durch das Energiemonitoring von Wiser Home haben wir einen viel besseren Überblick über unseren Energieverbrauch bekommen. Das hat nicht nur geholfen, Kosten zu sparen, sondern auch unseren ökologischen Fußabdruck zu reduzieren“, erklärt Nonnweiler. „Von der ersten Lichtsteuerung bis hin zu einem detaillierten Energiemonitoring – jedes neue Feature hat unser Zuhause smarter gemacht.“ Dank der Smart-Home-Lösung von Schneider Electric hat sich das Ehepaar Nonnweiler auf diese Weise ein intelligentes und auf seine individuellen Bedürfnisse zugeschnittenes Zuhause geschaffen. Und wie sieht der aktuelle Stand des Smart-Home-Projekts aus? Da bereits eine Wärmepumpe sowie eine Ladeinfrastruktur für ein Elektrofahrzeug im Wohnhaus vorhanden sind und eine Photovoltaikanlage in Planung ist, beschäftigt sich Robin Nonnweiler aktuell mit dem Erwerb des Home-Energy-Management-Systems (HEMS) von Schneider Electric: „Ein ganzheitliches Energiemanagement würde uns beispielsweise ein flexibles Laden unseres Elektrofahrzeugs ermöglichen. Durch die automatisierte und vorausschauende Planung könnten wir unser Auto dann zu Zeiten laden, an denen der Strom über die Photovoltaikanlage gratis vom Dach kommt.“

Oben Der smarte Rauchmelder reagiert bei Rauch und starker Wärme.
Unten links Startscreen der Wiser Home App
Unten rechts Der Wiser Smart Plug bietet eine einfache Möglichkeit, den Energieverbrauch einzelner Geräte zu erfassen.

RESSOURCEN EFFIZIENTER NUTZEN

Im Gespräch mit Kathrin Aehling, Vice President Channel & Marketing DACH

Wie wohnen wir in 20, 50 oder 100 Jahren?

KA Nachhaltiges Wohnen wird künftig ein noch wichtigeres Thema sein. Ein Großteil der heutigen Gebäude wird auch 2050 noch existieren, daher ist es wichtig, sie für die Zukunft zu rüsten, auch mit Blick auf die Ziele der Bundesregierung, die einen klimaneutralen Gebäudebestand bis 2050 anstrebt. Durch eine Kombination aus Sanierungsmaßnahmen und der Nutzung erneuerbarer Energien kann man den Primärenergieverbrauch des Gebäudebestands bis 2050 um ganze 80 Prozent senken, im Vergleich zu heute. Dabei geht es nicht darum, sämtliche Maßnahmen auf einmal umzusetzen. Bereits mit kleinen Änderungen können wir schon heute einen Beitrag fürs Klima leisten.

Was kann denn noch moderner werden als jetzt?

KA Die Schlüsseltechnologie für das alles ist die Digitalisierung. Wenn Erzeuger, Verbraucher und Speichermedien digital miteinander vernetzt sind und Daten austauschen können, kann ich die vorhandene Energie viel effizienter einsetzen. Denn es ist immer klar, wie viel Strom aus welchen Quellen gerade vorhanden ist und welche Verbraucher gerade wie viel Strom benötigen. Mit digitalen Technologien den Verbrauch transparent zu machen, ist daher eine entscheidende Voraussetzung für mehr Energieeffizienz.

Welche Lösungen haben Sie dafür jetzt schon?

KA Mit unserem Wiser Smart Home System haben wir nicht nur eine Lösung, die mehr Komfort und Sicherheit bietet, sondern auch Energieverbräuche im Haus sichtbar machen kann. Mithilfe smarter Steckdosen oder sogenannter Power Tags – hochpräzise Energiesensoren, die einfach im Sicherungskasten angebracht werden – hat man den Energieverbrauch über eine App immer im Blick. So kann eine smarte Steckdose etwa den Energieverbrauch des Kühlschranks überwachen. Und wenn dieser plötzlich steigt, weil das Gerät beispielsweise defekt ist, weiß man schnell Bescheid und kann entsprechende Maßnahmen ergreifen. In der Vergangenheit hätte man sowas vielleicht gar nicht gemerkt.

Auch unser neues Home-Energy-Management-System (HEMS) trägt zur Effizienzsteigerung bei. Es sitzt als KI-basierte intelligente Steuereinheit in der Stromverteilung und optimiert eigenständig die Energieflüsse steuerbarer Verbrauchseinrichtungen (z.B. Wärmepumpen oder Ladestationen) im Haus, sodass zum Beispiel über eine eigene Solaranlage möglichst viel selbst er-

»Mit digitalen Technologien den Verbrauch transparent zu machen, ist eine entscheidende Voraussetzung für mehr Energieeffizienz.«

Links Die neuen M-Pure Ocean Plastic Schalter sind die ersten elektronischen Produkte, die anteilig aus Fischernetzen bestehen, die an Stränden, Küsten oder auch direkt bei Fischern eingesammelt wurden.
Rechts Einige Schalter- und Steckdosenprogramme der Marke Merten sind mit dem Cradle to Cradle*-Zertifikat in Silber ausgezeichnet.

* Das Cradle to Cradle-Prinzip steht für eine abfallfreie Kreislaufwirtschaft, in der die Rohstoffe eines Produkts nach Beendigung der Nutzungsdauer wiederverwendet werden können.

zeugte Energie genutzt und der Bezug von Strom aus dem Netz verringert werden kann.

Was passiert eigentlich bei einem Stromausfall?

KA Das ist ja in Deutschland zum Glück eher selten der Fall. Aber falls doch, sollte man in einem Smart Home darauf achten, dass zumindest die Geräte, in denen die Intelligenz sitzt, noch vernünftig heruntergefahren werden können. Hierfür bieten wir zum Beispiel Lösungen für die unterbrechungsfreie Stromversorgung (USV) an. Und da bei uns alle Geräte per ZigBee, also per Funk, miteinander kommunizieren, muss deren Verbindung nach einem Stromausfall nicht neu eingerichtet werden.

Stichwort Nachhaltigkeit. Wie tragen Sie als Hersteller dazu bei?

KA Um das ganz klar zu sagen: Nachhaltigkeit ist bei Schneider Electric nicht irgendein Thema, sondern wirklich das zentrale Leitmotiv für die Firmenentwicklung der vergangenen zwei Jahrzehnte. Nichts hat bei uns einen höheren Stellenwert. Von Time Magazine und Statista wurden wir gerade zum nachhaltigsten Unternehmen der Welt benannt. Und das aus zwei Gründen: Zum einen sind wir in all unseren Zielmärkten, auch im Wohnbau, voll auf die Entwicklung von Technologien fokussiert, mit denen unsere Kunden nachhaltiger wirtschaften, arbeiten oder wohnen können. Ein prägnantes Beispiel ist etwa der EUREF Campus in Berlin, der dank unserer Lösungen schon seit 2014 die Klimaziele der Bundesregierung für 2045 erfüllt. Zum anderen leben wir aber auch an unseren eigenen Standorten vor, dass nachhaltiges Wirtschaften erfolgreicheres Wirtschaften ist. Wir verwenden unsere eigenen Technologien, entwickeln nachhaltigere Verpackungen und integrieren kreislaufwirtschaftliche Aspekte in unsere Geschäftsprozesse. Unser unternehmenseigener Nachhaltigkeitsreport war bei seiner ersten Auflage im Jahr 2005 der erste der Branche. Heute ist darin zum Beispiel festgehalten, dass wir unseren Betrieb bis 2025 CO_2-frei gestalten wollen. Bis 2050 soll das gesamte Wertschöpfungsnetzwerk bei Net-Zero angekommen sein.

Kathrin Aehling
Vice President
Channel & Marketing DACH,
Schneider Electric

DAS IDEAL VERNETZTE HAUS – UND WAS MACHT ES AUS?

Expertenbeitrag von Jochen Strucksberg, Managing Director House Intelligence GmbH

Intelligentes Wohnen im Zeitalter des Smart Homes revolutioniert die Art und Weise, wie wir unsere Häuser/Wohnungen erleben und nutzen. Es steht für eine innovative Kombination aus Technologie und Komfort, die unseren Alltag erleichtert und verbessert. Ein zuverlässiges Smart-Home-System bildet das Rückgrat dieser modernen Wohnkultur, das durch seine Funktionalität und Benutzerfreundlichkeit besticht.

Modularität

Die Grundlage eines intelligenten Wohnraums ist seine Modularität. Jedes Zuhause ist einzigartig, folglich muss ich hier schon entscheiden: Ist mein Smart-Home-System unsichtbar und verändert mein Wohndesign nicht (professionelle Lösung) oder spielt dies keine Rolle (DIY-Lösungen)? Von der Beleuchtung über die Sicherheit bis hin zur Temperaturregelung – die modulare Natur ermöglicht es, dass sich das System den individuellen Bedürfnissen und Anforderungen des Nutzers anpasst. Egal ob es sich um eine kleine Wohnung oder ein großes Anwesen handelt, ein intelligentes Zuhause wächst mit den Bedürfnissen seiner Bewohner mit.

Flexibilität

Ein weiterer Schlüsselbegriff ist die Flexibilität. Ist mein Smart-Home-System auch in der Zukunft anpassungsfähig? Ein intelligentes Zuhause sollte nicht nur in der Lage sein, sich an verschiedene Wohnsituationen anzupassen, sondern auch einfach erweiterbar sein. Neue Technologien und Geräte kommen ständig auf den Markt, und ein flexibles Smart-Home-System sollte in der Lage sein, sich nahtlos zu integrieren. So bleibt das Zuhause stets auf dem neuesten Stand der Technik, ohne dass Umbauten erforderlich sind.

Einfache Bedienung

Eine einfache Bedienung eines intelligenten Wohnsystems ist wichtig. Komplizierte Bedienungsanleitungen gehören der Vergangenheit an. Stattdessen ermöglichen intuitive Benutzeroberflächen und sprachgesteuerte Assistenten eine mühelose Steuerung des gesamten Systems. Vom Smartphone oder Tablet aus oder mit einem einfachen Sprachbefehl können die Bewohner ihres Hauses die Beleuchtung anpassen, die Temperatur regeln oder die Sicherheitsfunktionen überwachen. Außerdem sollte die „alte Welt“ dabei auch erhalten bleiben, das heißt, ich kann auch vieles nach wie vor über den Taster an der Wand steuern.

Smarte Integration und Interaktion von Geräten

Die smarte Integration verschiedener Geräte und Systeme ist der Schlüssel zu einem nahtlosen Wohnkomfort. Ein intelligentes Zuhause sollte in der Lage sein, verschiedene Technologien miteinander zu verbinden (Konnektivität) und sie auf intelligente Weise miteinander interagieren zu lassen. Dies ist ein wichtiger Faktor in der Entscheidungsfindung, welches System ich zukünftig zu Hause einsetze. Warum? Viele Smart-Home-Systeme sind proprietär, d. h. sie lassen sich mit anderen Systemen nicht kombinieren, oder nur teilweise. Dies würde bedeuten, dass ich mein Smart Home nur umständlich über viele verschiedene Apps bedienen kann. Und in der praktischen Anwendung sollte die Interaktion mit anderen Komponenten auch möglich sein: Ein Smart-Home-System erkennt, wenn niemand zu Hause ist, und regelt automatisch die Heizung herunter, um Energie zu sparen. Oder es ist mit einem Online-Wetterdienst gekoppelt, so kann es bei langanhaltender Hitze die Gartenbewässerung automatisch aktivieren oder bei auftretendem Hagel die Jalousien und Markisen einfahren, damit sie nicht zerstört werden.

Ambient Assisted Living (AAL)

Intelligentes Wohnen im Zeitalter des Smart Homes revolutioniert nicht nur unsere Wohnkultur, sondern spielt auch eine entscheidende Rolle im Konzept unserer Zukunft: Ambient Assisted Living (AAL), altersgerechtes Wohnen. Es zielt darauf ab, älteren Menschen (auch mit körperlichen und/oder mentalen Einschränkungen) ein selbstbestimmtes Leben in ihrer vertrauten Umgebung zu ermöglichen, indem Technologie nahtlos in ihren Alltag integriert wird.

Die Funktionalität des Systems erstreckt sich über die klassischen Smart-Home-Anwendungen hinaus. Hierbei werden dann Präsenzmelder, intelligente Sensoren zur Sturzerkennung, Infrarotkameras, Gegensprechanlagen, Licht folgt Bewegung (nachts), automatisierte Türöffnungs- und Schließsysteme, automatisierte Erinnerungen für die Einnahme von Medikamenten, Gesundheitsüberwachung (Smart Watch), Notfallerkennung, automatisierte Notfallbenachrichtigungsmeldungen (an Pflegedienste, Notruf, Verwandte und Nachbarn) und vieles mehr integriert. Die Kombination mit mobilen Pflegediensten vervollständigt diese Möglichkeit. Auch hier ist die einfache Anwendung des Smart-Home-Systems entscheidend für ältere Menschen, da sie oft nicht mit komplexen Technologien vertraut sind. Einfache Bedienung, Sprachsteuerung und Automatismen ermöglichen es.

»Ein intelligentes Zuhause sollte nicht nur in der Lage sein, sich an verschiedene Wohnsituationen anzupassen, sondern auch einfach erweiterbar sein.«

Links Per Smart Watch ist im Smart Home alles im Blick.
Unten Vernetzter Taster für Beleuchtung/Beschattung und mehr

Jochen Strucksberg
Managing Director House Intelligence GmbH

Das Unternehmen ist eine Dienstleistungs- und Distributionsgesellschaft in der Hausautomationsbranche (Smart Home) für Kunden mit Showroom in München und Palma, Mallorca. Das Leistungsportfolio beinhaltet: Information, Beratung, Budgetkalkulation, Planung (Integration aller Beteiligten), Installation (durch unsere Kooperationspartner oder Ihr Elektroinstallationsunternehmen), Konfiguration, Inbetriebnahme, Nachrüstung und Service.

07 DURCH DIE RÄUME

DURCHDACHTE GRUNDRISSE UND WOHNRAUMERWEITERUNGEN

Je nachdem, wer das neue Haus beziehen möchte – eine Familie, mit oder ohne Kinder, mit Au-pair, oder vielleicht ist eine Mehrgenerationen-Lösung mit Großeltern geplant: Durchdachte Grundrisse und eine optimale Raumaufteilung sind das A und O einer zukunftsfähigen Planung. Sie sollte nicht nur den aktuellen Bedürfnissen der Bewohner gerecht werden, sondern auch flexibel genug sein, um sich an zukünftige Veränderungen anzupassen. Etwa, wenn Kinder hinzukommen oder sich die Bedürfnisse der Bewohner im Laufe der Zeit ändern – Stichwort Rentenalter.

Für Singles und Paare eignen sich oft Grundrisse mit kleinerer Wohnfläche, es gibt beispielweise kompakte Mini-Bungalows mit 76 Quadratmetern und perfekter Aufteilung bis ins hohe Alter oder kleine Stadthäuser mit 80 bis 120 Quadratmetern, während Familien mit Kindern Grundrisse mit einer Wohnfläche von 150–200 Quadratmetern bevorzugen. Auch die Möglichkeit, ein Haus mit einer Einliegerwohnung zu planen, ist immer eine Überlegung wert: Denn durch Vermietung kann die Wohnung zusätzliches Einkommen generieren und später selbst genutzt werden, während das (zu groß gewordene) Haus vermietet wird. Sollte der Raumbedarf erst zu einem späteren Zeitpunkt steigen, kann beispielsweise auch das Dachgeschoss zum Ausbau vorbereitet und der Ausbau erst dann realisiert werden. Spannend sind auch Modulanbauten, die später noch ergänzt werden können – wie die sogenannten Flying Spaces eines Fertighausherstellers aus Baden-Württemberg. Die kleinen Module können als Minihäuser, Anbau, Eckbungalow oder aufeinandergestapelt als Modulhaus realisiert werden.

Eine wichtige Rolle bei der Raumaufteilung spielt auch die Ausrichtung des Hauses nach Himmelsrichtungen. So sollten Fassaden nach Süden „geöffnet" sein, um Licht und Wärme ins Haus zu lassen, während Nordfassaden eher geschlossen sein sollten, um das Haus zur lauteren Straße hin vor Lärm und neugierigen Blicken zu schützen. Schlafzimmer können nach Osten ausgerichtet werden, um das Morgenlicht zu nutzen.

Ergänzungen zum klassischen Raumgefüge schaffen Wohnkomfort „on top“: etwa ein Wintergarten, der das Haus um einen schönen, lichtdurchfluteten Platz zum Sitzen und Entspannen erweitert. Oder ein Erker, der zusätzlichen Platz in einzelnen Räumen schafft, ohne gleich den gesamten Grundriss verändern oder die Grundfläche vergrößern zu müssen. Hier gibt es schicke Varianten wie Erker mit Flachdach und großen Fensterflächen, die rund sieben Quadratmeter Wohnraum im Essbereich schaffen. Es gibt auch zweigeschossige Erker, die sowohl den Wohnraum als auch ein darüberliegendes Zimmer erweitern und gleichzeitig die Außenansicht des Hauses auflockern. Dieselbe Funktion erfüllt ein Zwerchgiebel, der dem Haus sogar bis zum Dachgeschoss „vorgeschaltet“ werden kann. Oder wie wäre es mit einem angebauten Windfang? Dieser sorgt für Entspannung im Eingangsbereich und für zusätzlichen Platz für Garderobe, Schuhe oder Schirme. Hohe Wände vermitteln ein ganz besonderes Raum-Feeling und lassen viel Raum für die individuelle Gestaltung des neuen Zuhauses. So bieten Hersteller optional eine Geschoss-Erhöhung im Erdgeschoss um 10, 20 oder bis sogar 30 Zentimetern an (von 2,50 auf bis zu 2,80 Meter).

Um möglichst viel Komfort zu haben, sind auch wichtige Grundausstattungen vorab zu durchdenken: Soll ein Kaminofen das Wohn-Ambiente im Erdgeschoss bereichern – oder vielleicht sogar das ganze Haus mitwärmen? Welche Verschattungen an den Fenstern sind gewünscht? Ebenso ist die Frage zu klären, wie offen die Wohnräume gestaltet werden sollen: Soll es fließende Übergänge geben, etwa im Bereich Küche, Essen und Wohnen? Vielleicht ist ja auch eine Galerie gewünscht – die als offene Raumerweiterung im Obergeschoss stilvoll zwei oder mehr Zimmer verbindet und als Lese- oder zusätzlicher Spielbereich genutzt werden kann. Gleichzeitig öffnet sie sich extravagant zum darunterliegenden Stockwerk und durchflutet die Räume mit Tageslicht.

DEN EIGENEN STYLE VERWIRKLICHEN

Eine raumhohe Glastür sorgt für Helligkeit im Flur.

Die Möglichkeiten, die verschiedenen Räume im Haus auszustatten, sind riesengroß – von Bauhaus-minimalistisch bis Scandi-Style, von traditionell-elegant bis zu Industrial. Natürlich sind mit Blick auf die Zukunft wohngesunde, ressourcenschonend hergestellte Ausstattungen, mit denen Ressourcen gespart werden können, gefragt. Hinzu kommt die Überlegung, inwieweit ein altersgerechtes Haus auch schon vorbereitet werden kann – also barrierefreie Zugänge, schwellenlose Türübergänge, breite Flure etc. Die individuelle Ausstattung gibt dem Haus seinen Charakter, viele Entscheidungen sind zu treffen: Form und Farbe der Dachziegel, Fassadenfarbe, Fliesen für Bad und Gäste-WC, Parkett, Türen und Türgriffe, Armaturen und vieles mehr. Insgesamt bietet der Innenausbau viele Möglichkeiten zur individuellen Gestaltung, die bereits vor der Vorfertigung mit dem Hersteller geplant und festgelegt werden können.

Viele Fertighausanbieter können Einbaumöbel, Wandvertäfelungen oder Saunen mit einplanen. Für das alles lohnt es sich sicherlich, in Musterhausparks nach Inspirationen zu suchen – und die Ausstattungen „im lebenden Objekt" zu begutachten. Vieles sieht in Wirklichkeit ganz anders aus als erwartet oder fühlt sich ganz anders an. Das „Look & Feel" eines neuen Hauses sollte in allen Facetten durchdacht sein, um für sein ganz persönliches Traumhaus ein optimales Ergebnis zu erzielen. Ganz entscheidend zählt auch eine gute Raumakustik dazu, denn mit offenen Räumen, großen Fensterflächen und einem eher reduziert-minimalistischem Einrichtungsstil gibt es weit mehr harte und glatte Flächen, kann es in Räumen stärker „hallen", die Absorption im Raum fehlt. Für einen Ausgleich können mineralische, offenporige Putze, mikroperforierte Spanndecken oder stoffbespannte Elemente an Decken und Wänden sorgen – die es inzwischen auch mit einer 100 Prozent natürlichen Füllung aus feuchteregulierender und raumgesunder Schafwolle gibt.

Die Wahl der Farben und Texturen hat ebenfalls einen großen Einfluss auf die Atmosphäre: Helle Farben lassen Räume größer wirken, während dunkle Töne einen gemütlichen, wohnlichen Charakter verleihen. Der Lichteinfall beeinflusst die Farbwirkung ebenfalls – im warmen Licht erscheinen Farben intensiver. Jede Raumfunktion und jede Umgebungssituation erfordern dabei ihr eigenes Konzept – bei dem auch das natürliche Tageslicht eine Rolle spielt. Durch die Positionierung und Gestaltung von Fenstern und Oberlichtern können gezielte Lichtkonzepte umgesetzt werden. Um ein Aufheizen der Räume zu vermeiden – die immer mehr mit großen Fensterflächen mit bodentiefen Fenstern ausgestattet werden –, empfiehlt sich eine „Schattenplanung“. Eine durchdachte Verschattung der Innenräume ist entscheidend, um ein angenehmes Raumklima und Wohlfühlambiente im Fertighaus zu schaffen. Außenjalousien und Rollläden bieten einen zuverlässigen Sonnenschutz, indem sie die Hitze bereits vor den Fenstern abhalten. Sie verhindern die direkte Erwärmung der Räume durch Sonneneinstrahlung und reduzieren so den Kühlbedarf im Sommer erheblich. Moderne Modelle lassen sich bequem über Funk oder Smart-Home-Systeme steuern. Für eine flexible Lichtregulierung eignen sich innenliegende Jalousien und Plissees. Sie filtern das einfallende Licht und lassen sich stufenlos verstellen, um die gewünschte Lichtintensität einzustellen. Helle Stoffe reflektieren die Wärmestrahlung besonders effektiv. Auch innovative Zipscreen-Lösungen, die der Hersteller D & M aus dem rheinland-pfälzischen Hillscheid auf den nächsten Seiten vorstellt, schirmen die Fenster von außen sehr effektiv vor direkter Sonneneinstrahlung ab. Jedes System wird dabei so gestaltet, dass es sich perfekt in die Verschattungsplanung eines Hauses integriert. Eine clevere Kombination verschiedener Beschattungssysteme ermöglicht es, die Innenräume des Fertighauses ganzjährig behaglich temperiert zu halten und gleichzeitig die gewünschte Lichtintensität einzustellen.

Unten Bodentiefe Fensterfronten über Eck und sichtbare Balken an der Decke erzeugen einen individuellen Style.

D&M: INDIVIDUELLE VERSCHATTUNGS-LÖSUNGEN

ist ein Familienunternehmen und gehört seit Jahrzehnten zu den festen Partnern der Fertighausindustrie, wenn es um individuelle Systemlösungen rund ums Fenster geht (Rollladen, Raffstoren, Textilscreens). Als Spezialist entwickelt und produziert es für Kunden, die großen Wert auf individuelle Lösungen, beste Technik und höchste Qualität legen.

D&M entwickelt und produziert am Standort Hillscheid.

Blick in die Historie Seit dem Entstehen des neuen Industriezweigs – der Fertighausindustrie – in den 1970er-Jahren, entwickelten und vermarkteten die beiden Branchenpioniere Gerhard Menningen und Hermann Döppers die ersten voll auf den individuellen Fertighausbau spezialisierten Rollladen- & Sonnenschutzsysteme. Der Fertighausmarkt wuchs und wuchs, und die neuen Systeme konnten sich kaum vor Nachfrage retten. So entschlossen sich Hermann Döppers und Gerhard Menningen im Jahre 1984, das heute bekannte D&M zu gründen und das Unternehmen gemeinsam zum Erfolg zu führen.

Was damals mit einer Handvoll Visionäre begann, ist heute ein in mehreren Ländern agierendes Unternehmen mit über 200 qualifizierten Ingenieuren, Technikern und erfahrenen Fachkräften.

»Unsere Systeme sind so einzigartig wie unsere Kunden selbst. Ob Geometrie, Statik, Wärmedämmung, Fertigung, Material oder Smarthome-Integration: Wir entwickeln und fertigen immer individuell nach Kundenwunsch.«

Oben Rollläden sorgen für optimalen Sicht- und Sonnenschutz.
Unten links Textilscreens bieten Hitzeschutz und eine gute Durchsicht nach draußen.
Unten rechts Außenliegende Raffstore haben eine moderne, filigrane Optik.

COMFORT & DESIGN LAMELLE

Oben Die CDL verbindet geschlossene Optik eines Rollladens mit allen Vorteilen eines Raffstores.
Rechts Die Lamellen in der Nahansicht
Unten Angenehme Verschattung bei starker Sonneneinstrahlung

Die geschlossene Optik eines Rollladens verbunden mit allen Vorteilen eines Raffstores und noch mehr: Das ist die CDL. Die Comfort- und Design-Lamelle bietet für jeden Raum und jede Tätigkeit höchsten Tageslichtkomfort. Sie verhindert störendes direktes Licht auf Bildschirme und sommerliches Aufheizen. Aber sie schafft es auch, einen Raum nahezu vollständig abzudunkeln – wie ein Rollladen. Und sie ist auch windstabiler als andere Raffstorelamellen und muss nicht bei dem kleinsten Wind wieder hochgefahren werden. Das elegante Design fügt sich perfekt in moderne Baustile ein und sorgt für einen echten Blickfang vor dem Fenster. Außerdem ist sie für maximale Privatsphäre entwickelt und ist geschlossen rundum blickdicht. Das schenkt Ihnen Ruhe vor neugierigen Augen. Ein weiteres Pluspunkt ist die Hochschiebehemmung, die sogar die allgemeine Gebäudesicherheit aufwerten kann.
Die CDL ist ein Zukunftsprodukt in unserer Zeit.

Links Die Textilscreens sind auch Designelemente.
Mitte Ein angenehmer Schattenplatz zum Chillen
Unten Transparent und doch blickdicht von außen

TEXTILSCREEN

Ein Hightechtuch vor dem Fenster mit genau den Eigenschaften und Farben, welche Sie sich wünschen: Das sind Textilscreens.Keine andere Verschattung schenkt Ihnen so viel Individualität bei Auswahl, Funktion und Ästhetik. Wählen Sie aus einer Vielzahl an Farben und Tuchtypen.

Das Zusammenspiel aus Hitzeschutz, angenehmem Tageslichteinfall, sehr hoher Windstabilität und einer guten Durchsicht nach draußen machen Textilscreens jetzt und auch in Zukunft einzigartig.

Zukunftshaus mit
Textilscreen

VERSCHATTUNGEN FÜR DIE ZUKUNFT

Im Gespräch mit Dr.-Ing. Markus Menningen, Geschäftsführer D&M

Wie wird sich das Bauen in Zukunft verändern?

MM Die Welt verändert sich und genauso auch das Wohnen und Bauen. Wohnraum wird knapper, teurer und muss immer höheren Ansprüchen genügen. Dabei steht vor allem ein umweltbewusstes Denken im Fokus und eine den steigenden Welttemperaturen angepasste Bauweise. Das wird in der Breite eher zu kleineren als zu größeren Häusern führen. Und je kleiner das Haus, desto wichtiger sind große Fensterflächen, um einen harmonischen Übergang in die Natur und den Außenbereich zu ermöglichen. Große Fensterflächen geben einem das Gefühl, draußen zu sein, obwohl man drinnen ist. Gleichzeitig werden Räume immer vielfältiger genutzt und man setzt vermehrt auf Privatsphäre. Homeoffice wird in Zukunft voraussichtlich noch zunehmen. Hier kommen unsere zukunftsorientierten Verschattungslösungen zum Einsatz.

Zukunftshaus mit
Comfort & Design Lamelle

Welche Lösungen haben Sie dafür im Portfolio?

MM Unsere Comfort & Design Lamelle schafft eine zeitlose Eleganz mit allen praktischen Eigenschaften eines Raffstores und gibt darüber hinaus die Möglichkeit einer Schließung wie beim Rollladen. Ideal, wenn Räume mehrfach und flexibel genutzt werden (zum Beispiel Schlafzimmer + Homeoffice). Außerdem ist sie in Zeiten des Klimawandels ein echtes Hitzeschild und hält bei heißen Temperaturen das eigene Zuhause kühl und angenehm.

Der Textilscreen bietet ein anderes Zukunftserlebnis: Sehen, ohne gesehen zu werden. Je nach Tuchauswahl und Sonneneinstrahlung behalten Sie den Außenbereich voll im Blick und sind gleichzeitig für andere nahezu unsichtbar. Am Tag die perfekte Symbiose aus offenem Wohnen, wohliger Privatsphäre und Sonnenschutz.

Was sind die Vorteile Ihrer Produkte?

MM Kurz gesagt: Individualität bis ins kleinste Detail. Jedes unserer Systeme wird individuell nach Kundenwunsch entwickelt und hergestellt. Dadurch sind wir extrem flexibel und passen uns stetig den sich ändernden Gegebenheiten auf der Welt, am Markt und bei unseren Kunden an. Unsere Systeme spiegeln genau das wider und werden tagtäglich weiterentwickelt. Alles was wir tun, tun wir mit Blick auf unsere Kunden und mit Blick auf die Zukunft.

Dr.-Ing. Markus Menningen
Geschäftsführer D&M

IM EIGENEN ZUHAUSE ALT WERDEN

INTERVIEW MIT **MARTINA KOEPP, GGT**

Ein Haus so zu planen, dass es bis zum Lebensabend bewohnt werden kann, ist die Devise.

Generationengerecht gestaltete Badkonzepte zeigt die GGT Deutsche Gesellschaft für Gerontotechnik® in der Dauerausstellung in Iserlohn.

Was bedeutet Gerontotechnik® eigentlich?

MK Dabei handelt es sich um einen Kunstbegriff, der bei der Gründung der GGT im Jahr 1993 ins Leben gerufen wurde. Er besteht aus den Bestandteilen Gerontologie – also die wissenschaftliche Lehre vom älter werdenden Menschen – und Technik. Wir beschäftigen uns damit, welche Veränderungen der demografische Wandel auf die Wirtschaftsbeteiligten und die Gesellschaft hat und versuchen zu sensibilisieren, dass Älterwerden ein ganz normaler Vorgang ist, den es zu entstigmatisieren gilt – insbesondere im Bereich von Bauen & Wohnen. Denn ein „barrierefrei" gestalteter Wohnraum nützt uns allen!

Wie sieht altersgerechtes Wohnen aus?

MK Dazu möchte ich mit einem Satz unserer GGT-Gründerväter beginnen: Wer für die Jugend konstruiert, schließt das Alter aus. Wer für das Alter konstruiert, schließt die Jugend ein. Ein schönes Beispiel ist die bodengleiche Dusche. Das war früher die Rollstuhlfahrerdusche, da ging es um Rutschhemmung, um Trittfestigkeit. Die fand man im Sportlerheim, im Behindertenheim oder in entsprechenden stationären Einrichtungen. Heute ist eine bodenebene Dusche ein Komfortprodukt für uns alle. Das Bad ist überhaupt ein zentraler Lebensraum – denn wenn man im Bad nicht mehr zurechtkommt, ist man oft gezwungen, den vertrauten Lebensraum, die Wohnung oder das Eigenheim zu verlassen. Und genau das soll nicht passieren. Deswegen sollte man sich schon frühzeitig um diese Bereiche kümmern und bei der Planung relevante Aspekte zu altersgerechtem und barrierefreiem Wohnen berücksichtigen. Die Flächen sollten derartig gestaltet sein, dass man – zumindest – mit ebenerdigen Zugängen, ausreichenden Türbreiten und einem barrierearm ausgestalteten Bad alt werden kann.

Viele glauben, dass altersgerechtes Bauen irgendwie nach Seniorenheim aussieht …

MK … das muss tatsächlich noch aus den Köpfen der Menschen herausfinden. Wir von der GGT versuchen das durch eine stetige Sensibilisierung für das Thema und vor allen Dingen auch eine Visualisierung. Die neuen Produkte haben heute ein hochwertiges ästhetisches Erscheinungsbild. Man braucht keine Angst mehr vor entsprechenden Produkten haben, weil die eben auch schön geworden sind. Da hat die Industrie wirklich schon viel getan. Schade ist, dass Architekten und andere Bauschaffende oft immer noch ausschließlich eine normgerechte bzw. behindertengerechte Planung gemäß DIN 18040 im Kopf haben, wenn sie das Thema Barrierefreiheit betrachten. Es geht vielmehr darum, dass Wohnraum „generationengerecht", das heißt für alle Nutzer gleich welchen Alters gestaltet wird – auch unterhalb der Normanforderungen. Da muss man nicht immer gleich an rollstuhlgerechte Wohnungen denken. Wir müssen das Thema als Komfort für alle betrachten. Ich sage immer gern, der Komfort von heute ist die Vorsorge für morgen.

Viele denken beim Neubau erst einmal nur an die junge Familie mit Kindern ...

MK ... das ist ein wunderbarer Ansatzpunkt. Barrieren sind für einen älteren Menschen genauso schwierig zu überwinden wie für Kinder. Wir versuchen, das Thema wirklich generationenübergreifend zu verstehen. Und das, was für einen Älteren gut ist, ist es erst recht auch für ein Kind.

»Wir müssen das Thema als Komfort für alle betrachten. Ich sage immer gern, der Komfort von heute ist die Vorsorge für morgen.«

Ein Aufzug im Haus ist eine Investition in die Zukunft.

Haben Sie selbst bei sich zu Hause schon Maßnahmen getroffen?

MK Ja, ich darf den Bungalow meiner Großeltern bewohnen. Das heißt, das Thema Schwellenfreiheit oder auch ebenerdige Zugänge ist schon weitestgehend realisiert. Übrigens eine Wohnform, die ja teilweise vollkommen in Vergessenheit geraten ist und vor dem Hintergrund des demografischen Wandels eigentlich so eine Art Revival erlebt – ein kompaktes Wohnen auf einer ebenerdigen, schwellenfreien Wohnfläche. Aber auch ich muss gestehen, ich habe im Bad noch Nachholbedarf.

Welche neu entwickelten Produkte gibt es?

MK Beispielhaft benennen möchte ich hier das Thema der privaten Homelifte, denn vertikale Gebäudeerschließung ist ja gerade im Alter ein Problem. Schaffe ich es noch in die zweite Etage? Da ist dann oftmals der Treppenlift nicht mehr unbedingt das Produkt der Wahl, auch weil er ziemlich stigmatisierend wirkt und auch die Immobilie abwertet. Dagegen ist ein Homelift ohne großen Installationsaufwand eine prima Alternative. Das geht auch im Bestand.

Eine barrierefreie Duschlandschaft ohne Stolperkanten, mit Relingsystem und Orientierungslicht

Martina Koepp
Geschäftsführerin der GGT

Die GGT Deutsche Gesellschaft für Gerontotechnik® mbH ist ein gemeinnütziger Kompetenzträger für Industrie, Handel sowie Handwerk für die Generation 50plus. Im Fokus steht dabei der Ansatz „Lebensqualität in allen Lebensphasen". Die GGT betreibt dazu in Iserlohn eine 1.200 Quadratmeter große Dauerausstellung. Auch zwei Musterhäuser sind dort zu finden. Besucherführungen für interessierte Bauschaffende oder Privatpersonen sind jederzeit nach Anmeldung (02371/95950) möglich.

08

KÜCHE & BAD

WOHLFÜHLRÄUME KLUG PLANEN

Als einer der wichtigsten Räume im Haus ist die Küche ein zentraler Ort des Geschehens: Hier sitzt die Seele des Hauses, beschreibt es passend ein Fertighaushersteller aus dem bayerischen Falkenberg. Der Trend zu offenen Grundrissen hat inzwischen das separate Esszimmer völlig verdrängt. Küche, Wohn- und Essbereich verschmelzen zu einer Einheit und sind mehr oder weniger die „Kommunikationszentrale" des Hauses. Hier werden die Mahlzeiten zubereitet, Gäste empfangen, am großen Esstisch Hausaufgaben erledigt oder remote gearbeitet. Hier kann (auch zusammen mit Gästen) gekocht, gefeiert und entspannt werden. Um mehr Stauraum zu schaffen für Lebensmittel, Küchengeräte & Co., wird in modernen Küchenplanungen immer öfter auch ein Hauswirtschaftsraum oder eine Speisekammer zugeschaltet. Den Architekten gleich von Anfang an auf diesen zusätzlichen Extra-Raumbedarf hinzuweisen, macht Sinn – denn nachträgliche Änderungen sind oft schwierig und teuer. Bei der Planung eines solchen Raumes gibt es einiges zu beachten, denn oft fallen Schwachstellen erst auf, wenn alles fertig ist: zum Beispiel, dass eine Schiebetür und mehr Ablageflächen für Einkäufe besser wären, dass die Regale höher sein sollten oder Leuchten nicht sinnvoll angeordnet sind. Ein neuer Trend sind begehbare „Raum in Raum"-Lösungen: Hier kann der Wirtschaftsraum als freistehender, in sich geschlossener Kubus in den offenen Wohnbereich integriert werden.

Doch zurück zur eigentlichen Küche. Ob einwandig, Pantry, U-förmig, G-förmig, L-förmig oder Inselküche mit mittig platziertem Counter: Die Grundrisse basieren in der Regel auf dem Konzept des „Küchendreiecks", das die Bewegung zwischen den drei am häufigsten genutzten Punkten definiert. Dies sind der Herd, die Spüle und der Kühlschrank. Bei der Küchenplanung sollte der Fluss zwischen diesen Punkten nicht unterbrochen werden, um einen funktionalen Raum zu schaffen. Fertighausanbieter setzen bei der Küchenplanung auf innovative Konzepte und Lösungen, um den Bedürfnissen moderner Haushalte gerecht zu werden, darunter multifunktionale Inseln als Arbeitsfläche, Essplatz und Treffpunkt, höhenverstellbare Arbeitsplatten und bequeme Grifffronten für einen ergonomischen und rückenschonenden Arbeitsplatz oder barrierefreie Küchen mit breiten Bewegungsflächen. Innovative Abfalltrennsysteme und Kompostierer fördern einen nachhaltigen Umgang mit Ressourcen.

Hier beginnt der Tag, und hier endet er in der Regel auch. Deshalb sollte dem Bad/den Bädern bei der Hausplanung besondere Aufmerksamkeit geschenkt werden. Soll es separate Eltern- und Kinderbäder geben? Wie viel Platz möchte ich dem Bad generell einräumen? Soll es ein En-suite-Bad sein, also direkt ans Schlafzimmer oder die Ankleide anschließen? Soll mein Bad einen Wellnessbereich haben, oder möchte ich nur ein funktionelles Duschbad, in dem man sich nur kurz aufhält? Wie groß soll die zweite bzw. Gästetoilette dimensioniert sein? Das alles hat Einfluss auf den Grundriss. Im weiteren Verlauf kann über die Badeinrichtung nachgedacht werden – soll es eine Badewanne haben, oder soll es eine geräumige Dusche mit zwei Duschplätzen sein? Im Fertighausbereich werden Bäder oft auch bereits als komplett vorgefertigte Raummodule geliefert und in das Fertighaus integriert. Dies ermöglicht eine effiziente und qualitativ hochwertige Fertigung unter kontrollierten Bedingungen. Trotz der Vorfertigung lassen sich Fertigbäder sehr individuell an die Kundenwünsche anpassen. Moderne Planungstools erlauben die maßgenaue Konfiguration von Größe, Ausstattung und Design. Die Montage der vorgefertigten Bäder auf der Baustelle erfolgt dann schnell, sauber und präzise, aufwendige Arbeiten vor Ort entfallen weitgehend. Moderne Fertigbäder punkten zudem mit energieeffizienten Lüftungs- und Heizsystemen sowie dem Einsatz nachhaltiger Materialien. Und: Auch der neue Trend des kombinierten Schlaf-/Badezimmers kann dank kontrollierter Be- und Entlüftung in einem Fertighaus problemlos umgesetzt werden – freistehende Badewanne oder luxuriöse Duschlandschaft inklusive.

DESIGN UND ÄSTHETIK IN KÜCHEN UND BÄDERN

Moderne Küchen im Fertighaus zeichnen sich durch klare Linien, minimalistische Designs und hochwertige Materialien aus. Natürliche Materialien wie Holz, aber auch Beton, verschiedene Steinarten und Edelstahl verleihen minimalistisch gestalteten Küchen Tiefe, sind nachhaltig und zeitlos. Derzeit im Trend: dunkle Fronten – die vermutlich noch einige Zeit bleiben. Denn dunkle Fronten verleihen der Küche eine edle, luxuriöse Anmutung und vermitteln einen exklusiven, hochwertigen Eindruck. Insbesondere im Kontrast zu hellen Wänden, Böden und Arbeitsplatten erzeugen sie eine klare, puristische Optik und lassen Akzente wie Holz oder Metall besonders gut zur Geltung kommen. Besonders in offenen, lichtdurchfluteten Räumen mit großen Fensterfronten setzen dunkle Küchen ein eindrucksvolles Statement und ziehen als Hingucker im Raum die Blicke auf sich.

Ebenso interessant für eine individuelle Küchengestaltung sind außergewöhnliche und langlebige Materialien wie Corian und Cortenstahl. Sind die Türprofile und Arbeitsplatten dann noch elegant und schmal oder gar grifflos, erinnert bei künftigen Küchen nichts mehr an den Landhausstil der 1980er- und 90er-Jahre. Einige Hersteller achten bei Holzfronten schon auf Holz aus heimischer Forstwirtschaft. Neue Technologien machen Hobbyköchen das Leben leichter, denn viele Küchengeräte haben ihre Funktionen intelligent erweitert – die smarten Geräte wie die neue Generation von Backöfen oder Herden lassen sich per App steuern oder sogar auf Zuruf starten, und Kühlschränke geben mit integrierter Kamera einen Überblick über ihren Inhalt und die Haltbarkeit der eingelagerten Lebensmittel. Küchen können auch noch mehr: Seit Corona die gewohnten Arbeitsstrukturen aufgelöst hat und bei vielen Firmen nach wie vor Homeoffice möglich ist, gibt es inzwischen versteckte Arbeitsplätze hinter Küchentüren. Eine optisch sehr ansehnliche Lösung bieten dafür sogenannte Pocket Doors. Durch diese Türsysteme lässt sich eine Küchenzeile genauso verstecken wie ein Arbeitsplatz. Denn auch das wird möglicherweise noch mehr zum Trend: die Küche als skulpturales Element im Wohnraum zu inszenieren und „Arbeitsutensilien" so viel wie möglich hinter geschlossenen Fronten zu platzieren.

Geräumiges Familienbad, fröhliches Kinderbad, praktisches Dusch-WC oder Wellness-Oase mit Saunalandschaft: Ein Bad kann vieles sein – auf jeden Fall soll es ein Ort zum Rundum-Wohlfühlen sein. Egal, ob es eine Eckbadewanne, eine freistehende Badewanne mit exklusiver Armatur oder der familienfreundliche Doppelwaschtisch sein soll, die Möglichkeiten sind äußerst vielfältig – und richten sich ganz nach dem persönlichen Geschmack der künftigen Nutzer. Immer mehr im Trend liegen Duschkonzepte ohne traditionelle Duschwände und -türen. Durch das Fehlen von Barrieren wirkt der Raum großzügiger. Gleichzeitig sind bodengleiche Duschen ideal für Menschen mit eingeschränkter Mobilität. Ebenso erfährt auch das kleine Gäste-WC immer mehr Aufmerksamkeit bei einer Neubauplanung. Denn dieser Raum kann trotz kleiner Größe zum absolut stylischen und einladenden Raum werden. Um das Gäste-WC optisch zu vergrößern, sind helle Farben wie Weiß, Creme, Pastelltöne oder zarte Grautöne zu empfehlen. Diese lassen den Raum offener wirken und kreieren eine angenehme und luftige Atmosphäre. Dafür, dass alles richtig zusammenhält, was im Bereich Küche und Bad und auch in allen restlichen Bereichen des Hauses von „roof to basement" zusammengehört, sorgt Sika. Der Hersteller aus Stuttgart ist führend in der Entwicklung und Herstellung von Systemen und Produkten zum Kleben, Dichten, Dämpfen, Verstärken und Schützen für die Bau- und produzierende Industrie. Auf den nächsten Seiten zeigt das Unternehmen sein innovatives Portfolio, das auch in Fertighäusern zum Einsatz kommt. Ebenso NFG: Die Unternehmensgruppe aus Gütersloh hat mit „Sistems Easi Bath" eine zukunftsweisende Alternative entwickelt, um Bäder schnell, einfach und kostengünstig zu installieren.

Eine offene Küche wird mit Licht stilvoll in Szene gesetzt.

Oben Ton in Ton und barrierefrei: Ein Familienduschbad

Unten links Eine geräumige Dusche ersetzt die klassische Wanne.

Unten rechts Ein Doppelwaschtisch ist perfekt für Familien.

VOR DEM ERSTEN
KAFFEE
KLAPPE
HALTEN !!!

SYSTEMLÖSUNGEN VON SIKA FÜR BAD, INNEN- UND AUSSENBEREICHE

Sika ist ein Unternehmen der Spezialitätenchemie, führend in der Entwicklung und Herstellung von Systemen und Produkten zum Kleben, Dichten, Dämpfen, Verstärken und Schützen für die Bau- und produzierende Industrie. Sika mit Hauptsitz in Stuttgart ist weltweit präsent in 103 Ländern und entwickelt innovative Technologien, die maßgeblich zur nachhaltigen Transformation der Bau- und Fahrzeugindustrie beitragen. Zu Sika gehören unter anderem Marken wie Schönox, PCI, Thomsit und Wolman.

Das Sika Technology Center am Standort Stuttgart

»Sika-Produkte sind nicht immer sichtbar, aber die Ergebnisse, die sie erzielen, strahlen umso deutlicher.«

Jochen Groetzinger

Blick in die Historie Kaspar Winkler war von Unternehmergeist getrieben, als er 1910 den Grundstein des Unternehmens legte. Er erfand Sika-1, einen schnell abbindenden Abdichtungszusatz für Mörtel, der zur Abdichtung des Gotthardtunnels verwendet wurde. Diese Erfindung ermöglichte es der Schweizer Eisenbahngesellschaft, die wichtige Verbindung zwischen Nord- und Südeuropa zu elektrifizieren. Kaspar Winkler erkannte den bevorstehenden globalen Bedarf an seinen bahnbrechenden Zusatzmitteln und gründete Sika-Niederlassungen auf der ganzen Welt. 1982 übernahm Sika die Stuttgarter Lechler Chemie, aus der 20 Jahre später die Sika Deutschland GmbH hervorging. Seither wächst das Unternehmen und baut sein umfassendes Leistungsspektrum in den verschiedenen Geschäftsbereichen kontinuierlich aus.

Durch vielfältige Innovationen bietet Sika maßgeschneiderte und hochwertige Lösungen in der modularen Produktion. Sika verfügt über ein Netzwerk von 20 globalen Technologiezentren, die langfristige Forschungsprogramme und die Entwicklung neuer, innovativer Produkte vorantreiben. Im Modulbau reicht das Know-how von Anwendungen im Außen- und Innenbereich über vorgefertigte Nasszellen bis hin zu Baukörperanschlüssen und der strukturellen Verklebung von Fenstern.

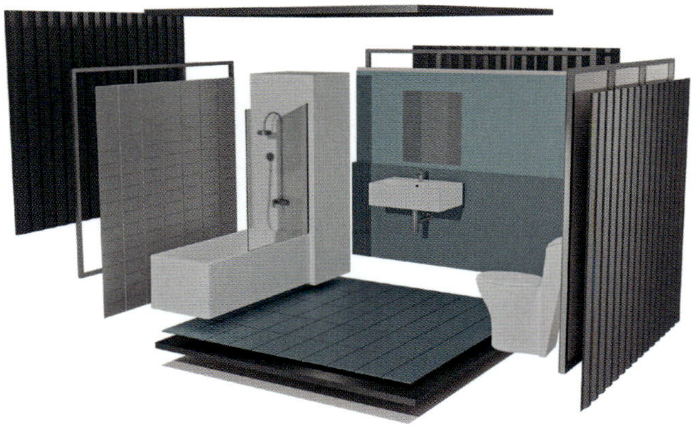

Anwendungen im Badezimmer

Für die Fertigung von Badezimmermodulen und Nasszellen bietet Sika eine umfangreiche Produktpalette, wie Kleb- und Dichtstoffe für Badewanne, Waschbecken, Armaturen und andere Fugen sowie für Boden- und Wandfliesen, Spachtelmassen, Fugenmörtel, Abdichtungssysteme, Sandwichpaneel-Klebstoffe für Decken- und Wandelemente, Nivelliermassen für Innenwände, Putz und Farben für glatte Wandflächen, strukturelle Verklebung von Metallplatten, Betonzusatzmittel für vorgefertigte Betonbauteile oder Ortbeton sowie Produkte zum dauerhaften Schutz vor Feuchtigkeit für jede Wassereinwirkungsklasse gemäß DIN 18534.

Anwendungen im Innenbereich

Für modulare Bauelemente von Küchen und Wohnzimmern bis zu Büros und Mehrzweckräumen bietet Sika ergänzend zur Nasszellen-Produktpalette unter anderem Fugendichtstoffe für die Isolierung, die Füllung von Hohlräumen und für luftdichtes Versiegeln; umlaufende Abdichtungen von Türen und Fenstern; hygienische Wandbeschichtungen, flüssig applizierte Bodenbeschichtungen, Grundierungen, Ausgleichmassen und Klebstoffe für die Verlegung von Holzböden und Designbelägen, Betonzusatzmittel für vorgefertigte Betonfertigteile oder Ortbeton sowie Produkte zur Verklebung von Sockelleisten.

Anwendungen im Außenbereich

Das Sika-Portfolio umfasst eine Vielzahl hochleistungsfähiger Produkte für die Herstellung modularer Bauteile, die im Außenbereich zur Anwendung kommen, wie Dachabdichtungsbahnen aus FPO und PVC sowie Flüssigkunststoffe für die Flachdachabdichtung; Produkte zur Abdichtung von Fugen in den Bereichen Isolierung, Füllung von Hohlräumen sowie Rohrabgänge und -durchführungen; Expansionsschäume und Membranfolien für die Montage und Abdichtung von Türrahmen und Fenstern, Ankerklebstoffe, Systeme für Dachterrassen und Gründächer, geklebte Fenster und Structural Glazing Fassaden.

SIKA- UND SCHÖNOX-PRODUKTE HELFEN BEI DER INDIVIDUELLEN FERTIGUNG VORGEFERTIGTER NASSZELLEN

Der Einbau von Fertigbädern senkt die Kosten, indem die Bauzeit verkürzt, die Qualität verbessert und Nacharbeiten vor Ort reduziert werden. Denn beim traditionellen Bau eines Badezimmers muss eine Vielzahl von Gewerken gut koordiniert werden, was ein hohes Maß an Überwachung und Organisation vor Ort erfordert. Diese Herausforderungen lassen sich durch die Verwendung vorgefertigter Module größtenteils vermeiden. Die Sika Deutschland GmbH bietet für die Fertigung von Badezimmermodulen und Nasszellen mit den Produkten ihrer Marken Sikafloor und Schönox ein umfangreiches Portfolio, das beispielsweise bei der Kerapid GmbH & Co. KG aus Hildesheim zum Einsatz kommt.

Bäder sind technisch komplexe Räume, die eine besondere Herausforderung beim Bau darstellen. Die einfachere Lösung sind Fertigbäder, die industriell vorgefertigt werden und, bereits mit allen nötigen Komponenten ausgestattet, auf die Baustelle kommen. Fertigbäder von Kerapid sind individuell geplant und werden gemäß höchster Qualitätsstandards gefertigt. So können Wohnheime, Hotels, Kliniken oder Wohnbauprojekte von langlebigen, passgenauen Fertigbädern profitieren. Für das Design der Bäder stehen zahllose Möglichkeiten offen, die sich individuell auf jedes Bauvorhaben abstimmen lassen.

Doch wie entsteht so eine Nasszelle überhaupt? Zunächst wird auf Grundlage der bauseitigen Ausführungsplanung eine Werk- und Montageplanung erstellt. Wenn diese freigegeben ist, beginnt die eigentliche Produktion. Kai Krüger, Geschäftsführer von Kerapid, erläutert: „Die Produktion geschieht elementweise. Zuerst werden das Bodenelement, im einfachsten Fall vier Wandelemente sowie das Deckenelement hergestellt. Diese werden dann miteinander verbunden beziehungsweise zusammenmontiert.“ In den Boden- und Wandelementen kommen Produkte der Sika Deutschland GmbH zum Einsatz: Das Bodenelement wird in einer Negativ-Schalung hergestellt, man baut also zunächst eine Form einschließlich des notwendigen Gefälles zum Bodenablauf. Diese wird mit Fliesen ausgelegt, anschließend wird zur Ausführung einer Verbundabdichtung mit dem Fliesenkleber Schönox Q4 Rapid die rissüberbrückende, wasserdichte Abdichtung- und Entkopplungsbahn Schönox AB aus hochreißfester Polyethylenfolie auf den Fliesenbelag aufgebracht. Zum Abschluss gießt man dann den eigentlichen „Kern“ des Bodenelements, bestehend aus einer Betonmischung, in die Schalung. Das Wandelement hat ebenfalls einen Betonkern, auf den die gewünschten Fliesen mit dem Fliesenkleber Schönox Q9 aufgebracht werden.

„In einem nachfolgenden Verarbeitungsschritt werden die Einzelelemente zusammengefügt“, führt Krüger weiter aus. „Dabei wird zunächst das Bodenelement ausgelegt, dann die Wandelemente daraufgestellt und schlussendlich das Deckenelement aufgelegt.“ Beim Zusammenfügen der Elemente kommen unter anderem das Gießharz Sikafloor-151 zur zusätzlichen Fixierung der Wände auf der Bodenplatte und das Epoxidharz Schönox CF Design zur Verklebung der Rückwände zum Einsatz. Anschließend erfolgt die weitere Montage von Rohrleitungen, Spülkasten, Lüfter, Waschbecken, WC, Armaturen etc. Schließlich wird das so fertiggestellte Bad auf einen Lkw verladen und zur Baustelle gebracht, wo es dann mittels eines Krans in den Rohbau eingehoben und nachfolgend an der vorgesehenen Stelle platziert wird. „Mit Sika arbeiten wir bereits seit Jahrzehnten vertrauensvoll zusammen“, so Krüger. „In der Regel wird gemeinsam geprüft, welche Produkte aus dem Schönox- und Sika-Sortiment für die Produktion der Fertigbäder – bezogen auf den konkreten Anwendungsfall – infrage kommen. In dieser gewachsenen, partnerschaftlichen Geschäftsbeziehung sowie in der kompetenten technischen Beratung durch Sika sehen wir einen großen Vorteil.“

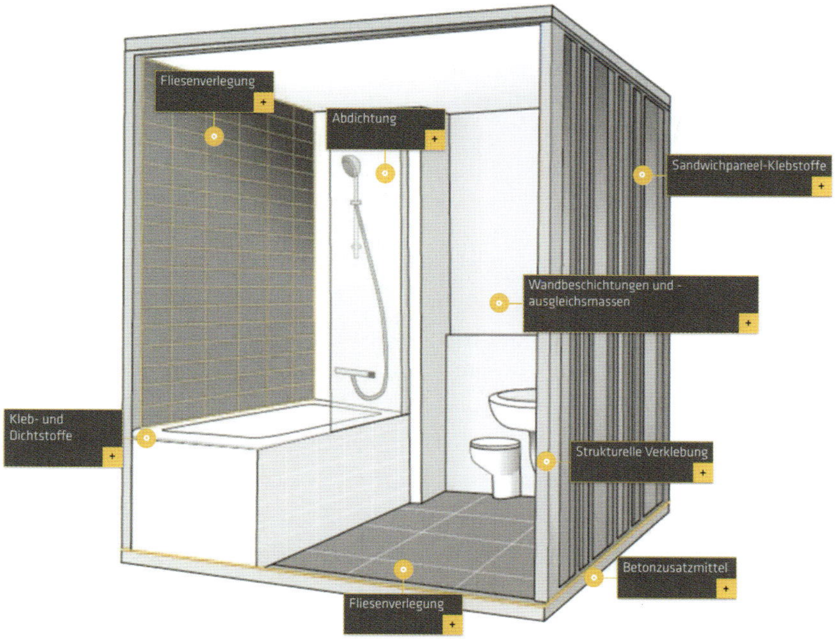

Links Für die Fertigung von Badezimmermodulen und Nasszellen bietet die Sika Deutschland GmbH eine umfangreiche Produktpalette mit den Marken Sika und Schönox.

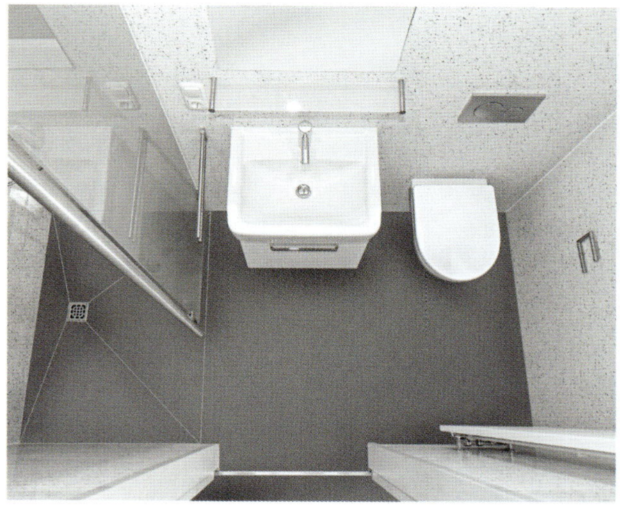

Die individuellen Kerapid-Fertigbäder werden höchsten Ansprüchen an Funktionalität, Qualität und Design gerecht.

Wohnheime, Hotels, Kliniken oder Wohnbauprojekte profitieren von den langlebigen, passgenauen Kerapid-Fertigbädern.

Links und oben Die fertigen Bäder werden anschlussfertig zur Baustelle geliefert und dort einzeln mithilfe eines Krans eingesetzt.

VOM FUNDAMENT BIS ZUM DACH

Interview mit Jochen Groetzinger

Das Bauen der Zukunft wird grün.

Was sind die Neuheiten/Trends im Bereich Nasszelle (Küche/Bad)?

JG Mehrere Trends sind für mich klar erkennbar. Zum einen sind dies smarte Technologien. Immer mehr Produkte für Bad und Küche werden mit smarten Funktionen ausgestattet, wie z. B. intelligenten Badarmaturen oder Spiegel mit eingebauten Displays, die per App gesteuert werden können. Beim Boden geht der Trend zu dünnen und intelligenten Fußbodenheizungssystemen unter Fliesen und Beschichtungen. Zum anderen werden Individualität und Wellness immer relevanter. Großformatige Fliesen und fugenfreie Optiken sind im Markt stark nachgefragt; Whirlpools, Saunen oder Dampfduschen sind beliebte Neuheiten für die Nasszelle. Besonders relevant ist für mich aber die Nachhaltigkeit. Auch im Bereich Nasszelle wird auf nachhaltige Materialien und Produkte Wert gelegt. Bei unserem Portfolio wirkt sich das auf die Verpackung, die Leistungsfähigkeit bei der Verarbeitung und die eingesetzten Rohstoffe aus.

Sie bieten Produkte „vom Fundament bis zum Dach" – können Sie diese beschreiben?

JG Wenn Sie morgens Ihren Wecker ausstellen, den Kaffee aus der Maschine lassen und die Haustüre auf dem Weg ins Büro zuschließen, hatten Sie höchstwahrscheinlich schon drei Gegenstände mit Sika-Dicht- und Klebstoffen in der Hand. Und das zieht sich durch den gesamten Tag. Sika-Produkte sind nicht immer sichtbar, aber die Ergebnisse, die sie erzielen, strahlen umso deutlicher. Von komplett neuen Stadtteilen über Tunnels, Brücken, Stadien, Flughäfen und architektonisch außergewöhnlichen Gebäuden – ganz gleich, ob wir Keller oder Dächer abdichten, überall helfen unsere Produkte, Systeme und Services, Visionen zu erfüllen. Das Sortiment umfasst unter anderem Betonzusatzmittel, Spezialmörtel, Dicht- und Klebstoffe, Dämpf- und Verstärkungsmaterialien, Bodenbeschichtungen, Dachabdichtungsbahnen sowie Lösungen zur Verklebung von Keramik und Bodenbelägen.

Welche Produkte machen den Handwerkern die Arbeit leichter?

Hier möchte ich exemplarisch zwei Produkte bzw. Technologien nennen. Zum einen hat Sika mit dem Sikafloor-3000 Snapbooster die Booster-Technologie entwickelt, mit deren Hilfe ein dekoratives Fußbodenbeschichtungssystem (bestehend aus Grundierung, dekorativer Beschichtung und Versiegelung) an einem Arbeitstag eingebracht werden kann. Mehrmalige An- und Abfahrten, wie sie bisher notwendig waren, entfallen damit. Zum anderen kombinieren wir Funktionalitäten, z. B. Ausgleichsmasse und Wasserdampfsperre, in einem Produkt, was die Produktivität des Verarbeiters erhöht. Und in diesem Fall kommt noch eine erhebliche Reduzierung des CO_2-Fußabdrucks dazu.

Wie wohnen wir in 50 oder 100 Jahren?

JG Wir gehen davon aus, dass das Thema Nachhaltigkeit in der Bauindustrie in den kommenden Jahrzehnten eine immer wichtigere Rolle spielen wird. Gebäude werden energieeffizienter und umweltfreundlicher sein, um den Klimawandel zu bekämpfen. Auch die Technologie wird einen höheren Stellenwert im Wohnen einnehmen. Smart Homes, die mit künstlicher Intelligenz und Internet der Dinge (IoT) ausgestattet sind, werden aller Wahrscheinlichkeit nach immer häufiger werden. Da die Bevölkerung älter und vielfältiger werden wird, erhöht sich auch die Nachfrage nach barrierefreien Wohnungen und flexiblen Wohnraumkonzepten. Darüber hinaus wird die Urbanisierung voraussichtlich weiter zunehmen, was wiederum zu einer höheren Nachfrage nach Wohnungen in städtischen Gebieten führen wird. Dies könnte eine verstärkte Nutzung von vertikalen Wohnkonzepten wie Hochhäusern und Wolkenkratzern nach sich ziehen.

Wie sieht das Bauen von morgen aus Ihrer Sicht aus?

JG Das Bauen wird einfacher und schneller werden müssen. Besondere Anforderungen liegen auf der Barrierefreiheit und der Integration der Kundenbedürfnisse in Bestandsobjekten. Ein wesentlicher Bestandteil der Weiterentwicklung liegt in der Lieferung vorkonfektionierter Materialien, der Automatisierung von Prozessen und der Zustellung ganzer Bauteile. Die Bauindustrie befindet sich in einer Phase der Transformation. Die Produktivität muss gesteigert, der CO_2-Fußabdruck gesenkt werden. Verschärfend kommt noch die demografische Entwicklung hinzu, deren Auswirkungen in Form von Fachkräftemangel spürbar sind. Das Bauen von morgen wird stärker automatisiert sein, die Vorfertigung von Elementen und Modulen wird bedeutender, schnellere und einfachere Applikationen (siehe Frage 3) sind erforderlich. Sika gestaltet diese Transformation mit, indem wir beispielsweise Mörtel für den 3D-Betondruck oder Produkte für serielles Bauen bereitstellen. Eine selbstheilende FPO-Dachmembran, die kleinere Risse oder Beschädigungen selbst wieder verschließen kann, konnten wir jüngst auf den Markt bringen. Solche innovativen und smarten Technologien werden für das Bauen von morgen erforderlich sein.

»Uns leitet das Prinzip 'more performance, more sustainable', also die Nachhaltigkeit und Leistungsfähigkeit unserer Produkte und Systeme zu kombinieren. Jede neue Produktentwicklung muss in diesen beiden Kategorien eine nachweisbare Verbesserung zeigen.«

An welchen Entwicklungen arbeiten Sie derzeit?

JG Im Grunde lassen sich unsere Entwicklungsaktivitäten den Themenfeldern höhere Materialeffizienz, längere Lebensdauer, neue Technologien mit signifikant niedrigerer CO_2-Emission, Kreislauffähigkeit und Einsatz biobasierter Rohstoffe zuordnen. Im Jahr 2023 konnten wir unsere Epoxidharzprodukte auf biobasierte Rohstoffe umstellen und so die CO_2-Emission signifikant reduzieren.

Sika-Produkte sind überall im Bau im Einsatz.

Stichwort Nachhaltigkeit und Ressourcenschonung: Welche Ansätze gibt es bei Ihnen? Was ist Ihnen besonders wichtig?

JG Uns leitet das Prinzip „more performance, more sustainable", also die Nachhaltigkeit und Leistungsfähigkeit unserer Produkte und Systeme zu kombinieren. Jede neue Produktentwicklung muss in diesen beiden Kategorien eine nachweisbare Verbesserung zeigen. Wir haben dabei nicht nur das Produkt selbst im Blick, sondern auch Produktionsprozesse und Verpackungen. So konnten wir beispielsweise durch eine Kooperation mit unserem Lieferanten für Blechgebinde die CO_2-Emission unserer Hobbocks, also Verpackungsbehälter aus Weißblech mit seitlichen Griffen, um über 60 % reduzieren, was ca. 3.500 Tonnen CO_2 im Jahr entspricht. Dieses Beispiel zeigt, dass wir gemeinsam mit unseren Lieferanten am Thema Nachhaltigkeit arbeiten.

Wir haben uns als Unternehmen zu Net Zero verpflichtet. Der Reduktionspfad sieht eine Verringerung des CO_2-Fußabdrucks der Sika-Gruppe um 25 % bis zum Jahr 2032 und um 90 % bis 2050 vor im Vergleich zum Basisjahr 2022; dabei berücksichtigen wir alle drei Scopes. Dies bedeutet, es werden nicht nur direkte und indirekte Emissionen unseres Unternehmens einbezogen, sondern auch indirekte Emissionen durch die gesamte Wertschöpfungskette.

Jochen Groetzinger
Head Research & Development Germany bei Sika Holding CH AG & Co. KG

MODERNE GEBÄUDETECHNIK MIT DER NFG

Die NFG-Gruppe bündelt als Netzwerk für Gebäudetechnik Know-how und Dienstleistungen namhafter Großhändler. Das Portfolio deckt sämtliche Bereiche von Sanitär, Heizung und Elektro bis hin zu Industrietechnik ab. Sie unterstützt Architekten und Planer u. a. mit Ausschreibungstexten, Kostenplanung und Anlagenkonfigurationen. Die NFG-Gruppe ist verlässlicher Partner für individuelle Lösungen und attraktive Kooperationen.

NFG unterstützt in allen Bereichen der Gebäudetechnik mit modernen Technologien und cleveren Komplettsystemen.

Blick in die Historie Unter dem NFG-Dach kooperieren seit 2018 die namhaften Großhandelsgruppen des dreistufigen Vertriebs GC, G.U.T., HTI, ITG, TFG, DTG und EFG und bieten damit das komplette Spektrum der Haustechnik an: von Sanitär, Heizung, Klima über Tiefbau, Industrie- und Dachtechnik bis zu Elektro und Installation. Ihr Ziel: die effiziente, gebietsübergreifende Bündelung von Kompetenzen und Leistungen für die spezielle Beratung von Architekten, Planern und Entscheidern in der Bau- und Wohnungswirtschaft.

»Mit ihrem umfangreichen Netzwerk bietet die NFG-Gruppe innovative Systemlösungen, mit denen Projekte schnell, einfach und kostensparend umgesetzt werden können.«

Mit ihrem umfangreichen Netzwerk bietet die NFG-Gruppe innovative Systemlösungen, mit denen Projekte schnell, einfach und kostensparend umgesetzt werden können.

EASI BATH: Modulare Badrenovierung für Bestand und Neubau

EASI BATH revolutioniert die Badrenovierung für Eigenheime und Mehrfamilienhäuser durch ein innovatives, modulares Konzept, das Energie, Zeit und Geld spart. Das bahnbrechende System von SISTEMS bietet eine serielle Lösungsvariante für die schnelle und effiziente Sanierung von Badezimmern, sowohl im Neubau als auch im Bestand. Die Installation erfolgt in kürzester Zeit, sodass eine sofortige Inbetriebnahme möglich ist. Darüber hinaus ist das System äußerst flexibel und kann sich an die Bedürfnisse verschiedener Nutzer und Raumgrößen anpassen.

SISTEMS GROUND CUBE: Die vorkonfektionierte Energiezentrale

Der SISTEMS GROUND CUBE überzeugt durch die Vorteile der seriellen Vorfertigung für Sanierung und Neubau. Der unterirdisch versenkbare Betonkubus bündelt die gesamte Versorgungsinfrastruktur von Gebäuden – von der Heizung über die Lüftung bis hin zu den Versorgungsanschlüssen. Dabei ist er vielseitig einsetzbar, auch in hochwassergefährdeten Gebieten oder bei aggressivem Grundwasser. Durch die serienmäßige Vorfertigung sparen Kunden Zeit und Kosten: Alle notwendigen Gewerke sind vor Ort, was die Produktionszeiten minimiert und eine schnelle Inbetriebnahme auf der Baustelle ermöglicht. Zudem gewährleistet die standardisierte Serienproduktion eine gleichbleibend hohe Qualität.

Samsung TDM – Die All-in-one-Lösung für Komfort und Effizienz

Die Samsung TDM Wärmepumpe vereint die Effizienz einer Heizungswärmepumpe mit dem Komfort einer WindFree™ Klimaanlage in einem innovativen System. Mit der Samsung TDM können Verbraucher nicht nur heizen, sondern auch kühlen – eine echte All-in-one-Lösung. Die Edelstahlspeicher mit einem großen Fassungsvermögen von 260 Litern sorgen dafür, dass auch bei hohem Bedarf immer genügend warmes Wasser zur Verfügung steht. Die Bedienung der Samsung TDM ist dank der Touch-Fernbedienung so einfach und intuitiv wie nie zuvor. Zwei Zusatzheizstäbe sorgen für zusätzliche Sicherheit, damit es auch im Notfall nicht kalt wird. Mit der PV-Ready-Funktion können Verbraucherinnen und Verbraucher ihren selbst erzeugten Solarstrom effizient nutzen, um die Heizkosten weiter zu senken.

COSMO eCARBON – die universelle Flächenheizung für Boden, Wand und Decke

COSMO eCARBON ist eine Systemlösung, deren Einsatzmöglichkeiten sich vom Bautenschutz als Mauerentfeuchtung über die Erhöhung des Komforts als Temperierung in Bad und Dusche bis hin zum Einsatz als vollwertigem Heizungssystem insbesondere bei Neubau und Sanierung von Niedrigenergiehäusern erstrecken. Basis der Systemtechnik ist die 0,4 mm starke CARBON-Folie, die mit 36-V-Schutzkleinspannung betrieben wird. Neben der Verlegung am Boden als klassische Elektro-Fußbodenheizung unter allen gängigen Bodenbelägen wie Fliesen, Parkett oder Laminat ermöglicht COSMO eCARBON zusätzlich die Verlegung an Decke und Wand. Nachträglich können sogar noch Einbauten (z. B. Deckenspots oder Schrauben) direkt in der Heizfläche platziert werden. Im Zusammenspiel mit einer Photovoltaikanlage schafft COMSO eCARBON so eine kostengünstige, zukunftssichere und nachhaltige Heizlösung – im ganzen Haus oder in einzelnen Räumen.

ARKADIEN ULM/DORNSTADT: IDYLLISCH LEBEN INMITTEN VON BERGEN, WIESEN UND STÄDTEN

Mitten in der Natur und nahe der Berge liegt die idyllische Siedlung Arkadien. Inspiriert von Goethes Italienreisen machen moderne Architektur und mediterranes Flair diese besondere Gemeinschaft zu einem perfekten Lebensort. Ländlich gelegen und doch zentral neben der bezaubernden Stadt Ulm und in der Nähe von Stuttgart und München. Ein perfekter Mix – auch beim Bauen. Ein dort umgesetztes ganzheitliches Wohnkonzept ermöglicht das Zusammenleben mehrerer Generationen und erfüllt die unterschiedlichsten Ansprüche individueller Lebensstile. Die NFG-Gruppe entwickelte und begleitete das Konzept zusammen mit der Firma Strenger Bauen und Wohnen aus Ludwigsburg. Die Siedlung bietet ihren Bewohnern zukünftig ein stilvolles Zuhause. Mit 14 Doppelhaushälften, 40 Eigentumswohnungen, 70 Reiheneigenheimen und 87 Wohnungen vereint Arkadien modernes Design mit individuellen Lebensstilen. Nicht nur der 3.000 Quadratmeter große See lädt zum Entspannen ein. Auch die morgendliche und abendliche Badroutine wird zu einem echten Highlight im Alltag. Denn die Badezimmergestaltung besticht durch Vielseitigkeit und Individualität. Mit Produkten aus der Designlinie derby von Vigour sowie individuellen Lösungen für die gesamte Badeinrichtung – geplant und realisiert durch ELEMENTS Ulm-Nord – bietet die malerische Wohnsiedlung Lösungen für jede Lebenssituation. Einfach traumhaft.

Oben Die Siedlung Arkadien in Ulm kombiniert moderne Architektur und mediterranes Flair.
Unten Die Badezimmergestaltung konnte individuell festgelegt werden.

Oben Über Dachterrassen in den Penthouse-Wohnungen entsteht Italien-Flair.
Unten Auch in Bestandswohnungen schlummert riesiges Potenzial.

LOLA-ENSEMBLE: ITALIENISCHES DESIGN IN DER MAXVORSTADT

Im Westen der Münchener Maxvorstadt, direkt an der Grenze zu Neuhausen, zeigen Bauherren, Planer, Fachhandwerker und Vermarkter, welches große Potenzial in Bestandswohnungen schlummert. Mit den richtigen Ideen und den passenden Partnern wie der NFG-Gruppe gehen Kreativität und Qualität Hand in Hand. Das Ensemble umfasst zwei freistehende fünfgeschossige Gebäude aus dem Jahr 1960. Die Wohnungen waren in die Jahre gekommen und aus der Zeit gefallen. Die umfangreiche Sanierung sorgt deshalb für einen wichtigen Meilenstein beim Wohnkomfort. Besonders charmant: die Aufstockung der Penthouse-Etagen mit ihren spektralförmigen Dachlandschaften. Ein optisches Highlight. Aber auch der Blick ins Innere macht den Reiz des von der Dawonia GmbH vermarkteten LoLa-Ensembles deutlich. Die Wohnungen in einer Größe zwischen 72 und 82 Quadratmetern bestechen nach der Kernsanierung durch eine hochwertige Ausstattung. Jede Wohnung ist mit einem Balkon ausgestattet, größtenteils mit attraktiver Süd-West-Ausrichtung. Neue Aufzüge führen in die einzelnen Etagen. Auf den Böden der Wohnungen glänzt Echtholzparkett, in den Bädern der Penthouse-Wohnungen italienisches Design. Die Armaturen des preisgekrönten Herstellers Gessi verleihen als Taktgeber dem gesamten Bad eine luxuriöse Note. Sind die umfangreichen Maßnahmen abgeschlossen, genießen die Bewohner nahezu Neubaustandard.

BAUKOSTEN- UND BAUZEITENOPTIMIERUNG FÜR WIRTSCHAFTLICHE EFFIZIENZ

Interview mit Tim Kaufmann

Was ist das Besondere an Ihren Produkten?

TK Die NFG-Gruppe fungiert als verlässlicher Projektbegleiter für die Holzhausindustrie. Unser Anspruch liegt darin, komplexe Marktbedürfnisse zu durchdringen und als Sparringspartner zu agieren. Jedes Produkt, das wir präsentieren oder auswählen, wird sorgfältig im Kontext der individuellen Projektanforderungen betrachtet.

Dabei berücksichtigen wir verschiedene Kriterien, um die optimale Auswahl zu treffen. Wir legen Wert auf Baukosten- und Bauzeitenoptimierung, um eine wirtschaftliche Effizienz sicherzustellen. Nachhaltigkeit ist ein grundlegender Aspekt, den wir von der Produktion bis zum Betrieb des Gebäudes gewährleisten möchten. Unsere Produkte zeichnen sich zudem durch ihre Montagefreundlichkeit aus, was eine reibungslose Umsetzung vor Ort ermöglicht. Darüber hinaus legen wir großen Wert auf Verfügbarkeit und Service, um unseren Kunden ein Höchstmaß an Zufriedenheit zu bieten. In der Summe dieser Kriterien streben wir danach, für jedes Projekt die optimale Lösung zu finden und langfristige Partnerschaften zu pflegen.

Was gibt es für Planer bzw. Bauherren zu beachten?

TK Unsere Produkte werden speziell auf die Anforderungen jedes einzelnen Projekts zugeschnitten. Dabei profitieren Sie sowohl von der Expertise unserer qualifizierten Key-Account-Manager der NFG-Gruppe in Ihrer Region als auch von unserem umfangreichen Netzwerk und Erfahrungsschatz. Mit unserer Service-Plattform ONLINE PLUS bieten wir den größten B2B-Marktplatz, der speziell auf die Bedürfnisse von Profis zugeschnitten ist. Dort erhalten Sie alle relevanten Produktinformationen mit nur wenigen Klicks und können somit flexibel auf neue Anforderungen reagieren.

Durch die Zusammenarbeit mit der NFG-Gruppe erhalten Bauherren einen zusätzlichen Sicherheitsgewinn, da wir stets Lösungen entwickeln, die ihren Bedürfnissen gerecht werden. Ein Beispiel dafür ist unsere Baufamilien-Badberatung, die an über 270 Standorten in ganz Deutschland angeboten wird. Obwohl wir überregional tätig sind, sind wir regional für Sie greifbar und stehen Ihnen in Ihrer Nähe zur Verfügung.

Welche Ansätze verfolgt die NFG-Gruppe in Bezug auf Nachhaltigkeit und Ressourcenschonung?

TK Bei uns beginnt Nachhaltigkeit bereits in der Produktionsphase. Sowohl unsere langjährigen Industriepartner als auch unser eigenes Unternehmen verpflichten sich zur Bereitstellung umweltfreundlicher Produkte. Wir setzen uns für die Mehrfachnutzung von Produkten ein, integrieren gewerkeübergreifende Funktionen und achten auf eine einfache Entsorgung oder Wiederverwertung. Diese Aspekte werden von der NFG-Gruppe bei jedem individuellen Projekt sorgfältig beleuchtet.

Tim Kaufmann
Leiter Key-Account-Management Bauwirtschaft, NFG-Gruppe

NACHHALTIG GEPLANTE KÜCHEN UND BÄDER

Interview mit Jürgen Hlady

Ein gut geplantes Bad mit unterfahrbarem Waschtisch berücksichtigt von Beginn an verschiedene Lebenssituationen.

Wie sehen Zukunftslösungen in Bad und Küche aus?

JH Wir werden uns bei der Küchen- und Badgestaltung in Zukunft reduzieren müssen – sowohl vom Platzbedarf als auch vom Ressourcenverbrauch. Natürlich spielt auch der Recyclinggedanke eine große Rolle. Im Moment sehen wir immer noch eine große Vielfalt an Küchen mit fest installierten Wandanschlüssen, die auf den individuellen Nutzer, also Single, Familie oder Generation 60 plus zugeschnitten sind und dadurch nur schlecht bis gar nicht veränderbar sind. Deshalb sind Vorwandinstallationen mit nur einem zentralen Anschluss für die Ver- und Entsorgungsleitungen und den Strom im Raum die Zukunftslösung. An diesen schließt dann eine übertiefe Küche an, die die typische Modultiefe von 60 Zentimetern verlässt. Hinter den Einbauten können die Anschlüsse, wie sie gebraucht werden, zugeordnet werden. So kann eine Küche, wenn sie erneuert oder ausgetauscht werden soll, nochmal komplett anders aufgebaut werden, ohne in die Substanz des Bauwerks eingreifen zu müssen. Durch die größere Tiefe können zudem die Laufmeter der Küche reduziert werden, was Material und Kosten spart.

Was trägt noch zu einer nachhaltigen Küchenplanung bei?

JH Bei Neuplanungen sollten wir uns noch mehr Gedanken über die Kreislaufwirtschaft machen: Also vor dem Kauf überlegen, mit welchen Materialien die Küche gebaut wird, ob sie leicht trennbar und wiederverwertbar sind. Da ist natürlich auch die Küchenindustrie in der Verantwortung. Im Prinzip haben Küchen einen Lebenszyklus von einer Generation, dann werden sie erneuert. Das ist auch für einen stark beanspruchten Gebrauchsgegenstand nicht negativ, wenn dann das Ganze nicht zum Sondermüll wird.

Und wie gestaltet man Badezimmer der Zukunft?

JH Auch hier sind Reduktion und Suffizienz die Schlagwörter der Zukunft. Künftig werden wir wegen geringerer Grundrissgrößen und gestiegener Baukosten wieder kleiner und verdichteter bauen. Im Bereich Bad sind dann übergroße Wannen- und Wellnessbäder nicht mehr zeitgemäß, auch nicht der raummittige Abfluss für die Badewanne, der bei Umplanungen dann zum Hindernis wird. Im Prinzip genügt ein bodengleicher Ablauf für die Dusche und – wie vorhin bei der Küche erwähnt – eine Wand mit zentralem Anschluss. Mit Vorwandinstallationen und Vorsatzschale kann alles flexibel gestaltet und je nach Lebenslage mit wenig Aufwand wieder verändert werden. Nach der Familienphase wird aus einem Doppelwaschtisch ein einzelner, plus vielleicht eine Infrarot-/Saunakabine. Und man kann auch bei der Neuplanung schon gleich altersgerechte Strukturen mitberücksichti-

Oben Modulare Küchen-Elemente – nach dem Vorbild der hier gezeigten originalen „Werkbank" von Otl Aicher schaffen Flexibiltät.
Unten Ein Küchenblock im zeitlosen Design macht ein Leben lang Freude.

»Künftig werden wir wegen geringerer Grundrissgrößen und gestiegener Baukosten wieder kleiner und verdichteter bauen. Im Bereich Bad sind dann übergroße Wannen- und Wellnessbäder nicht mehr zeitgemäß, auch nicht der raummittige Abfluss für die Badewanne, der bei Umplanungen dann zum Hindernis wird.«

gen – etwa schwebende Arbeitsplatten mit Aufsatzbecken oder integrierte Waschbecken ohne Unterschränke. Mit Sitzgelegenheit kombiniert, werden sie zum Schminktisch, und im älteren Semester lässt sich mit dem Rollstuhl darunterfahren.

Welche Gedanken sollte man sich schon bei der Planung machen?

JH Bei meinen Projekten überlege ich zusammen mit den Bauherren die Fragen: Wie viel Bad brauche ich eigentlich? Welche Anforderungen gibt es? Was passiert nach dem ersten Lebenszyklus nach 20, 25 Jahren? Muss man dann alles rauswerfen, oder ist noch etwas verwertbar? Flexible Lösungen mit Vorwandinstallationen reduzieren die Kosten, lassen Umbauten zu. Dazu sollte man sich fragen, wie trendy muss die Keramik sein. Muss es unbedingt diese hippe, schwarze Armatur sein, möchte die in zehn Jahren noch jemand sehen? Vieles von dem hat zur Folge, dass diese Produkte viel zu schnell entsorgt werden und auf den Müll geraten. Besser sind Qualitätsarmaturen und Sanitärgegenstände mit funktionierender Ersatzteilversorgung, die vielleicht im ersten Moment mehr kosten – die mit hoher Qualität und Ästhetik aber dauerhaft wertig sind und nicht nur dem sofortigen Mainstream-Zeitgeist entsprechen. Reduktion und die Frage, wie viel – oder vielmehr wie wenig – benötige ich wirklich, sollten bei Neuplanungen an vorderer Stelle stehen.

Jürgen Hlady
Inhaber Hlady Innen Architektur, Geisenfeld

Der Innenarchitekt und Schreinermeister gründete sein Büro 1996 und ist seit 2008 Mitglied der Bayerischen Architektenkammer und bdia-Beirat. Qualifiziert ist Jürgen Hlady darüber hinaus als Energieeffizienz-Planer Wohngebäude und Sachverständiger Energieberater für Baudenkmale und besonders erhaltenswerte Bausubstanz.

09 GARAGE & KELLER

MEHR WOHNQUALITÄT, FLÄCHENEFFIZIENZ UND FLEXIBILITÄT

Keller ja oder nein – vor dieser Entscheidung stehen nicht wenige Bauherren vor der Planung ihres Hauses oder Fertighauses. Während sich viele Bauwünsche im Nachhinein noch ändern lassen, ist dies beim Keller nicht der Fall. Zwar ist ein unterkellertes Fertighaus teurer als die Variante mit Bodenplatte. Fest steht aber auch: Der Keller wird zu einem immer wichtigeren Bestandteil einer nachhaltigen Wohnraumplanung. Denn warum wertvollen Wohnraum verschenken? Richtig ausgebaut, kann aus dem Keller ein gemütliches Gästezimmer, ein Wellnessbereich mit Sauna oder sogar eine ganze Einliegerwohnung werden. Dann spielt der Keller im wahrsten Sinne des Wortes eine „tragende Rolle". Die höhere Investition für einen Keller zahlt sich in der Nutzungsphase des Gebäudes mehrfach aus. So bedeutet der Raumgewinn in die Tiefe nicht nur ein dauerhaftes Plus an Wohnfläche, sondern natürlich auch an Nutzfläche: Denn auch die Wintersportausrüstung will im Sommer verstaut sein, Weihnachtsschmuck oder andere saisonale Dekorationen fürs Haus brauchen Regale, und der/die eine oder andere wünscht sich auch einen Vorratsraum für Lebensmittel und Eingemachtes ... vielleicht auch noch einen Weinkeller. Mit einem Keller werden zusätzliche Räume und Lagerkapazitäten von vornherein eingeplant, was spätere, kostenintensive Anbauten – etwa für ein Homeoffice, ein Gästezimmer oder einen Hobby- oder Wellnessraum mit Sauna – überflüssig macht. Garten- und Freiflächen bleiben auch bei steigendem Platzbedarf unangetastet. Wer glaubt, dass es im Keller dunkel ist, der irrt: Innovative Lichtfluter, die in Fertigteilkeller integriert werden können, sorgen für eine erstaunliche Lichtausbeute im Untergeschoss, sodass sich die Räume in puncto Helligkeit und Behaglichkeit kaum noch von normalen Wohnräumen unterscheiden.

Auch eine Garage ist heutzutage weit mehr als früher, als sie nur ein Ort zum Abstellen des Autos war. Dennoch ist sie in der Neubau-Planung manchmal „Nebensache". Während es im Haus oft alle erdenklichen Raffinessen gibt – vom „Spathroom" bis zur luxuriösen Ankleide –, ist der Autoabstellplatz oft nur funktional-technisch ausgeprägt. Vor allem Bewohner der Vereinigten Arabischen Emirate als Liebhaber von Luxuskarossen haben sich schon zahlreiche „Luxusherbergen" für ihr Auto vom Architekten entwerfen lassen – eine von einem italienischen Designkollektiv entworfene „Supercar Capsule". Jede Supercar Capsule wird mit Blick auf das jeweilige Grundstück und den Villentyp maßgefertigt. Eines der Modelle ist sogar eine ins Haus integrierbare „Kapsel", die mit dem Interieur des Hauses verschmilzt. Auch ein deutsches Start-up kümmert sich um solche Luxusgaragen, die wohltemperiert, mit Glasfronten und steuerbar per App sind. So viel zum Thema Garagen der Zukunft – vielleicht tut es für den Hausgebrauch aber auch erstmal eine „normale" Garage oder ein Carport. Was nicht heißen soll, dass diese nicht gut ausgestattet sein sollen – mit Blick in die Zukunft lohnt es sich, über geeignete und gut platzierte Stromanschlüsse für Wallboxen nachzudenken. Praktisch sind außerdem direkt ans Haus angeschlossene Garagen, um trockenen Fußes zusammen mit Einkäufen & Co. ins Haus zu kommen. Auch optisch kann sie dem Stil des Hauses angepasst werden. Moderne Garagentore gibt es in einer Vielzahl von Designs, Farben und Materialien. Sie fügen sich harmonisch in die Fassade des Hauses ein und unterstreichen den Stil des Gebäudes. Beleuchtungskonzepte, Fassadenverkleidungen und Begrünung runden das ästhetische Gesamtbild ab und machen die Garage zu einem attraktiven Blickfang. Automatische Garagentore, Einbruchschutz und Überwachungssysteme erhöhen die Sicherheit. Komfortfunktionen wie Fernbedienung, Beleuchtungssteuerung und Heizung per Smartphone machen den Alltag einfacher und angenehmer.

ZUKUNFTSFÄHIGE PLANUNG VON GARAGEN UND KELLERN

Moderne Garagen und ein gut belichteter Keller sind nicht zu unterschätzende Pluspunkte im Einfamilienhaus. Ein zusammen mit dem Haus geplanter Unterstand für das Auto bietet einen oder mehrere geschützte Stellplätze. Im Winter praktisch, da man das Fahrzeug nicht zeitraubend und mühsam von Eis und Schnee befreien muss. Genauso im Sommer – das Fahrzeug heizt nicht auf, und auch der Lack wird vor Sonneneinstrahlung oder tropfendem Baumharz geschützt. Umso komfortabler wird es, wenn die Garage direkt ans Haus anschließt und mit Zugang vom Hausinneren gebaut wird. Zudem bietet eine Garage direkt am Haus praktischen und schnell zugänglichen Stauraum, egal ob es darum geht, Pflanzen für den Winter unterzustellen oder Trittleitern unterzubringen. Übrigens: In einer ans Haus angebauten Garage ist es wärmer und trockener als in einer freistehenden, da die Wärme durch die Hauswand auch in die Garage gelangt. Auch versicherungstechnisch ergibt sich ein Kostenvorteil, da ein Garagenstellplatz das Diebstahlrisiko und damit die Kaskoprämie senkt. Besonders charmant: Die Garage mit dem Haus „verschmelzen“ zu lassen und auf dem Dach zum Beispiel einen erhöhten Freisitz planen. Weil eine angebaute Garage für Einbrecher ein potenzielles Einfallstor ins Haus sein kann, ist auf einen ausreichenden Einbruchschutz zu achten. Natürlich bietet auch ein offener, überdachter Carport Vorteile: Er schützt das oder die Autos vor Sonneneinstrahlung, Regen, Schnee und Hagel, und ein ausreichend dimensioniertes Modell eignet sich als trockener Lagerplatz für Brennholz, Garten- und Hobbygeräte. Auch bei ihm ist ein zusätzlicher überdachter Eingang ins Haus möglich. Für die Zukunft geplant, sollte die Garage/der Carport natürlich auch „smart“ sein – sprich, einen Stromanschluss für eine (nachrüstbare) Wallbox an der richtigen Stelle besitzen.

»Kellerräume bieten eine ideale Lösung, um zusätzlichen Wohnraum zu schaffen, ohne die Grundfläche des Hauses zu erweitern.«

Ein Carport als fester Anbau am Fertighaus

Und auch für den Bau eines modernen Kellers gibt es sehr viele gute Argumente: Der Keller ist ein guter Dämm- und Klimaschutz von unten, der Marktwert des Hauses steigt. Darüber hinaus kann Zusatzeinkommen durch eine eventuelle Vermietung der Souterrainwohnung generiert oder die Räume als Au-pair-Bereich genutzt werden. Das Argument, dass ein Keller nicht für barrierefreies Wohnen geeignet sei, kann durch die Planung eines Homelifts entkräftet werden. Wer sich dann noch für einen Fertigkeller entscheidet, hat dadurch einige Vorteile: Während bei der industriellen Herstellung eines Fertigkellers im Werk millimetergenau und mit höchster Präzision gearbeitet wird, kommt es bei der Herstellung eines gemauerten Kellers vor Ort auf der Baustelle häufiger zu Ungenauigkeiten und in der Folge zu Baumängeln. Die „Montage“ eines Fertigkellers erfolgt zudem in kürzester Zeit und dauert je nach Größe zwischen wenigen Stunden und einer Woche. Natürlich spielt das Thema Licht eine ganz entscheidende Rolle im Keller. Die Knecht Unternehmensgruppe aus dem baden-württembergischen Metzingen, die sich auf den folgenden Seiten vorstellt, hat dafür eine innovative Lösung entwickelt: den Knecht Lichtfluter. Der Lichtfluter ist eine Weiterentwicklung des klassischen Lichtschachts, der Licht ungebrochen in Kellerräume eindringen lässt. So wird der Keller zum Wohn- oder Arbeitsraum. Die Ausführung erfolgt mit der vorgegebenen Wärmedämmung für den Wohnkeller und kann auch im Druckwasserbereich eingesetzt werden. Der Lichtfluter vergrößert optisch jeden Raum und hat laut Knecht keinen Einfluss auf die baurechtlich festgelegten Abstandsflächen, was besonders bei kleinen Grundstücken ein echter Vorteil ist. Für mehr Licht können auch Lichthöfe sorgen, aber nicht jedes Grundstück ist dafür geeignet und bietet den erforderlichen Platz.

Links Ein moderner Hauswirtschaftsraum kombiniert die Haustechnik gleich mit.

WOHNKELLER UND INTELLIGENTE LICHTPLANUNG VON KNECHT

Das Unternehmen KNECHT wurde 1928 durch Otto Knecht als Bauunternehmung in Metzingen, dem Stammsitz der Unternehmensgruppe, gegründet. Was einst als Einzelunternehmen begann, hat sich heute zu einem europaweit agierenden, leistungsstarken mittelständischen Unternehmen entwickelt, das stolz darauf ist, noch immer in Familienbesitz zu sein. Die Unternehmenssparten erstrecken sich von hochmodernen Betonfertigteilen über den Bau von Fertigteilkellern bis hin zum Systembau.

Blick in die Historie Zu Beginn konzentrierte sich KNECHT auf die Produktion von Kaminen, Hohlblocksteinen, Treppenstufen und kleineren Betonfertigteilen. 1967 wurde der erste Fertigkeller in Deutschland für den Eigenbedarf produziert und montiert. Tausende Keller später folgte 2009 ein weiterer Meilenstein: die Einführung der KNECHT KlimaPlus Wand mit werkseitig eingebauter Wärmedämmung, die einen bedeutenden Schritt in Richtung energieeffizienter Bauweise markierte. 2014/2015 wurde das Patent für den „Kleinen Lichtfluter" eingereicht – eine innovative Lösung, die das natürliche Licht optimal nutzt und gleichzeitig energieeffizientes Bauen fördert. Mit dem neuen Erdarbeiten-Konzept seit 2024 geht KNECHT noch einen Schritt weiter, um seinen Bauherren einen umfassenden Service zu bieten.

Oben Der erste KNECHT Fertigkeller aus dem Jahr 1967
Unten Ansicht des Betonwerks in den 1930er-Jahren.

Der KNECHT Wohnkeller

Wer ohne Keller baut, wird früher oder später feststellen, dass der Kellerverzicht die berühmt-berüchtigte Milchmädchenrechnung ist. Denn von vielen wird bereits beim Einzug, also am ersten Tag im neu gebauten Heim, der Keller oft schon schmerzlich vermisst.

Nachteile:

- Waschmaschine und Trockner im Bad
- Therme oder Heiztechnik in Hörweite im Wohngeschoss
- Wo sollen Hobbyaktivitäten stattfinden?
- Wo sollen Gästezimmer und -bad, der Wellness- oder Fitnessbereich platziert werden?
- Platz vom neuen Wohnraum im Erd- oder Dachgeschoss abziehen, weil nur mit Bodenplatte gebaut wurde?

Mit der richtigen Planung wird das Untergeschoss zur hochwertigen Wohnraumreserve.

Der KNECHT Lichtfluter

Fallen Lichtstrahlen unreflektiert in einen Raum, bleibt die Lichtintensität erhalten. Das Licht schwächt sich nicht ab und erfüllt den Raum mit intensiver, ungetrübter Helligkeit. Die schräg nach oben gestellte Wandkonstruktion des KNECHT Lichtfluters ermöglicht diesen direkten Lichteinfall. Da er zudem auch größer als konventionelle Lichtschächte ausgeführt werden kann, steht dem sonnigen Aha-Erlebnis im Untergeschoss nichts im Wege.

Vorteile:

- hochwertige Vorfertigung als konstruktives Fertigteil im Werk
- einfache Montage vor Ort
- keine Auswirkung auf das Baufenster oder andere definierte Abstände
- viel natürliches Licht im Keller schafft Wohnraumqualität.

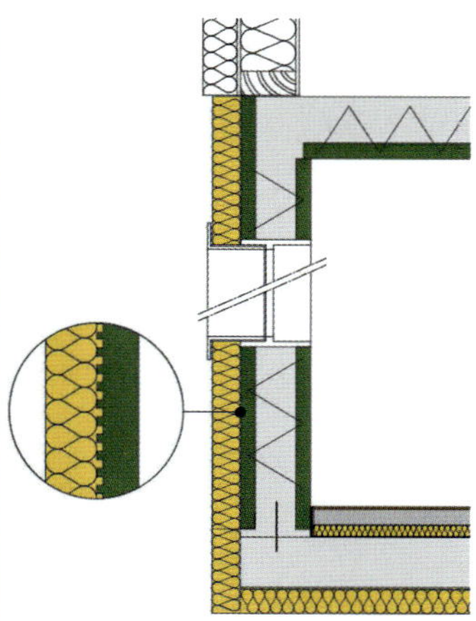

Die KNECHT KlimaPlus Wand

Wenn das Untergeschoss nicht nur Keller, sondern auch Wohn- und Lebensraum sein soll, dann müssen die Wände mehr leisten als bei einem konventionell ausgeführten Keller. Mit der KlimaPlus Wand von KNECHT steht eine überzeugende Mehrwertlösung zur Verfügung. Durch die bereits im Werk aufgebrachte Außendämmung, die durch ein Nut-Feder-System kraftschlüssig mit dem Beton verbunden ist, wird eine optimale Energieeffizienz gewährleistet und hinterlaufendes Wasser zwischen Beton und Wärmedämmung verhindert.

TRAUMHAUS AM FLUSS

Tageslichtatmosphäre im Untergeschoss durch intelligente Planung und KNECHT Lichtfluter

Den Traum vom Haus am Fluss hat sich eine Familie in Niedersachsen erfüllt. Die Bauherren entschieden sich für eine Lösung mit Keller und nutzten die Grundstücksfläche optimal aus – ein weiträumiges Ambiente mit viel Lebensraum. Auf zwei Ebenen präsentiert sich das Haus mit reichlich Licht und Platz zur Entfaltung. Das Untergeschoss bietet lichtdurchflutete Kinder- und Schlafzimmer und ein helles Tageslichtbad. Die Planung wurde optimal an den natürlichen Geländeverlauf angepasst. Im KNECHT Fertigkeller sind die Schlafräume gen Süden ausgerichtet. Diese Zimmer befinden sich bis zur Brüstungshöhe im Erdreich, darüber ermöglichen große Fenster freien Blick auf die Weser. Darüber hinaus besticht die großzügige Gestaltung des Souterrains mit weiteren Details, beispielsweise einem hellen Bad mit Tageslichteinfall. Möglich macht dies der patentierte KNECHT Lichtfluter, ein konstruktives Highlight, das die Erfahrung und Kompetenz aus über 55 Jahren Kellerbau unterstreicht. Durch seine besondere Form fängt er das Außenlicht auf und führt natürliches Tageslicht wie über eine Lichtrutsche nach Innen – gut geschützt vor fremden Blicken. Einen Traum verwirklichten sich die Bauherren auch mit dem Ankleidezimmer im Untergeschoss – dort setzten sie auf eine Lösung mit kleinem Lichtfluter mit erstaunlicher Wirkung: Durch die schräg aufgestellte Außenwand-Konstruktion fließt viel natürliches Licht. Zusätzlich entstand eine Ablage für Praktisches und Dekoratives. Das Untergeschoss bietet außerdem reichlich Platz für Keller- und Technikräume, die auf der Nordseite im Erdreich verbaut wurden. Die weitläufige Planung im Innenbereich komplettiert eine Terrasse mit direktem Zugang zum Garten und freiem Blick auf die reizvolle Landschaft im Dreiländereck zwischen Niedersachsen, Nordrhein-Westfalen und Hessen.

Oben Der kleine Lichtfluter in der Außenansicht
Unten Durch den großen Lichtfluter erhalten Kellerräume viel natürliches Licht und Wohnraumqualität.

DER KELLER ALS WOHNRAUM-ERWEITERUNG

Interview mit Dipl.-Ing. Bernd Hetzer

Warum werden Keller beim Bauen der Zukunft immer mehr an Bedeutung gewinnen?

BH Die Bedeutung von Kellern beim Bauen der Zukunft wird zweifellos zunehmen, und das aus mehreren Gründen. Zunächst einmal werden Grundstücke ein kostbares Gut. Mit steigenden Preisen und begrenzter Verfügbarkeit wird effiziente Raumplanung zu einer Priorität für Immobilienentwickler und Bauherren. Kellerräume bieten eine ideale Lösung, um zusätzlichen Wohnraum zu schaffen, ohne die Grundfläche des Hauses zu erweitern. Ein weiterer wichtiger Aspekt ist die Vielseitigkeit von Kellerräumen. Dank innovativer Produkte wie dem KNECHT Lichtfluter erhält der Keller verschiedene Nutzungsmöglichkeiten. Ob als Büro, Trainingsraum oder erweiterter Wohnraum, die Möglichkeiten sind vielfältig. Der Lichtfluter sorgt für eine optimale Lichtausbeute und verbessert die Raumqualität erheblich, was den Keller zu einem angenehmen und funktionalen Teil des Hauses macht.

Was macht den KNECHT Lichtfluter so besonders?

BH Der Lichtfluter ist ein herausragendes Produkt, das sich durch seine einzigartigen Merkmale von allen anderen am Markt erhältlichen Produkten abhebt. Dank seiner innovativen Konstruktion fällt das Licht in großen Mengen direkt in den Raum, ohne dabei an Intensität zu verlieren. Die Lichtstrahlen durchdringen den Raum bis zum Boden und schaffen eine helle und angenehme Atmosphäre. Was den Lichtfluter besonders macht, ist seine Vielseitigkeit und Anpassungsfähigkeit. Als kompaktes Betonfertigteil wird er auf die Baustelle geliefert und kann vor Ort für alle Lastfälle abgedichtet werden, einschließlich gegenüber Grundwasser. Darüber hinaus kann er mit einer Wärmedämmung versehen werden, um den Energieverlust zu minimieren und den Raumkomfort zu erhöhen. Ein weiteres herausragendes Merkmal ist die Abdeckung aus Sicherheitsglas, die mit einem Regensensor ausgestattet ist. Dieser sensorbetriebene Mechanismus gewährleistet, dass die Abdeckung automatisch geschlossen wird, sobald Regen erkannt wird. Der solarbetriebene Motor sorgt für eine zuverlässige Funktionalität, selbst bei widrigen Wetterbedingungen. Insgesamt bietet der Lichtfluter eine einzigartige Kombination aus Effizienz, Vielseitigkeit und Sicherheit, die ihn zu einer herausragenden Wahl für die Beleuchtung und Belüftung von Kellerräumen macht.

Haben Sie weitere innovative Produkte?

BH Unsere KlimaPlus Wand ist ein weiteres innovatives Produkt, das dazu beiträgt, Kellerräumen Wohnqualität zu verleihen. Durch die bereits im Werk aufgebrachte Außendämmung, die durch ein Nut-Feder-System kraftschlüssig mit dem Beton verbunden ist, wird eine optimale Energieeffizienz gewährleistet; und hinterlaufendes Wasser zwischen Beton und Wärmedämmung wird verhindert. Alle Aussparungen und Anpassungen an der Wärmedämmung werden präzise vorgefertigt, was nicht nur Material spart und Abfall minimiert, sondern auch die Funktionalität und Qualität verbessert.

Wie wohnen wir in der Zukunft, was ist Ihre Vision dazu?

BH Meine Vision für das Wohnen in der Zukunft ist geprägt von Flexibilität und Gemeinschaft. Ich glaube, dass wir vermehrt Zweck-WGs oder Gemeinschaftshäuser sehen werden, in denen Menschen zusammenleben können. Um dieser Entwicklung gerecht zu werden, müssen wir Gebäude konstruieren, die leicht an verschiedene Raumbedürfnisse angepasst werden können. Dazu gehören nichttragende Wände und Konstruktionen mit größeren Spannweiten, um offene und wandelbare Wohnräume zu schaffen.

Ein zentraler Aspekt meiner Vision ist die Einbeziehung des Untergeschosses als vollwertiger Wohnraum, der sich im Laufe der Zeit wandeln kann. Der Keller wird nicht länger nur als Lager- oder Nebenraum betrachtet, sondern als integraler Bestandteil des Wohnraums, der sich den verschiedenen Lebensabschnitten anpassen kann. Durch eine durchdachte Planung kann der Keller flexibel genutzt werden, sei es als zusätzliches Schlafzimmer, Arbeitsbereich oder Gemeinschaftsraum. Dies trägt nicht nur zur optimalen Nutzung des verfügbaren Raums bei, sondern schafft auch vielfältige Möglichkeiten für individuelle Lebensstile und Bedürfnisse. Zum Beispiel kann der Raum als Einliegerwohnung dienen und später im Alter für die Pflegekraft genutzt werden. Diese Flexibilität ermöglicht es den Bewohnern, die Räumlichkeiten entsprechend ihrer Bedürfnisse und der Veränderungen im Leben anzupassen.

Wird sich auch das Bauen verändern?

BH Das Bauen wird sich in Zukunft weiterentwickeln, insbesondere im Hinblick auf die Auswahl und Verwendung von Baustoffen. Es gibt eine Vielzahl faszinierender Baustoffe, von Beton über Holz bis hin zu Kunststoffen, Aluminium und Stahl, von denen jeder seine eigenen Vor- und Nachteile hat. Im Sinne der Ressourcenschonung und Nachhaltigkeit sollten wir verstärkt an Materialmixen und Hybridbaustoffen arbeiten, um die Vorteile verschiedener Baustoffe zu nutzen und zu kombinieren. Bei KNECHT sind wir kontinuierlich bestrebt, unsere Produkte und Prozesse weiterzuentwickeln. Sowohl der Lichtfluter als auch die KlimaPlus Wand sind Beispiele für innovative Produkte, die auf

Zimmer können je nach Bedarf und Lebenssituation genutzt werden. Jetzt Kinderzimmer, später für Pflegekraft.

diese Weise entstanden sind. Darüber hinaus denken wir auch über Verbesserungen im Dienstleistungsbereich und unseren Prozessen nach, um das Bauen zu optimieren und letztendlich kostengünstiger zu gestalten. Ein wichtiger Bereich, an dem wir intensiv arbeiten, ist die Frage, ob einzelne Bauteile im Kellerbereich in einer Hybridbauweise aus Holz und Beton umgesetzt werden können. Diese Hybridbauweise könnte nicht nur die strukturelle Integrität verbessern, sondern auch die Umweltbelastung reduzieren und neue gestalterische Möglichkeiten eröffnen.

Da spielt ja auch der Nachhaltigkeitsgedanke stark mit hinein …

BH Ja, der Nachhaltigkeitsgedanke spielt hier eine entscheidende Rolle. Insbesondere Stahlbeton ist bei der Erstellung relativ CO_2-intensiv, und es wäre für die Klimabilanz äußerst vorteilhaft, wenn wir hier Einsparungen erzielen könnten. Es ist wichtig anzumerken, dass wasserundurchlässige Konstruktionen nur mit Stahlbeton umgesetzt werden können. Jedoch arbeiten wir kontinuierlich an effizienteren Produktionsmethoden, um Material einzusparen, weniger Abfall zu erzeugen und den CO_2-Fußabdruck zu reduzieren. Beton als Baustoff ist sehr langlebig, und durch eine Optimierung der Prozesse und eine Reduzierung des Materialeinsatzes tragen wir dazu bei, Ressourcen zu schonen und die Umweltbelastung zu minimieren. Wir legen großen Wert darauf und machen uns viel Gedanken um das große Ganze zum Thema Nachhaltigkeit. Durch den Einsatz von ressourceneffizienten Materialien, effiizienteren Produktionsmethoden und der Nutzung erneuerbarer Energien wie Strom tragen wir aktiv dazu bei, die Umweltauswirkungen unserer Bauprojekte zu minimieren. Unsere Bemühungen zielen darauf ab, nachhaltige Lösungen zu entwickeln, die sowohl ökologische als auch ökonomische Vorteile bieten und langfristig zur Verbesserung der Lebensqualität und des Umweltschutzes beitragen.

Dipl.-Ing. Bernd Hetzer
Prokurist und Vertriebsleiter von KNECHT Kellerbau GmbH

GARAGEN DER ZUKUNFT

VON ANDREAS K. VETTER

„Wer über die Zukunft nachdenken will, muss sich von der Gegenwart befreien.“ Sicher ein kluger Satz – so weit aber würden vielleicht Philosophen gehen müssen. Planende und Bauherrschaften jedenfalls sind zuerst einmal fest im Jetzt verankert und sehen sich auch in den nächsten Jahrzehnten zweifelsohne mit denselben Parametern der Alltagsbewältigung konfrontiert. Dass wir auch in fünfzig Jahren noch feste Häuser auf räumlich limitierten Parzellen in einer durchaus regenreichen, aber auch sommerheißen Region bewohnen werden, erscheint realistisch. Auch die Problematik, von einem dezentral oder ländlich gelegenen Ort zu den Tagesterminen, Einkäufen und Freizeitaktivitäten pendeln zu müssen – und zwar selbstorganisiert –, wäre den Gründen zuzurechnen, derentwegen wir uns beim Thema Stellplatz, Carport oder Garage weiterhin Gedanken machen sollten. Das Flugtaxi in der Stadt oder der selbstfahrende Rufbus am Land könnten punktuell mithelfen, das Einfamilienhaus jedoch benötigt auch weiterhin seine verkehrstechnische Autarkie, die über private Fortbewegungsmittel zu leisten ist: vom Fahrrad über das E-Bike bis hin zum Motorrad und vom Familienauto über das Wohnmobil zum Freizeitspielzeug oder Oldtimer.

»Das Einfamilienhaus benötigt auch weiterhin seine verkehrstechnische Autarkie.«

Der bauliche Variantenreichtum der Stellplatzlösungen ist groß und wird seit jeher beeinflusst von der topografischen Lage des Grundstücks, der Größe der Parzelle, dem Anschluss an die Erschließungsstraße, der Zahl und Art der unterzubringenden Fahrzeuge, grundsätzlicher Barrierefreiheit, lokalen Bauvorschriften sowie natürlich den finanziellen Möglichkeiten beziehungsweise der persönlichen Wertschätzung, die den Vehikeln jeweils zukommt. Hinzu treten die dabei in Aufwand und Gestalt stark divergierenden Typen der Stellplatzarchitekturen, die abhängig sind von Konstruktionsart, Form und Stilistik – man denke an Carport, Einfach-, Doppel- oder Tiefgarage, was dann wiederum beeinflusst, auf welche Weise man das Wohnhaus und dessen Grundrissdisposition mit dem Parken verbindet. Die seit 125 Jahren bestehende Beziehung zwischen Haus und Auto erlebte auf dem Feld der Konzeption und Planung diesbezüglich schon viele Entwicklungsschübe, die mit der Umwandlung der Kutschenremise zur Garage begannen, um die Jahrhundertmitte die charmant leichtgängige Form des Carports einführten und heutzutage ein großes Portfolio an Ausstattungstechniken anbieten: vom platzsparenden Duplex-Parklift über die praktische Drehplattform oder den Carlift, der das Fahrzeug unsichtbar in den Boden versenkt, ist alles möglich. Wer es sich leisten kann, positioniert sich damit durchaus in der technischen Hautevolee, auch wenn es früher – wie beispielsweise in den 1920er-Jahren – schon richtig futuristische Konzepte gab, als man Garagen mit Bootshäusern oder Hangars verband.

Die Konzeption einer Garagenkultur der Zukunft würde aber aus heutiger Sicht nicht nur technikaffin, sondern ganzheitlicher angegangen werden. Hierbei wären unter anderem die Belange der zeitaktuellen architektonischen Wende in Richtung Nachhaltigkeit zu beachten, die sich wie beim Hochbau darum kümmert, dass sich Gebäude dynamisch erweitern und verkleinern, flexibel umnutzen und unkompliziert rückbauen lassen. Immerhin könnte man mit der Vorhaltung bestimmter Anschlüsse für Strom, Heizung und Wasser die Möglichkeit der Umwidmung einer größeren Massivbaugarage in ein zusätzliches Gästeappartement oder ein Studio erleichtern. Auch ein intelligenter Leichtbau aus Holz oder Stahl besitzt Vorteile, da man ihn kostengünstig versetzen

Eine Idee für die Garage der Zukunft präsentiert das italienische Designkollektiv ASZarchitetti und Superfuturedesign mit ihrer „Supercar Capsule".

kann. Neben diesen praktischen Aspekten beschäftigt uns inzwischen auch eine ethische Verpflichtung zur Umweltfreundlichkeit. Dieser kann man gerecht werden, indem das Dach entsprechend ertüchtigt wird: entweder als Auffangfläche für Regenwasser, kombiniert mit einer Zisterne und vielleicht sogar mit einem Gründachausbau, der in einer Zeit zunehmender Schlechtwetterphänomene gut gegen Starkregen, Hagel und sogar UV-Strahlung schützen wird. Andererseits hat die Photovoltaik-Technologie inzwischen auch attraktive Nutzungsangebote für Kleinflächen im Programm, was sich mit einer im Carport oder der Garage integrierten E-Ladestation ideal verbinden lässt. Am weitesten vom gelebten Alltag entfernt, dabei aber keineswegs ohne Realisierungschance, ist das bisher nahezu ausschließlich für Innenstadtlagen diskutierte Carsharing-Prinzip, das sich allerdings ebenso gut auch für Wohnsiedlungen mit Einzelhäusern eignet. Mit einem von allen Anwohnern kollektiv genutzten Auto-Pool würden sich die privaten Stellplatzflächen und -bauten unter Raum- und Budgetgewinn für die einzelnen Bauherrschaften reduzieren lassen. Die gemeinsam genutzte Fahrzeugflotte aus einigen E-Kleinwagen und E-Bussen stünde dann unter einem größeren Solarcarport im Zentrum des Wohnviertels. Eigentlich keine schlechte Zukunftsperspektive – und vielleicht ein neuer ‚Dritter Ort' für die Quartiersbewohner?

Andreas K. Vetter

Andreas K. Vetter ist Professor im Studiengang Innenarchitektur an der TH OWL in Detmold und Autor diverser Erfolgstitel wie Haus & Auto, Die besten Einfamilienhäuser aus Beton, Traumhafte Häuser in den Alpen und Best Workspaces.

10

DRAUSSEN

DRAUSSEN IST DAS NEUE DRINNEN

Durch den Cocooning-Trend, die Pandemie und Remote-Work hat das eigene Zuhause zunehmend an Bedeutung gewonnen: Viele verbringen mehr Zeit in den eigenen vier Wänden – und natürlich auch im Garten, auf der Terrasse oder dem Balkon. Draußen ist das neue Drinnen – und auch hier soll es schön und gemütlich sein – für die eigene Freizeit oder die Zeit mit Familie und Freunden. Vom schicken Poolgarten über den Nutz- und Naturgarten bis zum cleanen Japan-Style-Refugium – es gibt eine Vielzahl von Gestaltungsmöglichkeiten für das eigene Gartenparadies und mit innovativen Gestaltungsideen wird der Außenbereich fit für die Zukunft.

Terrassen, Loggien und Gärten werden immer mehr zu zusätzlichen Wohnbereichen – mit gemütlichen Sitzecken, Outdoor-Küchen, Licht und Unterhaltungselektronik. Der Trend geht zu „vielen Plätzen an der Sonne" – vom großen, ausziehbaren Dining-Table mit langen Bänken oder (Stapel-)Stühlen, einer vollausgestatteten Outdoor-Kitchen, die Sundowner-Bar bis zu Chillout-Liegebereichen oder dem lauschigen Freisitz am Sauna- oder Poolhaus. Auch ein Balkon oder die Dachterrasse bietet viele Möglichkeiten, um sie zu kleinen grünen Rückzugs-Oasen werden zu lassen.

Durch winterfeste und beheizbare Tiny Houses oder Gartencubes erweitert sich der Wohnraum in den Garten. Sie schaffen als Homeoffice, Sauna- oder Fitnessbereich oder Chillout-Areas noch mehr persönliche Freiräume im täglichen (Familien-)Leben – vielleicht sogar in der Version Baumhaus ... Das ganze Jahr im Drinnen das Draußen zu genießen, das macht auch ein Wintergarten möglich. Im Gegensatz zu einem Glashaus (auch Kaltwintergarten genannt) ist er absolut wind- und wetterdicht und durch gedämmte Scheiben heizt er im Sommer nicht auf. Eine weitere Möglichkeit, den Wohnraum zu erweitern und zugleich mehr Grün zu schaffen, ist der Green Living Space von SchwörerHaus, den wir auf den Seiten 204–205 vorstellen. Das Fertighaus-Modul in Holztafelbauweise bietet als Anbau oder eigenständiges Haus viel Raum auf rund 80 Quadratmetern. Das Beste ist: Die gesamte Dachfläche ist eine Dachterrasse und kann nach Herzenslust „bespielt" und begrünt werden.

Natürlich darf auch die Grüngestaltung rund ums Haus ganz individuell sein – mit Blick auf die Zukunft ist ein pflegeintensiver englischer Rasen nicht mehr ganz zielführend. Um den Garten fit für die Zukunft zu machen, rät der Bund Naturschutz zu Wildblumenwiesen und Nutzgärten. Der Fokus liegt mehr und mehr auf Nachhaltigkeit, Umweltbewusstsein und Förderung der Biodiversität. „Essbare" Gärten und solche, die auf meditative Zwecke ausgerichtet sind, werden an Bedeutung gewinnen. Zudem sollten klimaresiliente und insektenfreundliche Pflanzen in moderne Gartenkonzepte eingebunden werden. Wer bei der Gartengestaltung auf Recycling – etwa von alten Ziegel- und Bruchsteinen – setzt, zahlt ebenfalls aufs Nachhaltigkeitskonto ein. So können Bruchsteine zu einer Gartenmauer, Beetbegrenzung oder Kräuterspirale verarbeitet werden. Alte Bodenplatten lassen sich als Trittsteine umfunktionieren und zerkleinerter Abrissbeton beim Fundament von Terrassen- oder Gartenhausflächen untermischen.

Eine zentrale Rolle wird bei künftigen Gartengestaltungen vor allem das Thema Wasser spielen – denn es wird immer mehr zum wertvollen Gut. Neue Ideen schaffen hier ein gutes Gefühl: etwa durch die Anlage eines Regengartens mit Regenwasser zum Auffüllen von Pools und zur smarten Gartenbewässerung. Zudem sind Schattenbereiche mit nicht allzu groß werdenden oder den stark im Trend liegenden mehrstämmigen Bäumen eine gute Investition in die Zukunft. Wer sein Hausdach mit den innovativen Dachpfannen Flora (siehe Seite 21) belegt oder sein Flachdach begrünt, schafft ein angenehmes Mikroklima im Garten. Wenn dann alles noch smart gestaltet wird – etwa mit automatischen Bewässerungssystemen, intelligenten Mährobotern oder einer smarten Gartenbeleuchtung –, ist die Gartenplanung der Zukunft perfekt.

Bei der Gestaltung von Außenbereichen werden künftig die Themen Ressourcenschonung, Naturnähe und ökologische Verantwortung im Mittelpunkt einer zukunftsfähigen Planung stehen. Der Überblick zeigt, welche Maßnahmen möglich sind.

DER GARTEN DER ZUKUNFT – NATURNAHER, NACHHALTIGER UND VIELSEITIGER

Terrassen und Decks

Für Terrassen und überdachte Freisitze schneiden mit Blick auf die Zukunft und Nachhaltigkeit Steinplatten am besten ab. Das vor allem, wenn sie aus der Region stammen, wie etwa Fränkischer Muschelkalk. Außerdem gibt es für Holzdecks einige Alternativen für Tropenholz, etwa Kastanie, Eiche, Douglasie oder Lärche. Sogenannte WPCs, also Holz-Kunststoff-Gemische, können Alternativen zu Vollholz-Terrassendielen sein. Laut Fraunhofer Institut für Holzforschung und der Deutschen Bundesstiftung Umwelt (DBU) sind sie positiver zu bewerten als Tropenhölzer und etwa gleichwertig zu einheimischem Nadelholz. Terrassenplatten aus Feinsteinzeug begeistern – eine Herkunft ohne große CO_2-Belastung durch lange Frachtwege vorausgesetzt – mit großer optischer Vielfalt, von Holz-Looks über Betonoptiken bis zu natürlichen Darstellungen von Schiefer, Granit & Co.

Wohnlichkeit im Garten

Es wird immer wohnlicher auf der Terrasse und im Garten – Lounges erhalten wasserfeste Textilüberzüge und werden zu gemütlichen Sofas, ergänzt mit Outdoor-Teppichen und -Leuchten. Dazu ermöglichen Funklautsprecher Ambientemusik, und wer in Ruhe sein Hörbuch in der Sonnenliege genießen möchte, nimmt einen Funkkopfhörer. Auch im kleinen Garten lässt sich der Outdoor-Lifestyle verwirklichen: dank multifunktionaler Möbelstücke wie klappbaren Tischen und Stühlen sowie ausziehbaren Tischen und modularen Sofas.

Innovative Schattenspender

Neben klassischen Sonnenschirmen – die mit integrierter LED-Solarbeleuchtung auch abends noch Freude machen – schützen auch Smart-Home-Ready-Kassettenmarkisen vor zu viel Sonne im Freien. Ausgestattet mit Heizstrahlern, schaffen sie auch an kühleren Tagen einen Mehrwert. Interessant für die Zukunft ist eine Wassernebelkühlung, bei der Wasser aus Düsen mikrofein zerstäubt wird. Wer es lieber grün mag, wählt Pergolen mit Kletterpflanzen.

Wasser im Garten

Klassische Swimmingpools sind immer noch ein Wunsch vieler Bauherren. Wer von der Öko-Variante Schwimmteich nicht überzeugt ist, kann mit einigen Maßnahmen dennoch die Umwelt schonen, darunter UV-Systeme zur Reinigung und Solarstrom zum Heizen. Eine Gartendusche – die es inzwischen in stylischen Varianten aus Holz oder Beton gibt – sorgt für Erfrischung an heißen Tagen und spart Wasser. In Regenwassertonnen und unterirdischen Zisternen kann Wasser gesammelt und für trockene Perioden aufbewahrt werden.

Naturnahe Pflanzkonzepte

Gärten der Zukunft sollten nach dem Vorbild natürlicher Ökosysteme geplant werden. Etwa in Form eines Vier-Jahreszeiten-Gartens: Hier wird die Bepflanzung so ausgewählt und kombiniert, dass sie über das Jahr Nahrung für Insekten bereithält und zugleich einen gestalterischen Wert hat. Wer den Platz hat, sollte an einen eigenen „Regengarten" denken: Dies sind begrünte Senken, in die das Oberflächenwasser von Dächern, Wegen und Einfahrten geleitet wird. Sie absorbieren bis zu 30 Prozent mehr Wasser als Rasen. Blickdicht, nachhaltig und im Trend sind Benjeshecken aus toten Zweigen, Ästen und Grünschnitt. Sie bieten heimischen Tieren Lebensraum und begrünen sich im Laufe der Zeit von selbst.

Ein schöner Freisitz erweitert den Wohnraum nach draußen.

Staudenbepflanzungen werden im Garten der Zukunft immer wichtiger.

Smart-Garden-Konzepte

Smart-Garden-Technologien bieten die Möglichkeit, den Garten effizient und komfortabel zu verwalten. Über Apps und vernetzte Systeme lassen sich etwa Bewässerung, Beleuchtung und Pflanzenpflege steuern. Sensoren messen Bodenfeuchte und Wetterbedingungen, damit die Pflanzen genau das bekommen, was sie brauchen und Ressourcen geschont werden. Eine intelligente Pflanzüberwachung liefert Echtzeitinformationen über Pflanzengesundheit und Wachstumsfortschritt. App-basierte Gartengeräte wie Mähroboter mähen auf der Grundlage intelligenter Zeitpläne. Zudem können die Gartenbeleuchtung und andere elektronische Geräte wie eine Regen- oder Brunnenwasser-Pumpe smart gesteuert werden.

Pflanzentrends

Im Zukunftsgarten sind robuste Lösungen gefragt: Pflegeleichte Staudenbeete statt großer Rasenflächen oder Edimentals, eine Mischung aus essbaren und dekorativen Pflanzen, gewinnen zunehmend an Beliebtheit. Auch Kräutern wird viel Platz eingeräumt. Mehrstämmige Bäume und Gehölze mit besonderem Laub oder Herbstfärbung sind im Trend. Ebenfalls gefragt sind trockenheitsresistente Gehölze wie die Weidenblättrige Birne, Wollziest und Kaukasus-Gamander. Ergänzt um heimische Stauden wie Rittersporn, Edeldistel und Nelken-Leimkraut sowie mediterrane Pflanzen, die ohne viel Bewässerung auskommen, entsteht ein fast gießfreier Zukunftsgarten von ausdrucksstarker, klimaresistenter Schönheit.

MIT GARTEN AUF DEM DACH

DER GREEN LIVING SPACE – MUSTERHAUS FLYINGSPACE LANGENHAGEN

Charmantes Refugium mit Grün auf dem Dach

SchwörerHaus präsentiert mit dem Green Living Space ein innovatives Wohnkonzept, das mehrere moderne Trends aufgreift. Es richtet sich an junge und junggebliebene Menschen, die flexibel arbeiten und ein festes Zuhause in einer schnelllebigen Welt suchen, ohne sich finanziell zu überlasten. Kompakte Wohnräume zwischen 50 und 70 Quadratmetern, natürliche Materialien und der direkte Bezug zur Natur stehen im Mittelpunkt. Das Minihaus mit Garten auf dem Dach kann fast überall aufgestellt werden, ist bezahlbar und smart ausgestattet.
Basis ist das Schwörer-Raummodul „FlyingSpace", das hochwertigen und bezahlbaren Wohnraum auch auf kleinen Grundstücken ermöglicht. Mit Abmessungen von maximal 14,50 × 4,35 Metern und etwa 50 Quadratmetern Wohnfläche bietet das Tiny House verschiedene Wohnkonzepte: entweder zwei Schlafräume, ein Badezimmer und einen offenen Wohn-Essbereich oder ein urbanes Loft-Ambiente. Im Musterhaus Langenhagen fließt ein großer Raum um eine zentrale Box mit Versorgungstechnik. Der „Open Space" schafft unterschiedliche Zonen: ein großzügiger Eingangsbereich, ein Kochzentrum, ein flexibel gestaltbares Wohn- und Arbeitszimmer, ein schmaler Funktionsgang und ein abgrenzbarer Schlafbereich. Multifunktionale Möbel wie Tische auf Rollen, ein zum Gästebett wandelbares Sofa und ein Klappbrett in der Küche bieten flexible Nutzungsmöglichkeiten. Hochwertiges Eichenparkett und eine zurückhaltende Farbpalette lassen den Raum ruhig und groß wirken. Elemente wie Sprossenfenster und skandinavische Akzente tragen zum gemütlichen Ambiente bei.

Das Green Living Space zeigt auch, wie auf kleinem Raum Platz für einen Garten sein kann: Auf dem Dach finden sich Gemüsebeet, Grillstation und Loungebereich. Die Bewohner können eigene Bio-Zutaten anbauen. Ein Design-Gartenhaus aus heimischen Hölzern bietet zusätzlichen Stauraum und lässt sich je nach Bedarf umgestalten. Smarte Technik ermöglicht die Steuerung von Licht, Musik und Heizung per Tastendruck. Die KNX Gebäudetechnik von Gira sorgt für einfache Bedienung. Eine kontrollierte Be- und Entlüftung mit Wärmerückgewinnung, elektrische Direktheizung und ein Durchlauferhitzer gewährleisten Energieeffizienz und ein gutes Raumklima. Gratisstrom von der

Sonne liefern acht vertikal in die Ostfassade integrierte Photovoltaik-Module. Für die Ausführung konnte SchwörerHaus auf die Expertise des Haustechnik-Spezialisten Vaillant zurückgreifen. Schon seit Langem achtet SchwörerHaus auf die Verwendung wohngesunder Materialien. Zum Einsatz kommt insbesondere der ökologische Baustoff Holz aus dem eigenen Sägewerk am Firmenhauptsitz in Hohenstein-Oberstetten – garantiert frei von chemischem Holzschutz. Beim Innenausbau werden nur geprüfte Materialien verwendet. Auch die kontrollierte Lüftung mit Wärmerückgewinnung trägt zur Wohngesundheit bei.

FlyingSpaces werden schlüsselfertig angeliefert und innerhalb eines Tages „installiert". Große Eingriffe in die Umgebung sind dabei nicht notwendig. Außer Punktfundamenten und den Hausanschlüssen muss nichts vorbereitet werden. Das funktioniert sogar in Hanglage. Sobald das Modul angeliefert ist, wird es nur noch an Wasser, Elektrizität und Medien oder Kommunikation angeschlossen. Die Räume kommen je nach Bedarf bereits inklusive montierter Sanitärausstattung, Kücheneinrichtung, ja sogar mit Beleuchtung und Einbaumöbeln. Der Einzug ist in kurzer Zeit möglich. Und sollten sich die Lebensumstände eines Tages ändern, lässt sich das Green Living Space einfach auf einen Lkw verladen und an seinem neuen Standort wieder aufbauen.

Info

Das Haus im Kleinformat kann in der FertighausWelt Hannover-Langenhagen Mittwoch bis Sonntag von 11.00 bis 18.00 Uhr besichtigt werden, fachkundige Beratung inbegriffen.

- Bauweise: Holztafelbauweise
- Flachdach mit Aufdachdämmung, Kiesschüttung (Standard)
- Zusatzausstattung: Dachterrasse, belegt mit Betonplatten
- Fenster mit 3-fach-Verglasung
- Haustechnik: elektrische Direktheizung, kontrollierte Be- und Entlüftung mit Wärmerückgewinnung, dezentrale Warmwasserversorgung mittels Durchlauferhitzer
- Wohnfläche Erdgeschoss: 49,99 m²
- Dachterrasse: 32,13 m²

Oben Der Green Living Space bietet 50 Quadratmeter Wohnfläche.
Rechts Die Dachterrasse eignet sich perfekt zum Chillen und Urban Gardening.

KLIMARESILIENTE GÄRTEN

INTERVIEW MIT DER MÜNCHNER GARTEN- UND LANDSCHAFTSDESIGNERIN CHRISTIANE VON BURKERSRODA

Wie sieht ein Garten der Zukunft in Ihren Augen aus?

CvB Wir werden angesichts wärmerer und trockenerer Sommer schattigere Gärten sehen und auch ein anderes Pflanzenbild. Es werden mehr Gehölze gepflanzt, die auch die befestigten Flächen wie Wege und Terrassen mit Grün überschatten. Manche Kunden wollen Naschobst haben – einen sogenannten „Edible Garden" oder vielleicht sogar Selbstversorger werden. Was neuerdings bei der Gartengestaltung dazukommt und in das Design integriert werden muss, sind technische Einbauten, besonders Luftwärmepumpen. Hübsch sind diese technischen Bauteile natürlich nicht, ebenso wenig wie Ladestationen. Darauf muss man gestalterisch reagieren.

Wie kann man im Garten technische Geräte kaschieren?

CvB Man kann es nur optisch kaschieren, etwa mit einer Sichtschutzbepflanzung. Da gibt es nicht wirklich was Neues – Hecken oder Sträucher etwa oder eine Sichtschutzwand aus Naturstein oder Weidengeflecht. Das hängt natürlich auch vom Platz ab, der Architektur des Hauses und dem Stil, den man im Garten erzeugen möchte.

Welche Pflanzelemente sollte ein zukunftsfähiger Garten noch haben?

CvB Das ist regional unterschiedlich. Wenn man die Entwicklung der letzten Jahre anschaut, zeigt sich, dass sich auch innerhalb von Deutschland die Regionen unterschiedlich entwickeln. In Bayern haben wir im Sommer das Problem mit steigenden Temperaturen. Und trotzdem haben wir immer noch diese, unter Umständen nur eine einzige, ganz frostige Nacht im Winter. Und das müssen die Pflanzen aushalten. Deswegen können bekannte mediterrane Pflanzen nur bedingt eingesetzt werden. Empfehlenswert sind Pflanzen, die aus Südostasien, Vorderasien und der Kaukasus-Region kommen. Bei Gehölzen etwa der Zürgelbaum, die Traubeneiche oder die Zerreiche. Auch schon länger werden die Hopfenbuche und der Ginkgo verwendet. Ebenso kommen Ziergräser mit Trockenheit gut zurecht sowie Rosen, die sehr tief wurzeln. Was definitiv der Vergangenheit angehört, weil sie sehr viel Wasser benötigen und starke Hitze nur bedingt vertragen, sind hortensienreiche Gärten oder Stauden-Pflanzungen mit Phlox und Rittersporn.

Wie begegnet man Trockenheit im Garten?

CvB Viel verschatten und viel Grünmasse hineinbringen. Aber wenn es wochenlang nicht regnet – und solche Gegenden gibt es ja –, wird man sich daran gewöhnen müssen, dass im Sommer der Rasen wie in den südeuropäischen Ländern braun wird … Wir werden uns von den alten Gartenbildern mit dem saftigen Grün und den blühenden, fleischigen Hortensien, also allem, was viel Wasser braucht, verabschieden müssen.

Was tun bei Starkregen?

CvB Der Garten gehört zum Haus, und es geht immer darum, dass man als Allererstes die Gebäude vor Nässe und Feuchtigkeit schützt – dazu kann auch die Gartengestaltung beitragen. Was man inzwischen häufiger sieht, sind Gitterroste, unter denen die Entwässerungs- oder die wasserführende Ebene läuft. Generell sollte man in Zukunft darauf achten, dass man so wenig Fläche wie möglich versiegelt. Rasensteine sind hier interessant. Apropos Rasen – auch der wird angesichts ausgeprägterer Trockenperioden sicherlich von der Fläche weniger werden müssen. Stattdessen sind Kräuterrasen, also mit niedrigen trittfesten Stauden, angesagt. Stellplätze kann man etwa nur mit Fahrspuren befestigen und dazwischen Grün anlegen.

Was sollte man bei einer Garten-Neuplanung noch beachten?

CvB Ein Garten ist ja etwas sehr Lebendiges und entwickelt sich auch permanent weiter. Und anders als beim Haus spielt der Faktor Zeit eine große Rolle. Ich glaube, das Wichtigste ist, seine Erwartungen nicht zu hoch zu setzen. Es gibt nicht DEN perfekten Garten, der irgendwann fertig ist. Wichtig ist auch eher, dass man sich an die Gegebenheiten hält, sich damit arrangiert und nicht das Unmögliche versucht. Andererseits ist es natürlich auch so, dass man gerne schnell einen fertigen Garten haben möchte. Das ist schon unserer Zeit und dem Zeitgeist geschuldet. Und insofern ist es nicht verkehrt zu sagen, ich möchte jetzt sofort eine Schattenwirkung, eine gewisse Raumgestaltung und Struktur im Garten. Man muss da ein Auge draufhaben und unter Umständen auch Fachexperten dazuholen, etwa bei Pflanzungen von großen Bäumen. Wenn der Wurzelballen schon sehr groß und ausgeprägt ist und die Pflanze schon viel Blattmasse hat, muss entsprechend die Wasserversorgung sichergestellt werden.

Oben Gehölze spenden Schatten - auch für Zuwege im Garten.
Links unten Gitterroste über der Entwässerungsebene sind künftig noch mehr gefragt.

Christiane von Burkersroda
CvB Gartendesign, München

Christiane von Burkersroda Gartendesign hat sich auf die Planung und Realisierung stilvoller Privatgärten für anspruchsvolle Kunden spezialisiert. Die Wünsche, die Architektur des Hauses und die urbane oder ländliche Umgebung werden in die Gestaltung einbezogen, so wird jeder Garten ein Unikat, egal ob klein oder groß.

WOHNEN DER ZUKUNFT

VON SUSANNE BRÜCKNER

Dezentral, reduziert, gesund und digital – so beschreiben Trendforscher die Wohnformen kommender Zeiten. Als Innenarchitektin betrachte ich die Frage danach, wie wir in Zukunft wohnen werden, nicht nur als eine technologische oder architektonische Herausforderung, sondern vielmehr als eine philosophische Reflexion über die menschliche Erfahrung im Raum. Was mir zuallererst in den Sinn kommt ist, dass Menschen im Grünen oder mit dem Grün leben wollen. Trends wie Urban Gardening und Indoor Gardening werden wichtiger werden. Das bestätigt auch eine Studie des Zukunftsinstituts. In einer Welt, die zunehmend digitalisiert sein wird, werden wir ganz besonders nach Verbindungen zu unserer natürlichen Umgebung suchen. Die Integration von nachhaltigen Materialien und biophilen Designkonzepten wird aus meiner Sicht eine elementare Rolle spielen. Wohngebäude werden

> »Smart Home ist schon 2024 kein Trend mehr, sondern Realität in vielen Haushalten.«

nicht nur ganz selbstverständlich energieautark sein, sondern auch eine enge Beziehung zur Natur ermöglichen, sei es durch begrünte Innenhöfe, vertikale Gärten oder innovative Lichtkonzepte, die den natürlichen Tageslichtzyklus nachahmen.

Immer mehr Menschen ziehen bereits heute in die Städte, Mobilität verändert sich – in 100 Jahren wird die Welt anders aussehen. Die Funktionstrennung zwischen Wohnen und Arbeiten hat in Vergangenheit und Gegenwart zu sehr viel Pendelei und zu sogenannten Schlafstädten geführt. Das wird sich in Zukunft wieder ändern, und zwar immer dort, wo es möglich ist. Ich wage einen Blick in die Glaskugel, wenn ich behaupte: Das Konzept des ganzheitlichen Bauens geht mit diesen Entwicklungen einher. Mensch, Natur und Raum sollten – auch schon heute – im Idealfall in harmonischem Einklang miteinander stehen.

Oben Sehen künftige Arbeits- oder Wohnwelten bald so aus?
Links Das Co-Living und -Working wird wichtiger.

Smart Home ist schon 2024 kein Trend mehr, sondern Realität in vielen Haushalten. Aber intelligente Haustechnik, smarte Unterhaltungselektronik und Haussicherheitssysteme werden in der Zukunft standardmäßig Normalität werden. Die demografische Entwicklung mit einer alternden Gesellschaft erfordert ebenfalls eine Neuausrichtung der Innenarchitektur. Wohnungen müssen so gestaltet werden, dass sie den Bedürfnissen älterer Menschen gerecht werden, sei es durch barrierefreie Zugänge, sichere und gut beleuchtete Räume oder die Integration technologischer Hilfsmittel zur Unterstützung des Alltags.

Darüber hinaus werden wir in Zukunft flexiblere Wohnkonzepte sehen, die den sich verändernden Bedürfnissen der Bewohner gerecht werden. Modulare Möbel und multifunktionale Räume werden es ermöglichen, dass sich der Wohnraum im Laufe des Tages an verschiedene Aktivitäten anpassen kann, sei es Arbeiten, Entspannen oder soziale Zusammenkünfte. Wir brauchen vielleicht auch Wohnmodelle, die es heute noch nicht (in ausreichender Menge) gibt. Einen Blick in eine mögliche Zukunft könnte man bereits jetzt beispielsweise beim genossenschaftlichen Wohnen werfen, bei dem viele viele Menschen unter einem Dach leben und Nachbarschaft pflegen. Collaborate Living nennt sich dieser Trend. Ein von der gesamten Hausgemeinschaft nutzbares Gästezimmer, ein Dachgarten für alle oder mietbare Kleinstwohnungen für pflegebedürftige Angehörige in der Neubausiedlung sind mögliche Konzepte. Ein weiterer wichtiger Aspekt ist die Umnutzung von Flächen, die bisher dem Parken gewidmet waren. Diese könnten neuen Funktionen zugeführt werden, um den Wohnraum zu verlängern und das städtische Umfeld lebenswerter zu gestalten. Grünflächen, öffentliche Plätze oder Gemeinschaftsgärten könnten anstelle von Parkplätzen entstehen und damit nicht

Trend zu mehr Grün in Innenräumen

nur die Lebensqualität der Bewohner verbessern, sondern auch zur Förderung sozialer Interaktion und Nachbarschaft beitragen.

In einer Welt im Wandel, in der die Sehnsucht nach Verbindung, Harmonie und Nachhaltigkeit immer stärker wird, liegt die Zukunft des Wohnens in der Schaffung von Räumen, die nicht nur funktional und ästhetisch ansprechend sind, sondern auch die Bedürfnisse der alternden Gesellschaft berücksichtigen, Flächen neu definieren und die Verbindung zwischen Mensch, Natur und Raum in einem harmonischen Einklang vereinen. Die wahre Herausforderung besteht darin, einen Raum zu gestalten, der nicht nur ein Zuhause ist, sondern eine Quelle der Inspiration, des Wohlbefindens und der Erfüllung für alle Bewohner darstellt – ein Ort, an dem das Leben in all seinen Facetten gelebt, gefühlt und genossen wird.

Susanne Brückner
BRÜCKNERINNEN
Interior Architecture
(München)

Die gebürtige Regensburgerin Susanne Brückner arbeitete nach ihrem Innenarchitekturstudium an der FH Rosenheim in verschiedenen Architekturbüros, bevor sie in das Büro ihres Mannes einstieg. Bis 2005 baute sie dort die Brückner Innenarchitekten - heute Brücknerinnen - als eigene Marke auf und gründete die Unit Interior Architecture.

Blick in die Glaskugel: Wie werden wir unsere Lebenswelten künftig gestalten?

ADRESSEN HERSTELLER

BMI Deutschland / BRAAS
Frankfurter Landstraße 2-4
61440 Oberursel
+49 7351 74567
www.bmigroup.com/de
► S. 20

D&M KG
Auf den Dorfwiesen 1-5
56204 Hillscheid
+49 2624 20810
www.dundm.com
► S. 156

Gira Giersiepen GmbH & Co. KG
Elektro-Installations-Systeme
Dahlienstraße
42477 Radevormwald
+49 2195 60200
www.gira.de
► S. 130

Hager Vertriebsgesellschaft mbH & Co. KG
Zum Gunterstal
66440 Blieskastel
+49 6842 9455555
www.hager.de
► S. 136

HARO
Hamberger Flooring GmbH & Co. KG
Rohrdorfer Straße 133
83071 Stephanskirchen
+49 8031 700714
www.haro.com
► S. 56

JAMES HARDIE EUROPE GMBH
Bennigsen-Platz 1
40474 Düsseldorf
+49 211 54236-200
www.jameshardie.de
www.fermacell.de
► S. 30

Kermi GmbH
Pankofen – Bahnhof 1
94447 Plattling
+49 9931 501-0
www.kermi.com
► S. 118

KNECHT Kellerbau GmbH
Ziegeleistraße 10
72555 Metzingen
+49 7123 944-0
www.fertigkeller.de
► S. 190

NFG GC-GRUPPE
Altenwall 6
28195 Bremen
+49 421 2029-0
www.gc-gruppe.de
► S. 178

Porta Bauelemente & mehr GmbH & Co. KG
Ellernstraße 6
32457 Porta Westfalica
+49 33844 7506-0
www.porta-bauelemente.de
► S. 88

Schiedel GmbH & Co.
Lerchenstraße 9
80995 München
+49 89 35409-0
www.schiedel.de
► S. 72

Schneider Electric GmbH
Gothaer Straße 29
40880 Ratingen
+49 2102 404-0
www.merten.de
► S. 142

Sika Deutschland GmbH
Kornwestheimer Straße 103-107
70439 Stuttgart
+49 711 8009-0
www.sika.de
► S. 172

Sto SE & Co. KGaA
Ehrenbachstraße 1
79780 Stühlingen
+49 7744 57-0
www.stoindustrie.de
► S. 36

tecalor GmbH
Lüchtringer Weg 3
37603 Holzminden
+49 5531 99068-0
www.tecalor.de
► S. 112

Treppenbau Schön GmbH
Am Wolfsgestell 13
56477 Rennerod
+49 2664 9951-0
www.schoen-treppen.de
► S. 62

Vaillant Deutschland GmbH & Co. KG
Berghauser Straße 40
42859 Remscheid
+49 2191 18-0
www.vaillant.de
► S. 106

VELUX Deutschland GmbH
Gazellenkamp 168
22527 Hamburg
+49 40 547070
www.velux.de
► S. 94

HAUSBAU-UNTERNEHMEN

Adlerhaus GmbH
Titschendorfer Straße 10
96365 Nordhalben
+49 92 67/ 91 40 33-0
www.adlerhaus.de

ALHO Systembau GmbH
Hammer 1
51598 Friesenhagen
+49 22 94 / 696-0
www.alho.com

allkauf haus GmbH
Rödelbachstraße 5
55469 Simmern
+49 67 61/ 903 01-0
www.allkauf-ausbauhaus.de

Baufritz GmbH & Co. KG, seit 1896
Alpenweg 25
87746 Erkheim/Allgäu
+49 83 36 / 900-0
www.baufritz.de

Beilharz GmbH & Co. KG
Rosenfelder Straße 100
72189 Vöhringen
+49 74 54 / 95 88-0
www.beilharz-haus.de

Bien-Zenker GmbH
Am Distelrasen 2
36381 Schlüchtern
+49 66 61 / 98-0
www.bien-zenker.de

Büdenbender Hausbau GmbH
Vorm Eichhölzchen 10
57250 Netphen-Hainchen
+49 27 37 / 98 54-0
www.buedenbender-hausbau.de

Danhaus Deutschland GmbH
Heideland-Ost 7
24976 Flensburg-Handewitt
+49 4 61 / 95 05-0
www.danhaus.de

Danwood S.A.
ul. Branska 132
PL – 17-100 Bielsk Podlaski
+48 85 / 73 000 15
www.danwood.de

ELK Fertighaus GmbH
Karl-Farkas-Gasse 22/Top61
A – 1030 Wien
+43 2853 / 705
www.elkhaus.de

Fertighaus WEISS GmbH
Sturzbergstraße 40-42
74420 Oberrot-Scheuerhalden
+49 79 77 / 97 77-0
www.fertighaus-weiss.de

Finger Haus GmbH
Auestraße 45
35066 Frankenberg
+49 64 51 / 50 4-0
www.fingerhaus.de

FINGERHUT HAUS GmbH & Co. KG
Hauptstraße 46
57520 Neunkhausen
+49 26 61 / 95 64-0
www.fingerhuthaus.de

FischerHaus GmbH & Co. KG
Rathausplatz 4-6
92439 Bodenwöhr
+49 94 34 / 9 50-0
www.fischerhaus.de

Griffnerhaus GmbH
Gewerbestraße 3
A – 9112 Griffen
+43 4233 / 2237-0
www.griffner.com

Gruber Holzhaus GmbH
Sanddickicht 12
93426 Roding-Altenkreith
+49 94 61 / 40 29-0
www.gruber-holzhaus.de

GUSSEK-HAUS Franz Gussek GmbH & Co. KG
Euregiostraße 7
48527 Nordhorn
+49 59 21 / 174-0
www.gussek-haus.de

Haas Fertighaus GmbH
Industriestraße 8
84326 Falkenberg
+49 87 27 / 18-0
www.haas-fertigbau.de

Hanse Haus GmbH
Ludwig-Weber-Straße 18
97789 Oberleichtersbach
+49 97 41 / 808-0
www.hanse-haus.de

HARTL HAUS Holzindustriegesellschaft m.b.H.
Haimschlag 30
A – 3903 Echsenbach
+43 28 49 / 83 32-0
www.hartlhaus.at

Hennig Haus GmbH & Co. KG
Röllbacher Straße 72
63920 Großheubach
+49 93 71 / 97 42-0
www.hennig-haus.de

HolzHaus Bonndorf GmbH
Im Breitenfeld 14
79848 Bonndorf im Schwarzwald
+49 77 03 / 9 10 40
www.holzhaus.com

holz & raum GmbH & Co. KG
Therecker Weg 18
57413 Finnentrop
+49 23 95 / 91 82-0
www.holzundraum.de

HUF HAUS GmbH & Co. KG
Franz-Huf-Straße
56244 Hartenfels
+49 26 26 / 761-0
www.huf-haus.com

KAMPA GmbH
KAMPA-Platz 1
73432 Aalen-Waldhausen
+49 73 67-920 92-0
www.kampa.de

Keitel-Haus GmbH
Reubacher Straße 23
74585 Rot am See-Brettheim
+49 79 58 / 98 05-0
www.fertighaus-keitel.de

LEHNER HAUS GmbH
Aufhausener Straße 29
89520 Heidenheim
+49 73 21 / 96 70-0
www.lehner-haus.de

Living Fertighaus GmbH
Am Distelrasen 2
36381 Schlüchtern
+49 66 61 / 98 71-00
www.livinghaus.de

LUX Projektmanagement GmbH & Co. KG
Pleinfelder Straße 64
91166 Georgensgmünd
+49 91 72 / 692-0
www.luxhaus.de

massa haus GmbH
Argenthaler Straße 7
55469 Simmern
+49 67 61 / 903 03-0
www.massa-haus.de

Meisterstück-HAUS Otto Baukmeier Holzbau, Fertigbau GmbH & Co. KG
Otto-Körting-Straße 3
31789 Hameln
+49 51 51 / 95 38-0
www.meisterstueck.de

NORDHAUS Fertigbau GmbH
Broch 2
51515 Kürten
+49 22 68 / 91 44-0
www.nordhaus.de

OKAL Haus GmbH
Argenthaler Straße 7
55469 Simmern
+49 67 61 / 903 04-0
www.okal.de

Partner Haus Fertigbau GmbH & Co. KG
Kolpingstraße 3
59964 Medebach
+49 29 82 / 82 75
www.partner-haus.de

petershaus GmbH & Co. KG
Gewerbering 13
47623 Kevelaer
+49 28 32 / 92 41-0
www.petershaus.de

Regnauer Hausbau GmbH & Co. KG
Pullacher Straße 11
83358 Seebruck/Chiemsee
+49 86 67 / 72-222
www.regnauer.de

RENSCH-HAUS GmbH
Mottener Straße 13
36148 Kalbach/Rhön
+49 97 42 / 91-0
www.rensch-haus.com

Rubner Haus GmbH
Handwerkerzone 4
I – 39030 Kiens
+39 474 / 563 333
www.rubner.com

Sägewerk - Holzbau Braun GmbH
Schwenninger Straße 48
72510 Stetten am kalten Markt
+49 75 73 / 95 44-0
www.holzbau-braun.de

Sander Haus Holzbau GmbH
Rudolf-Diesel-Straße 1
34369 Hofgeismar
+49 56 71 / 99 39-0
www.sanderhaus.de

SCHWABENHAUS GmbH & Co. KG
Industriestraße 2
36266 Heringen
+49 66 24 / 930-0
www.schwabenhaus.de

SchwörerHaus KG
Hans-Schwörer-Straße 8
72531 Hohenstein
+49 73 87 / 16-0
www.schwoererhaus.de

Sonnleitner Holzbauwerke GmbH & Co. KG
Afham 5
94496 Ortenburg
+49 85 42 / 96 11-0
www.sonnleitner.de

Stommel Haus GmbH
Sternstraße 28
53819 Neunkirchen-Seelscheid
+49 22 47 / 91 72 - 0
www.stommel-haus.de

STREIF Haus GmbH
Josef-Streif-Straße 1
54595 Weinsheim/Eifel
+49 65 51 / 12-00
www.streif.de

TALBAU-Haus GmbH
In der Zangershalde 6
71554 Weissach/Tal
+49 71 91 / 3 61-0
www.talbau-haus.de

WeberHaus GmbH & Co. KG
Am Erlenpark 1
77866 Rheinau-Linx
+49 78 53 / 83-0
www.weberhaus.de

Weiss GmbH Holzhausbau und Haustechnik
Sturzbergstraße 40-42
74420 Oberrot
+49 79 77 / 97 77-0
www.weiss-holzhaus.de

Wolf System GmbH
Am Stadtwald 20
94486 Osterhofen
+49 99 32 / 37-0
www.wolfhaus.de

Wolf-Haus GmbH
Koppenmühle
97705 Burkardroth-Gefäll
+49 97 01 / 91 11-0
www.wolf-haus.de

FERTIGHAUSWELTEN

FertighausWelt Hannover
Münchner Straße 25
30855 Langenhagen
+49 511 7860360
www.fertighauswelt.de/hausausstellungen/hannover

FertighausWelt Wuppertal
Schmiedestraße 59
42279 Wuppertal-Oberbarmen
+49 202 26910040
www.fertighauswelt.de/hausausstellungen/wuppertal

FertighausWelt Köln
Europaallee 45
50226 Frechen
+49 2234 9906100
www.fertighauswelt.de/hausausstellungen/koeln

FertighausWelt Nürnberg
Im Gewerbepark 30
91093 Heßdorf
+49 9135 735333
www.fertighauswelt.de/hausausstellungen/nuernberg

FertighausWelt Günzburg
Kimmerle-Ring 2
89312 Günzburg
+49 8221 9301949
www.fertighauswelt.de/hausausstellungen/guenzburg

FertighausWelt Schwarzwald
FertighausWelt 1
77966 Kappel-Grafenhausen
+49 7822 3005265
www.fertighauswelt.de/hausausstellungen/schwarzwald

MITGLIEDER DES VORSTANDS
DES BUNDESVERBANDS DEUTSCHER FERTIGBAU

Präsident
Prof. Dr. Mathias Schäfer

Vizepräsidenten
Dr. Frank Gussek
Hans Volker Noller

Ordentliche Vorstandsmitglieder
Markus Baukmeier
Christian Huf
Gerd Manßhardt
Johannes Schwörer

KOOPTIERTE VORSTANDSMITGLIEDER

Ehrenpräsident
Hans Weber

Vertreter der Fördermitglieder
Norbert Röhl

BMFcert-Vorsitzender
Martin Rensch

Geschäftsführer
Achim Hannott
Georg Lange

BILDNACHWEISE

Alle Fotos, die nicht anders bezeichnet sind, wurden von Andreas Keller für dieses Buch produziert.
Sämtliche Porträts der Geschäftsführung auf den Seiten der Hersteller wurden dem Verlag von den jeweiligen Unternehmen für dieses Buch zur Verfügung gestellt.

Titelbild: © schmitz visuelle Kommunikation/Quelle: Gira Mediadatenbank

Umschlagrückseite: oben: Andreas Keller, unten: © Hager Vertriebsgesellschaft mbH & Co. KG

S. 8, Porträts: © BDF, Emiliyan Frenchev

S. 20–25: © BMI Deutschland / BRAAS

S. 30–35: © James Hardie,
S. 32 Grundriss „Funnix": Architekturbüro Ralph Thater, Wittmund

S. 36 (Foto): Martin Baitinger, Böblingen, S. 37 unten (Fotos Collage, v.l.): Sto SE & Co. KGaA; Gerhard Hagen, Bamberg; Ströher GmbH; Sto SE & Co. KGaA; Sto SE & Co. KGaA; BauBild Falk, Berlin; Recom GmbH + Co. KG, Ostfildern, S. 38/39 (Fotos): SchwörerHaus, Jürgen Lippert, S. 40 (Foto): Christian Schellander, Villach, S. 41 (Porträt): Sto SE & Co. KGaA

S. 43: © Pasi Toiviainen, Helsinki
S. 44: © Zooey Braun, Stuttgart
S. 45 links: © René Müller, Stuttgart
S. 45 Porträt: © René Müller, Stuttgart

S. 51 Porträt: Michael Schuhmann – HWK

S. 56–61: © Hamberger Flooring

S. 62–67: © Treppenbau Schön

S. 72–77: © Schiedel GmbH & Co. KG, München, Grundrisse S. 74: Fertighaus WEISS

S. 78–80 Grafiken: ee concept gmbh
S. 79 Foto rechts: Recyclinghaus Hannover, CITYFÖRSTER (© Olaf Mahlstedt)
S. 81 Foto oben: © Angèle Tersluisen, Porträts: ee concept gmbh

S. 88–93: © Porta Bauelemente

S. 94, S. 95 unten (Grafik), S. 96 und S. 97 unten: © VELUX, S. 95: Gussek-Haus, S. 97 oben und Mitte: Klaus Knuffmann, S. 98 und S. 99 oben: Adam Mørk

S. 101 Porträt: Verband Fenster + Fassade (VFF)

S. 106–111: © Vaillant

S. 112/113 und S. 116/117: © Tecalor, S. 114/115: Fotos: © Fertighaus WEISS/ Michael Christian Peters Fotodesign

S. 118–123: © Kermi GmbH

S. 124/125: © Apure Lighting

S. 130, S. 131 Mitte und unten und S. 134/135: © Gira, S. 131 oben: © schmitz visuelle Kommunikation, S. 132: © HUF HAUS, S. 133: © SchwörerHaus/Jürgen Lippert

S. 136: Hager Group, S. 137–141 oben: © Hager Vertriebsgesellschaft mbH & Co. KG/Fotograf Referenzfotos: Elias Hassos, München, S. 141 unten (Porträt): Hager Vertriebsgesellschaft mbH & Co KG/ Fotograf: Jan Heinemann, München

S. 142–147: © Schneider Electric

S. 148: © House Intelligence
S. 149 Porträt: © House Intelligence

S. 156–161: © D&M KG / Roma KG

S. 163 und S. 165 (inklusive Porträt): © GGT, Iserlohn

S. 172 und S. 175 oben links: © Sika Deutschland GmbH, S. 173, S. 176 und S. 177 oben: © Sika AG, S. 175 oben rechts, Mitte und unten: © Kerapid GmbH & Co. KG

S. 178–180 und S. 182–183: © NFG, S. 181: NFG / © Strenger Holding GmbH / Nicolai Rapp

S. 184/185: © Hlady Innen Architektur

S. 186 und S. 190–195: © Knecht Kellerbau GmbH

S. 197 oben: ASZarchitetti |SUPERFUTUREDESIGN*
Porträtfoto: Jörg Korth

S. 204/205: © SchwörerHaus/J. Lippert

S. 206/207: Porträtfoto: Monika Wrba, alle anderen Fotos: Christiane von Burkersroda

S. 208–211: © BRÜCKNERINNEN, mit KI erstellt

S. 220/221 Fotos Fertighauswelten: FHW Günzburg: Jürgen Kappelmeier, FHW Köln: Emiliyan Frenchev, FHW Schwarzwald, Nürnberg und Wuppertal: Patrick Brandt, FHW Hannover: Marcel Zeumer

CALLWEY 1884

© 2024 Callwey GmbH
Klenzestraße 36
80469 München
buch@callwey.de
Tel.: +49 89 8905080-0
www.callwey.de

Wir sehen uns auf Instagram:
www.instagram.com/callwey

ISBN 978-3-7667-2742-8
1. Auflage 2024

Bibliografische Information der
Deutschen Nationalbibliothek
Die Deutsche Nationalbibliothek verzeichnet diese Publikation in der Deutschen Nationalbibliografie; detaillierte bibliografische Daten sind im Internet über <http://dnb.d-nb.de> abrufbar.

Der Herausgeber
Der Bundesverband Deutscher Fertigbau e.V. (BDF) besteht seit 1961 als Interessenvertretung der industriellen, bundesweit tätigen Hersteller:innen von Häusern in Holzfertigbauweise. Mit seinen Mitgliedsunternehmen repräsentiert der BDF die mittelständische Fertigbauindustrie in Deutschland.

Die Autorin
Barbara Brubacher ist seit 1993 als freie Journalistin im Bereich Lokales/Stadtentwicklung sowie Immobilien, Architektur & Interior Design für diverse Verlage tätig.

Der Fotograf
Andreas Keller aus Altdorf bei Nürtingen ist seit 28 Jahren freier Fotograf in den Bereichen Architektur, Event und Messe.

Dieses Buch wurde in CALLWEY-QUALITÄT für Sie hergestellt:
Beim Inhaltspapier haben wir uns für ein Magno-Matt in 150 g/m² entschieden – ein matt gestrichenes Bilderdruckpapier. Die gestrichene, mattierte Oberfläche gibt dem Inhalt einen edlen und hochwertigen Charakter. Die Hardcover-Gestaltung besteht aus bedrucktem Bilderdruckpapier und wurde zusätzlich mit einem UV-Lack veredelt. Dieses Buch wurde in Europa gedruckt und gebunden bei DZS Grafik.

Viel Freude mit diesem Buch wünschen Ihnen:
Projektleitung: Tina Freitag
Mitarbeit: Bianka Marjanovic
Lektorat: Asta Machat, München
Schlusskorrektur: Kerstin Dietz, Ludwigsburg
Gestaltung & Satz: StudioNearMe
Herstellung: Oliver Meier

Idee und Konzept: In Zusammenarbeit mit Achim Hannott und Georg Lange, Bundesverband Deutscher Fertigbau e.V.

Hinweis: Uns ist es ein Anliegen, dass sich alle Geschlechter wahrgenommen und wertgeschätzt fühlen. Im Sinne einer besseren Lesbarkeit der Texte verzichten wir jedoch auf die gleichzeitige Verwendung der Sprachformen männlich, weiblich und divers (m/w/d). Wo dies möglich ist, bemühen wir uns darum, alle Formen miteinzubeziehen, oder um neutrale Formulierungen. Sämtliche Personenbezeichnungen gelten gleichermaßen für alle Geschlechter.

Liebevoll begleitet von
Tina Freitag

KRYPTUM
VERACHTUNG